Perry 小鼠实验系列丛书

Perry小鼠实验
手术造模 II

Perry's Model Operation on Laboratory Mouse

刘彭轩　主编

北京大学出版社
PEKING UNIVERSITY PRESS

图书在版编目（CIP）数据

Perry 小鼠实验手术造模 . Ⅱ / 刘彭轩主编 . —北京：北京大学出版社，2024.6
（Perry 小鼠实验系列丛书）
ISBN 978-7-301-35054-6

Ⅰ.①P…　Ⅱ.①刘…　Ⅲ.① 鼠科 – 实验医学 – 外科手术 – 模型　Ⅳ.① Q959.837

中国国家版本馆CIP数据核字（2024）第095652号

书　　　　名	Perry小鼠实验手术造模 Ⅱ
	Perry XIAOSHU SHIYAN SHOUSHU ZAOMO Ⅱ
著作责任者	刘彭轩　主编
责 任 编 辑	黄　炜
标 准 书 号	ISBN 978-7-301-35054-6
出 版 发 行	北京大学出版社
地　　　址	北京市海淀区成府路205号　100871
网　　　址	http://www.pup.cn　新浪微博：@北京大学出版社
电 子 邮 箱	zpup@pup.cn
电　　　话	邮购部 010-62752015　发行部 010-62750672　编辑部 010-62764976
印 刷 者	北京九天鸿程印刷有限责任公司
经 销 者	新华书店
	720毫米×1020毫米　16开本　21.25印张　345千字
	2024年6月第1版　2024年6月第1次印刷
定　　　价	226.00元

《Perry 小鼠实验手术造模》
编委会

特别鸣谢

（以拼音为序）

北京华瑞邦研生物医学科技有限公司

北京迈德康纳生物技术有限公司

北京免疫方舟医药科技有限公司

北京盛诺康科技服务有限公司

北京顺星益生物科技有限公司

博睿实验动物技术培训中心

创模生物科技（北京）有限公司

导科医药技术（广东）有限公司

赣南创新与转化医学研究院

广东麦德森生物科技发展有限公司

广州博鹭腾生物科技有限公司

广州国际企业孵化器有限公司

广州千模生物技术有限公司

济南益延科技发展有限公司

界定医疗科技（北京）有限责任公司

山东新华医疗器械股份有限公司

上海精缮生物科技有限责任公司

深圳市瑞沃德生命科技股份有限公司

沈阳佰昊生物科技有限公司

守正弘药（武汉）生物科技有限公司

思科诺斯生物科技（北京）有限公司

泰尼百斯·中国

重大疾病新药靶发现及新药创制全国重点实验室

序

　　手捧《Perry 小鼠实验手术造模》的书稿，不由得想起 20 年前我和学生们做小鼠实验找不到真正有用的参考书时的那种抓耳挠腮、心急火燎的样子。当时，国内能找到的与小鼠相关的解剖书籍中，极少有实体图片，大多是示意图，并且内容相对粗浅、不够实用。现在，期盼多年的书终于要出版，甚感欣喜，可高兴之中又不免带有一丝丝伤感：如果 20 年前就能看到这本书该有多好，我的研究之路会是另外一种走法。

　　因为平时与 Perry 老师交流较多，很是了解本书编著过程中的种种不易，特别是出版这样一本原创图书。书中内容都是各位作者多年来亲自手术的原创结果和经验，得来不易，更不易的是如何用真实的图片、影像来清楚表达作者丰富的经验与研究成果。都说"一图胜千言""短片胜万语"，但作者长年实践获取的很多成果与经验大多只存储在记忆中，没有留下图像资料；有些虽留下了图像资料，但图像质量达不到 Perry 老师出版经典著作的要求，于是重新手术、重新拍摄。小鼠体重 20 g 左右，仅约为人体重的 1/3000，却又五脏俱全，器官非常小，手术难度大，要获得高质量图像资料，需要在显微镜下进行手术。工作量大，质量要求又高，确实不易。

　　一本影响世界的重量级学术著作，作者们却大多是青年学者，这一反差是本书主编 Perry 老师为培养青年人才而有意为之。出书的过程实际上是培养人才的过程。每周的书稿讨论会，讨论的是新技术、新理论；每一章节反复严谨地审核，就像是老师指导学生完成论文；对传统模型的改良和更新，激发了大家的工作热情；青年作者独创模型的收录，增加了他们科研上的自信。一本经典著作出版了，一批青年才俊崛起了。

　　这是一本具有划时代意义的书，与此前已经出版的《Perry 实验小鼠实用解剖》《Perry 小鼠实验标本采集》《Perry 小鼠实验给药技术》和《Perry 小鼠实验手术操作》

一起标志着小鼠实验外科学的诞生。从今往后，小鼠实验手术造模有了范本可依，作为医学研究基础支撑的小鼠实验外科技术会更加科学、规范。

感谢 Perry 老师，感谢本书的作者们！

王增涛

山东大学、山东第一医科大学、南方医科大学教授

台湾长庚医院整形外科系客座教授

The Buncke Medical Clinic 客座教授

中国医师协会显微外科医师分会副会长

国际超级显微外科学会（ICSM）执行理事

2024 年春于济南

前言

时光如驹，转眼已是经年，"Perry 小鼠实验系列丛书"已进入第四个年头。2021年出版的第一册《Perry 实验小鼠实用解剖》是这套丛书的解剖理论基础；2022 年同时推出的《Perry 小鼠实验标本采集》《Perry 小鼠实验给药技术》和《Perry 小鼠实验手术操作》，则在第一册的基础上介绍了常规操作的技术基础。作为一名在动物实验领域干了几十年的临床手术医师，看到这心血换来的成果，我很是感慨，终于邀朋携友为小鼠实验操作技术学的建立奠定了基石。

近几十年来，小鼠手术造模技术发展非常快，虽然百花齐放令人欣喜，但鱼龙混杂也令人忧虑，于是有了撰写一本表达个人见地的小鼠手术造模图书，与同行分享自己专业体会的想法。然而，当前涉及小鼠手术工作的人员很多，有研究人员、技术员、教师、医生和学生等，大家职业层次多种多样，专业背景五花八门，交流起来困难重重。好在已出版的四册图书为小鼠专业基础知识统一认识做了铺垫，使我有机会实现自己的初衷，和大家就手术造模展开专业交流。

小鼠手术极具特殊性，在 20 g 左右的小动物身上做文章，用的多为临床手术器械，难以得心应手。解决这个矛盾的主要方法就是相应地改变操作手法，使临床器械成为小鼠手术中的利器，招招式式逐渐累积，最终形成专业的小鼠手术操作技术。

即将出版的《Perry 小鼠实验手术造模》分为两册（以下简称"本书"），内容涉及运动系统、心血管系统、神经系统、消化系统、呼吸系统、泌尿系统、生殖系统等，还专篇介绍缺血模型、血液病模型、活体血管窗、眼科模型、感染疾病模型、器官移植模型和肿瘤模型。本书共计 18 篇，108 章。其中有对经典模型的详细介绍，提供了作者个人的造模经验和体会，也有对传统模型的改良和更新，更不乏作者独创模型的分享。

可以自豪地说，所有这些都不是他人资料的综述，更没有抄袭，其中的内容和图片、影像都是各位作者的原创，来自作者亲自手术的结果和经验。

本书不敢求大求全，小鼠手术能够建造的模型何止此区区百余。仅就自己所知所行，在自己能力范围内求真求实。本书亦非权威发布，都是众作者的个人见解。没有质疑，不敢于挑战，就不会有专业的进步。对权威、对专业文献，我们尊重，不盲从，也不迷信。同样，我们也只愿本书能成为同行们的参考书，不希望大家将其奉为金科玉律，欢迎大家质疑、讨论，对本书不当之处予以批评指正。

本书的编委们是一群有专业热忱和奉献精神的动物实验领域敬业者。从国际闻名的当代显微手术大家，到默默无名的博士研究生，专业层次千差万别，但是每一位编委都有自家绝活。大家意气风发，群策群力，共襄盛举。在这里，我衷心感谢编写团队无私地分享自己的专业知识，在动物实验发展历程上留下自己汗水凝注的笔墨。

在本书编撰的日子里，让我看到了新一代专家的崛起。本书的三位副主编都是中青年专家。副主编王成稷不但精通显微手术，而且有很高的专业影像造诣。他提供的专业影像成千累万，精彩纷呈。副主编田松，专业功底深厚，在小鼠心血管系统模型领域更显突出。在丛书第一册中，他独扛心血管解剖部分，在本书的心血管模型方面，驾轻就熟，内容精彩。副主编刘金鹏个人能够驾驭的小鼠模型之多，涉猎范围之广，令人叹服。他是我所知为数不多的多面手之一，其专业水平已经超越了一般实验师，达到成熟的模型设计水准。其他作者都各有千秋，我相信读者在本书的字里行间会一一领悟。总之，我对这个编写团体有信心，对小鼠实验操作技术学的发展前景有信心。

最后，衷心感谢为本书的写作和出版做出贡献的各位作者、共同作者和协作者。感谢所有帮助我的专业朋友们，感谢北京大学出版社多年的支持和信任，感谢众多单位给予的多种帮助。

任重道远，路在脚下，开拓前行，未来可期。我相信专业同道们携手努力，必迎小鼠实验操作技术学的无限风光。

刘彭轩
2024 年春

目 录

生殖系统模型

第九篇

第 54 章

雌鼠生殖系统解剖 [①]

田莹

一、总述

本章主要针对雌性生殖系统模型操作，例如，手术切口、卵采集、刮宫等提供解剖学基础知识，同时避免在后续相关章节中重复叙述。

1. 雌鼠生殖器官构成

雌鼠生殖器官包括卵巢、输卵管、子宫、阴道，由生殖脂肪囊包裹（图54.1～图54.3）。雌鼠阴道连接皮肤，阴道黏膜随着动情周期呈现出不同的生理状态，阴道脱落细胞变化可以反映其体内激素的波动并可据此确定动情周期的阶段。小鼠子宫体较短，前行通过 Y 形分叉部位后延续为左、右子宫角，是妊娠时胎盘附着的主要部位。子宫角的形态和子宫内膜的厚度也会随着动情周期变化。输卵管由系膜牵拉成盘曲状，其起始端由子宫角远心端的黏膜面乳头发出，伞端深入卵巢膜内开口。卵巢包裹于生殖脂肪囊与脏腹膜形成的囊腔中。

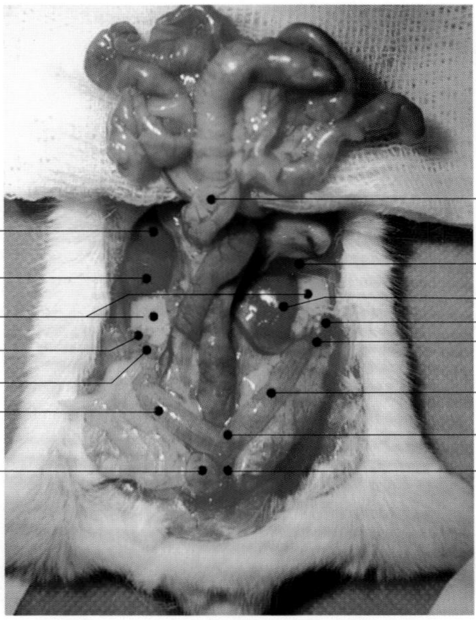

1. 肝；2. 右肾；3. 生殖脂肪囊；4. 右卵巢；5. 右输卵管；6. 右子宫角；7. 膀胱；8. 小肠及肠系膜（翻起）；9. 脾；10. 左肾；11. 左卵巢；12. 左输卵管；13. 左子宫角；14. 子宫角近心端；15. 子宫体

图 54.1　雌鼠生殖系统解剖（仰卧位）

---

① 共同作者：刘彭轩。

3

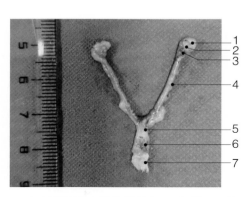

1. 生殖脂肪囊（卵巢囊外）；2. 卵巢；3. 输卵管；4. 子宫角；5. 子宫体；6. 阴道；7. 阴道口（皮肤）

图 54.2　雌鼠生殖器官（离体）

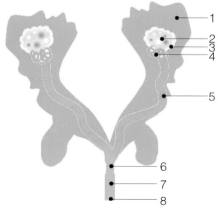

1. 生殖脂肪囊；2. 卵巢；3. 卵巢膜；4. 输卵管；5. 子宫角；6. 子宫体；7. 阴道；8. 阴道口

图 54.3　雌鼠生殖系统解剖示意

2. 雌鼠生殖器官背部体表投影

卵巢相关手术经常采取背部进路，其原因是小鼠的卵巢紧贴背部（图 54.4），且小鼠的背部腹壁呈半透明状，可以精准定位卵巢。只需做小的切口，在减小手术创伤的同时，能够比腹腔进路更完整地暴露卵巢和输卵管。在雌鼠腹腔内，左卵巢比右卵巢更贴近背侧，表现为：左卵巢及其周围脂肪几乎都可以在背部切口观察到；而在很多情况下从背部仅能看到右侧的生殖脂肪囊，且不一定能够直视右卵巢。

从侧面（图 54.5）可以看到大致的卵巢体表投影位置。在小鼠取俯卧位时，弓背最高点（胸腰椎交界）往下逐渐走平，大约第 5、第 6 腰椎旁开 1 cm 左右，做约 0.7 cm 的

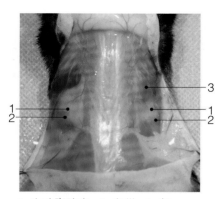

1. 生殖脂肪囊；2. 卵巢；3. 肾

图 54.4　背部卵巢投影

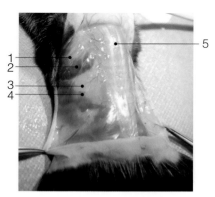

1. 肋骨；2. 脾；3. 生殖脂肪囊；4. 卵巢；5. 胸腰椎交界（俯卧位弓背最高点）

图 54.5　卵巢背部投影位置与椎骨位置的关系

手术切口，即可完整暴露卵巢、输卵管及子宫角上 1/3。

二、子宫

1. 子宫颈及子宫体

雌鼠有与人类不同的子宫结构：双
宫颈→双子宫体→双子宫角，且彼此互
不直接相通。如图 54.6 所示，雌鼠的子
宫颈深入阴道时，仅形成左、右两个较
深的穹隆，而在腹侧和背侧形成阴道与
宫颈的联合。简单地从染料堆积情况可
以看出，宫颈口有上、下 2 个横裂，分
别是小鼠的左、右宫颈口。

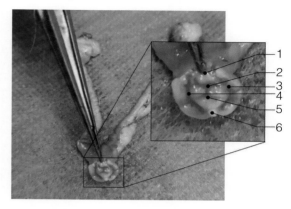

1. 宫颈腹侧联合；2. 左宫颈；3. 左阴道穹；4. 右阴
道穹；5. 右宫颈；6. 宫颈背侧联合

图 54.6　雌鼠双宫颈

将针头沿着右宫颈伸入并注射染料
（图 54.7），可以看到仅右子宫角充盈，
染料不会通过子宫体灌入左子宫角，这证实了双侧子宫角互不相通。

沿着左宫颈口剖开（图 54.8），可以看到左、右宫颈各有入口，左上右下，中间有
分隔。

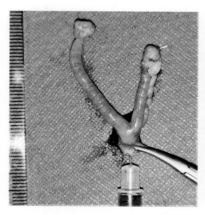

图 54.7　通过右子宫颈灌注仅右子
宫角充盈

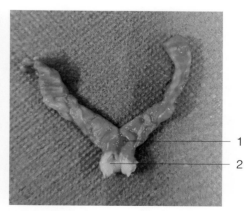

1. 子宫体；2. 子宫颈

图 54.8　雌鼠双子宫颈分别连接双子宫体

2. 子宫角

雌鼠双子宫体分别连接左、右子宫角，互不直接相通。小鼠的子宫角接受生殖动脉的
子宫前动脉分支和子宫后动脉双向血供（图 54.9，图 54.10）。

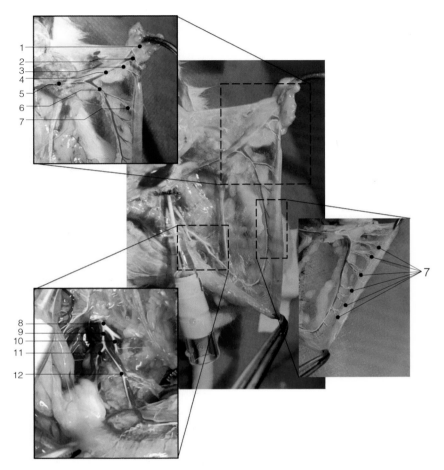

1. 卵巢动脉生殖脂肪支；2. 卵巢动脉卵巢支；3. 卵巢动脉输卵管子宫支；4. 卵巢动脉；5. 左侧生殖动脉；6. 子宫前动脉（生殖动脉子宫支）；7. 子宫系膜血管网；8. 左侧髂总动脉；9. 髂内动脉；10. 下腹动脉干；11. 左膀胱上动脉；12. 子宫后动脉

图 54.9　子宫角动脉血供

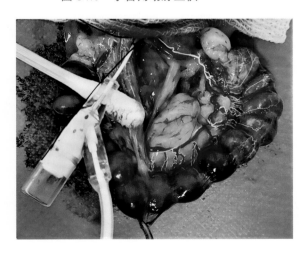

图 54.10　孕鼠子宫血供。可见子宫静脉充盈。白色染料经左生殖动脉顺向灌注，示动脉分布于左子宫角，包绕宫壁走行

三、输卵管

1. 输卵管开口

如图 54.11 所示，小鼠输卵管位于子宫角远心端与卵巢之间，位置固定，紧密盘曲成输卵管团。输卵管由子宫角远心端发出，从浆膜面观（图 54.12），输卵管与子宫角远心端延续过渡，而从黏膜面观（图 54.13），可见输卵管乳头，为输卵管在子宫角的开口。输卵管末尾的伞端则位于卵巢膜内（图 54.14），将卵巢膜撕开可见清晰的输卵管伞端深入卵巢膜的开口。病理切片进一步展示了输卵管乳头及输卵管伞的结构（图 54.15）。

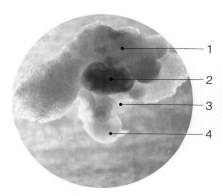

1. 生殖脂肪囊；2. 卵巢；3. 输卵管壶腹部；4. 子宫角远心端

图 54.11　子宫残端、输卵管和卵巢

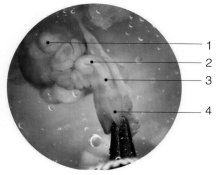

1. 卵巢；2. 输卵管；3. 输卵管与子宫的连接段；4. 子宫角远心端（浆膜面）

图 54.12　子宫角与输卵管连接段

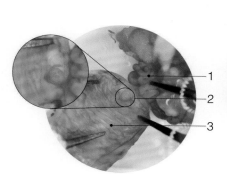

1. 输卵管；2. 输卵管乳头；3. 子宫角远心端（内膜面，系膜对侧剖开）

图 54.13　输卵管乳头（起点）

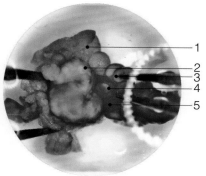

1. 生殖脂肪囊；2. 卵巢（去除卵巢膜）；3. 输卵管；4. 输卵管伞端；5. 卵膜残缘

图 54.14　卵巢膜内输卵管伞端

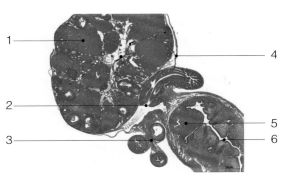
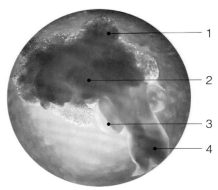

1. 卵巢；2. 输卵管伞端；3. 输卵管系膜；4. 卵巢囊；　1. 生殖脂肪囊；2. 卵巢；3. 输卵管壶腹
5. 输卵管乳头；6. 子宫腔　　　　　　　　　　　　　　部；4. 子宫角远心端
图 54.15　输卵管乳头及输卵管伞端病理切片，H-E 染色　图 54.16　输卵管壶腹部背面观

2. 输卵管壶腹部

输卵管壶腹部是输卵管全程管径较宽的部位，也是小鼠精卵结合的部位。小鼠接受超数排卵后，大量卵母细胞会排出并聚集在此部位等待受精。用注射器针头做针刀划开输卵管壶腹部，卵母细胞会释放出来。输卵管壶腹部背面观较为明显（图 54.16），正面观有时因受到输卵管团的遮挡，壶腹部没有完整呈现（图 54.12）。壶腹部管壁较透明，相对输卵管其他紧密盘曲的部位来说游离靠外，位置不容易发生移动，也不受卵巢膜包裹，有时可隐约见到其内的卵母细胞。

四、卵巢

雌鼠卵巢由细长的卵巢系膜牵拉，卵巢系膜向后延伸为卵巢－子宫周围系膜（图54.17），薄而透明，在靠近子宫周围时包裹生殖脂肪囊移行向子宫。由于左肾较右肾偏后，导致左卵巢－子宫系膜跨越肾脏（图 54.18），使得在撕皮操作中，左卵巢不一定能够被拉出腹腔。人类的卵巢属于腹膜外器官，表面由白膜（生发上皮）紧密包裹。与此不同，雌鼠卵巢存在于由生殖脂肪囊和卵巢膜（卵巢脏腹膜）形成的封闭囊腔中，卵巢囊包裹卵巢及输卵管末端（图 54.15，图 54.19）。卵巢膜不紧贴卵巢表面，且与腹腔不相通（图 54.20），可以保护卵巢免受腹腔内环境的影响，同时也为卵巢囊内注射提供了条件。如果操作过程中囊腔内有出血，不会外溢进入腹腔。卵巢膜质地较韧，且有丰富血供（图 54.21，图 54.22），术中用镊子撕开卵巢膜，会造成卵巢周围严重出血。

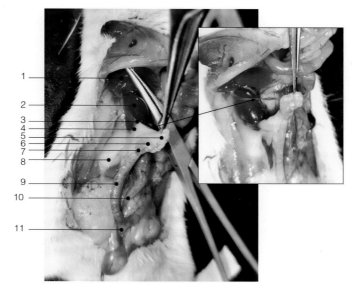

1. 肝；2. 肾；3. 卵巢系膜；4. 卵
巢 – 子宫周围系膜；5. 生殖脂
肪囊；6. 卵巢；7. 输卵管；8. 腹
膜后脂肪囊；9. 子宫角；10. 直
肠；11. 子宫体

图 54.17　右侧卵巢系膜及卵
巢 – 子宫周围系膜

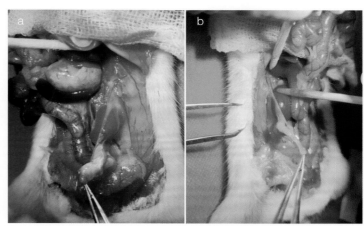

图 54.18　左（a）、右（b）
卵巢 – 子宫系膜与肾的关系

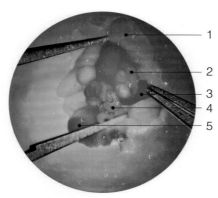

1. 生殖脂肪囊；2. 卵巢；3. 卵巢膜（丽春
红着色，撕裂）；4. 输卵管；5. 子宫角残端

图 54.19　卵巢与卵巢膜

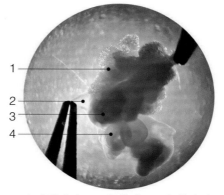

1. 生殖脂肪囊；2. 卵巢膜；3. 卵巢（腔
内）；4. 输卵管

图 54.20　卵巢膜与卵巢易分离

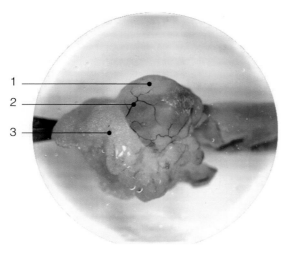

1. 卵巢膜；2. 卵巢膜血管；3. 生殖脂肪囊
图 54.21　卵巢膜血管

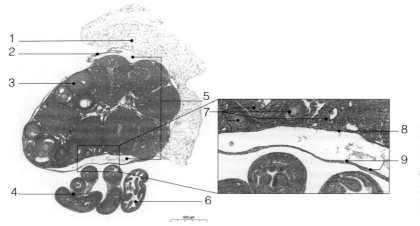

1. 生殖脂肪囊；2. 卵巢膜；3. 卵巢；4. 输卵管；5. 卵巢囊腔；6. 输卵管壶腹部；7. 卵泡；8. 卵巢生发上皮；9. 卵巢膜血管
图 54.22　卵巢切面

雌鼠生殖系统测量数据如表 54.1 所示。

表 54.1　雌鼠生殖系统测量数据（品系：ICR 或 C57，10 周龄）

测量对象	测量值 /cm
子宫体长度	0.5
子宫角长度	2.0
充盈子宫角长度	3.5
阴道前壁长度	1.0
阴道后壁长度	1.2
阴道周长	1 ～ 1.2
阴道穹	0.3
输卵管长度	1

注：雌鼠生殖系统测量数据随动情周期波动，测量值仅作参考。

第 55 章

子宫内膜异位症[①]

尚海豹

一、模型应用

子宫内膜异位症是一种育龄女性常见的具有恶性行为的良性疾病[1]。为研究其发病机制、研制疗效好的治疗手段（如新药），操作简便、成功率高、均一性好的子宫内膜异位症动物模型不可或缺。根据模型的发生，目前常用的子宫内膜异位症模型分为自发性模型和诱发性模型，诱发性模型又根据病灶的移植来源分为自体移植模型、异体移植模型[2, 3]。虽然自发性模型的病症与人类病症更相似，但是该模型存在发病周期较长、均一性差、成功率低等不足，所以诱发性模型应用更为广泛[2]。本章主要介绍小鼠自体移植模型的建立方法。

二、解剖学基础

小鼠子宫呈 Y 形，分为子宫角、子宫体和子宫颈。其左、右两侧的子宫角为建立诱发性模型提供了有利条件——切除一侧子宫角，建立自体或异体移植模型，可保留对侧子宫角作为模型对照。

三、器械材料

（1）仪器：数显游标卡尺，精密天平。

（2）器械：显微直镊，显微直剪，眼科弯镊，眼科直剪，8-0 带线缝合针，6-0 带线缝

---

① 共同作者：徐桂利、刘彭轩。

合针，持针器，止血钳，电烧灼器。

（3）雌激素（β-雌二醇），生理盐水。

四、手术流程

（1）术前 3 天和术前 1 天，肌肉注射 0.1 mg/kg 雌激素（浓度为 0.05 mg/mL）。

（2）手术准备：小鼠腹部剃毛。常规麻醉满意后，仰卧固定于手术台上。常规手术消毒。

（3）沿腹中线在后腹部开腹，切口长 0.5 ～ 1 cm（图 55.1a）。

（4）打开腹腔，暴露子宫（图 55.1b）。

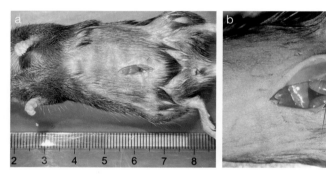

图 55.1　暴露子宫。a. 开腹；b. 子宫暴露，箭头示子宫

（5）用 6-0 缝合线结扎一侧输卵管近心端（包含卵巢动静脉、子宫动静脉）（图 55.2）。烧断子宫后动脉。

（6）用眼科直剪剪取结扎处和电烧处之间的子宫角。

（7）将取下的子宫角放入生理盐水中清洗，去除表面的血迹、子宫系膜。

（8）用显微直剪沿子宫腔纵轴剪开，然后再将其剪成大约 4 mm × 4 mm 的子宫片（含子宫内膜）。

（9）将子宫片黏膜面向上平摊（图 55.3）。

（10）将子宫片内壁贴合至腹腔内壁的壁腹膜上。

（11）用 8-0 缝合线将子宫片四角缝在壁腹膜上（图 55.4）。

（12）逐层缝合手术切口。常规消毒皮肤伤口。

（13）将切口缝合后的小鼠放在 30 ～ 37 ℃小动物恒温垫上，苏醒后归笼饲养。

（14）术后仍旧隔日肌肉注射 0.1 mg/kg 雌激素（浓度为 0.05 mg/mL）。

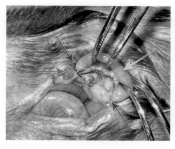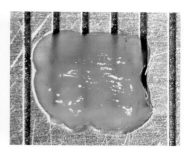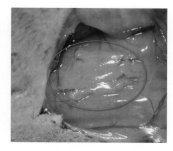

图 55.2　手术图解。红色箭头示输卵管；蓝色箭头示两端子宫角剪切处；黄色箭头示子宫

图 55.3　采集整理后的子宫片。背景刻度为毫米

图 55.4　手术照。子宫内膜片缝合到壁腹膜上，如圈所示

五、模型评估

术后 14 天，小鼠麻醉，暴露子宫片位置，即子宫内膜异位灶。检查后小鼠于麻醉状态下安乐死，采集病理标本。

（1）肉眼观察内膜异位灶的形态（图 55.5）。若建模成功，内膜呈透亮的小囊泡；若建模失败，则内膜发白或消失。

（2）组织病理学检测：取术后 14 天的内膜异位灶做 H-E 染色（图 55.6）。若建模成

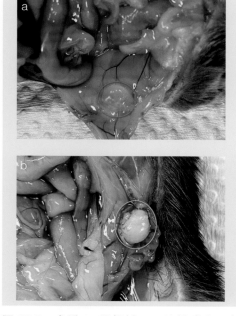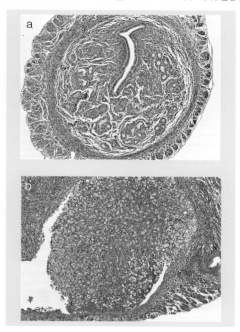

图 55.5　术后 14 天解剖。a. 造模成功，内膜呈透亮的小囊泡，如圈所示；b. 造模失败，内膜可见不透明结块，如圈所示

图 55.6　子宫内膜病理切片，H-E 染色。a. 正常小鼠子宫内膜；b. 术后 14 天异位子宫内膜

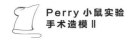
功，异位灶组织形态、结构与正常子宫内膜相似。

六、讨论

（1）术前、术后给予雌激素的目的：① 子宫内膜异位症对雌激素有依赖性[4]；② 统一小鼠的动情周期[2]。

（2）除给予雌激素使小鼠动情周期一致外，也可以通过阴道涂片法[5]挑选自然状态下相同动情周期的小鼠入组，制作该模型。

（3）雌激素给予剂量会因剂型、药效而不同，术者应根据实际使用的雌激素来确定。本章给出的剂量仅供参考。

（4）诱发性模型除了自体移植外，还有异体移植；异体移植子宫异位症模型除子宫内膜片来源于供体（包含人）外，基本手术流程、基本模型评估方法一致。

（5）根据子宫内膜异位症发生的"子宫内膜种植学说"，建立子宫内膜异位症模型时推荐采用自体移植法，而较少采用异体移植法。不过，异体移植法可用于子宫内膜异位症中某些基因［如基质金属蛋白酶 2（*MMP-2*）、血管内皮生长因子（*VEGF*）］调控变化、异位病灶血管生成等方面的研究。

（6）在诱发性模型建模过程中，子宫片除移植至腹内壁外，还可移植至腹腔和皮下。与腹腔和皮下移植方法相比，移植到腹内壁能够精准定位异位灶，方便评估病灶，但是具有一定的操作难度。

七、参考文献

1. 周璐. 蓬甲饮治疗子宫内膜异位症的临床及实验研究 [D]. 北京：北京中医药大学，2006.

2. 孟鑫，陈景伟. 子宫内膜异位症小鼠模型研究进展 [J]. 中国实验动物学报，2020，28(6):857-863.

3. 冯雪，黄薇. 子宫内膜异位症动物模型研究进展 [J]. 中国比较医学杂志，2014，24(12):67-70.

4. 陈世荣，赵轩，历芳，等. 子宫内膜异位症在位及异位内膜中雌激素含量的变化 [J]. 第三军医大学学报，2006，28(4):379.

5. 丁玉龙，孙莉，李丽亚. 小鼠阴道涂片三种染色方法比较 [J]. 实验动物科学，2010，27(1):67-69.

第 56 章

宫腔粘连 [①]

田莹

一、模型应用

宫腔粘连（Asherman 综合征）是由于妊娠、刮宫、感染等导致子宫内膜损伤，尤其是基底层受损，使宫腔部分或全部闭锁，其本质是子宫内膜纤维化。通过刮宫器模拟的刮宫操作，使小鼠子宫内膜受损，并造成纤维化及内膜功能丧失，进而产生与女性宫腔粘连相似的症状，如宫腔部分或全部闭锁、不孕等。该模型可以模拟女性子宫内膜受损及后期恢复过程中的病理生理改变，可用于研究内膜受损及粘连形成的机制，以及粘连的预防及治疗等。

宫腔粘连模型造模原理是通过药物腐蚀、烫伤、手术刮宫等方式，造成小鼠子宫内膜不同程度的损伤。其中，模拟刮宫的造模方式对子宫的损伤最接近于临床，且损伤程度相对可控，应用最广泛。而用于模拟刮宫的器械，是笔者用注射器针头改制的。一般手术中，在子宫角开始或末端造口，以略小于宫腔直径的改制注射器针头，多次反复旋转和进出宫腔，造成内膜损伤。然而在实际操作过程中，有两点需要注意：① 直接使用尖端锋利的注射器针头，在刮宫过程中，容易刺穿甚至划破宫腔；② 如果入口位置在靠近输卵管端，而非靠近子宫体端，容易在操作过程中损伤输卵管。这两点均会导致远期在研究妊娠率等方面，出现不可控的影响因素。据此，本造模方法，改进了刮宫器械，并选择从近子宫体端的子宫角处造口，达到了更好和更稳定的造模效果。

---

① 共同作者：刘彭轩。

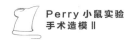
二、解剖学基础

小鼠有双角子宫（图 56.1）。在子宫体与子宫角分界处为子宫角近心端；在子宫角与输卵管分界处为子宫角远心端。

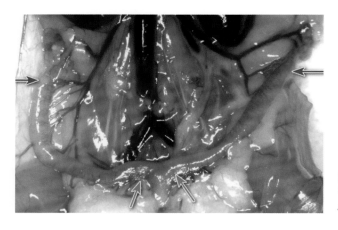

图 56.1　小鼠子宫解剖。蓝色箭头示子宫角远心端；红色箭头示子宫角近心端

三、器械材料

刮宫器（图 56.2）：将 23 G 注射器针头斜面反向弯曲，将尖端捏紧靠在针头上。

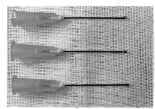  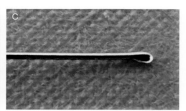

图 56.2　以针头改制的刮宫器。a. 刮宫器全貌；b. 正面观；c. 侧面观

四、手术流程

（1）小鼠常规麻醉，腹部备皮。仰卧位常规消毒，铺无菌孔巾。

（2）沿腹中线开腹，切口 2 cm，轻拉子宫周围生殖脂肪囊，暴露一侧的完整子宫角（图 56.3）。

（3）▶ 在子宫角近心端向前 4 mm 处剪开，剪口大小能够通过刮宫器头部即可。用镊子固定子宫角近心端，将刮宫器通过开口深入子宫角宫腔（图 56.4），反复进出宫腔，偏斜针头，可以加强刮宫效果。一般次数为 10 次左右，可以根据实验需要，调整次数及力度，达到不同的损伤效果。（另一侧仅做开口不刮宫，作为对照。）

（4）操作完成后用 7-0 可吸收线缝合子宫浆膜层。

（5）检查有无操作相关损伤，复位子宫，常规关腹。

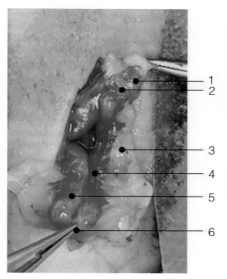

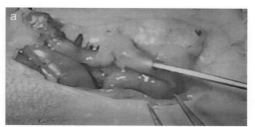

1. 卵巢；2. 输卵管；3. 生殖脂肪囊；4. 左子宫角；5. 右子宫角；6. 子宫分叉处
图 56.3　暴露子宫分叉处及完整左子宫角

图 56.4　刮宫操作。a. 刮宫器进入子宫角切口；b. 刮宫器深入宫腔内

五、模型评估

（1）子宫内膜 Masson 染色（术后 1 周）（图 56.5）：子宫内膜变薄，腺体数量减少，间质可见纤维化成分增多。

（2）生育能力评估（图 56.6）：模型侧较对照侧着床胚胎数目减少，生育能力受损。

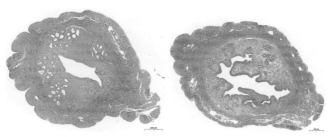

图 56.5　小鼠子宫内膜 Masson 染色。左为对照侧，右为模型侧

图 56.6　小鼠宫腔粘连术后双侧子宫角胚胎数对比

六、讨论

（1）在刮宫器制作过程中，注意在反向弯折针尖斜面时，用持针器尖端钳夹针尖即可，不要用持针器大范围钳夹针尖，以免蛮力折断针头。

（2）在刮宫的过程中，相比直接用注射器针头旋转刮宫，用改制的刮宫器可以避免针尖刺破宫腔。另外，反折后的注射器针头斜面形成了左、右各一个相对锋利的面，可用于内膜搔刮。针头去除尖端后，在造成内膜损伤的操作中，不仅可以省去旋转的步骤，通过简单地从不同方向进出宫腔形成内膜损伤，还可以通过将针头深入宫腔最远端旋转，造成输卵管附近宫腔的损伤，使黏膜的损伤更加完整，也更加符合临床刮宫完全的操作。

（3）对于流行的用齿镊刮宫，齿镊在一定程度上也可以有内膜损伤和宫腔粘连模型效果，但不能形成类似刮宫勺造成的内膜搔刮面，仅由不均匀的机械划痕造成局部严重损伤，进而引起功能异常，与临床刮宫效果相差较多。故用本章介绍的改良的刮宫器取代齿镊。

（4）当小鼠处于动情周期的不同阶段，子宫内膜的厚度、子宫组织的水肿程度等会有一定的波动，一般实验并不特意同步小鼠的动情周期，因而在术中，术者会遇到不同形态、不同生理条件的子宫，需要根据子宫的现状调整手法。例如，在子宫内膜较厚、水肿较严重时，可以倾斜针头，或增加搔刮次数以达到良好的刮宫效果，同时，控制刮宫的力度，以防暴力撕破子宫组织。

（5）本模型在子宫分叉处而非输卵管侧造口是出于以下考虑：① 在内膜搔刮过程中，分叉处容易固定操作，不会对输卵管或子宫角造成额外损伤，有利于后续验证妊娠率的实验。② 在子宫角输卵管侧造口会形成小范围的粘连，不能忽略粘连对后续实验的影响。由于子宫体部腹侧有尿道、膀胱及系膜；背侧有直肠及系膜，使得子宫体位置相对固定，而分叉处也相对固定，不会因为粘连导致严重的位置异常；子宫角输卵管侧仅有卵巢 - 子宫系膜固定，使得移动范围较大，可形成越过腹主动脉的粘连，因而可能因为粘连导致子宫角形态及位置异常或输卵管排卵异常，影响妊娠。

（6）物理刮宫的损伤程度依个人操作水平而异，这一点不如化学烧伤，所以术者的正规熟练操作很重要。

第 57 章

精原干细胞移植^①

熊文静

一、模型应用

精原干细胞移植已经广泛用于男性生殖障碍疾病模型构建和转基因动物模型开发等研究领域。精原干细胞移植作为精原干细胞增殖、分化等生理功能的金标准技术手段之一，不仅极大促进了精原干细胞体外培养增殖、分化的基础研究，同时也是发现男性不育病因和治疗的重要手段。本章介绍小鼠精原干细胞移植模型，重点介绍输出小管注射法。

二、解剖学基础

输出小管（图 57.1）是由睾丸网发出的小管，埋于附睾头与睾丸之间的脂肪内。

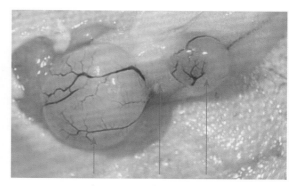

图 57.1　小鼠睾丸。左箭头示睾丸；中箭头示输出小管埋于脂肪内；右箭头示附睾头

三、器械材料

显微注射针（毛细管），眼科剪，眼科镊，显微剪，显微镊，微量注射泵（图 57.2）等。

---

① 共同作者：袁水桥、刘彭轩；助理：桂以倩。

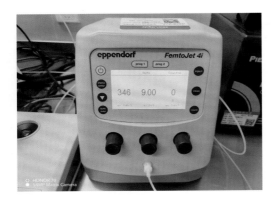

图 57.2　微量注射泵控制盒

四、手术流程

（1）常规麻醉小鼠。腹部剃毛，仰卧固定于手术板上。常规手术消毒。

（2）沿腹中线将腹部皮肤划开 1 cm，腹壁横切（图 57.3）。

（3）暴露生殖脂肪囊后，用显微镊将其夹住并将睾丸及附睾头随之拉出，暴露睾丸和附睾头（图 57.4）。

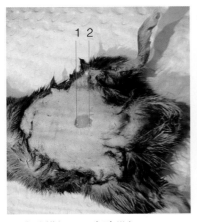

1. 腹壁横切；2. 皮肤纵切
图 57.3　开腹照

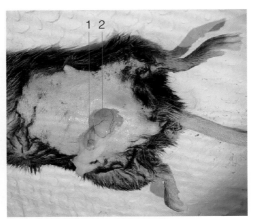

1. 附睾头；2. 睾丸
图 57.4　睾丸和附睾头暴露照

（4）将干细胞灌入显微注射针并安装到微量注射泵上：在超净台上，将干细胞悬液通过微量移液枪移入显微注射针前端，用无菌剪将注射针前端封闭口剪开，随后将其安装在微量注射泵上。调节微量注射泵参数：pi 为 300 ～ 700 hpa，ti 为 9 ～ 15 s，po 为 0 mpa。（pi，液体出来的脉冲压力；ti，在该压力下持续进样的时间；po，未进样时留置的压力。）

（5）剥离附睾头和睾丸之间的脂肪组织，游离输出小管，调整睾丸位置使输出小管走向与注射针近于平行（角度小于 10°），如图 57.5 所示，用镊子单角伸入输出小管下方，将输出小管靠近睾丸门方向一端撑直，保持镊子固定。

（6）左手用钝镊轻微牵引输出小管，使之有一定张力；右手控制显微操作杆，从图 57.5 箭头所指位置开始进针（图 57.6 中 1 指示进针点），将针缓慢顺着输出小管方向继续往前移，移到睾丸门附近停止（图 57.6 中 2 指示针前移深度点）。

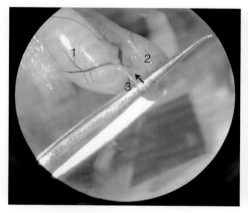

1. 睾丸；2. 附睾头；3. 输出小管
图 57.5　显微镜下注射角度。箭头示注射角度

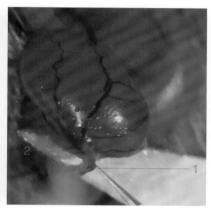

1. 进针点；2. 针前移深度点
图 57.6　注射针进针点及进针深度

（7）开始踩注射开关踏板，将注射针内的干细胞悬液全部通过输出小管导入睾丸网内，如图 57.7 所示。注射后拔针，将周围脂肪贴附、封闭针孔（图 57.8）。

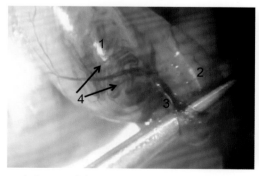

1. 睾丸，2. 附睾头，3. 输出小管，4. 生精小管
图 57.7　注射成功后，可见紫色药液进入生精小管

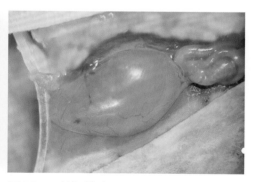

图 57.8　封闭针孔

（8）注射成功后，将小鼠睾丸移回腹内，分层缝合腹壁和皮肤切口。保温至苏醒后还笼。

五、模型评估

（1）精原干细胞注射成功的标志为生精小管内可见紫染的干细胞悬液流动，一般注射量为 10 ～ 15 μL 细胞悬液（40% ～ 60% 的生精小管被蓝染的干细胞悬液充盈即可）。如在输出小管周围出现外漏，则说明穿刺针刺破输出小管。补救措施：稍微退针重新调整进针角度。

（2）睾丸病理切片：输出小管注射后 20 天进行睾丸取材，固定，石蜡包埋及染色，结果发现，注射精原干细胞模型组部分生精小管已经恢复正常生精功能，而未注射精原干细胞模型组睾丸呈空管状（图 57.9）。

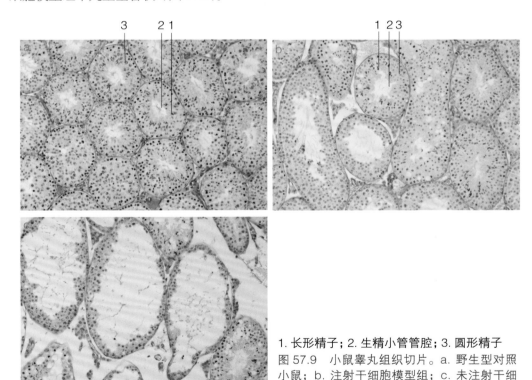

1. 长形精子；2. 生精小管管腔；3. 圆形精子
图 57.9　小鼠睾丸组织切片。a. 野生型对照小鼠；b. 注射干细胞模型组；c. 未注射干细胞模型组

六、讨论

（1）输出小管一端连接睾丸门，另一端连接附睾头，需要注意的是要将连接睾丸门端的脂肪尽量剥离干净，这样更方便注射针沿着输出小管方向顺利通过输出小管进入睾丸，同时有助于及时发现注射针刺破睾丸，毕竟注射针前端较细。

（2）若出现图 57.10 所示的注射液外溢，可能原因是注射通道阻塞。补救措施是将注射液优化，即将显色剂离心后再用于重悬干细胞，或降低干细胞浓度。

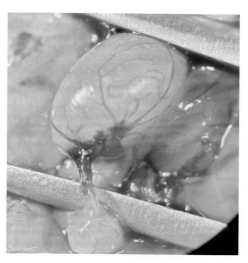

图 57.10　注射液外溢现象

（3）注射干细胞悬液时，根据睾丸大小调整 pi 值。若压力过大，进入的液体过多，会导致生精小管管腔被撑得过大。

（4）在手术流程（5）中，也可以用硬质纸片剪成三角形插入输出小管下方，代替镊子进行固定。

第58章
转基因小鼠制备①

李聪

一、模型应用

　　转基因小鼠通常指将新基因整合至小鼠基因组，并能实现稳定生殖遗传的小鼠模型 [1]。随着新的基因编辑技术的出现 [2]，转基因小鼠目前已有外源 DNA 片段整合到小鼠基因组和小鼠基因敲除、过表达、点突变等不同种类模型。转基因小鼠的广泛应用解决了基础生物学、医药研发生产和临床治疗等研究中的定制模型需求。

　　转基因小鼠的制作方法主要有两种：原核显微注射法和胚胎干细胞囊胚显微注射法。原核显微注射法在转基因小鼠制作中应用极为广泛，也最为常见 [3]：利用极细的玻璃微量注射针，将具有基因编辑功能的外源元件直接注射进受精卵原核中 [4]，外源元件使小鼠基因组发生可能的重组、缺失、易位等现象，再通过胚胎移植技术将发育良好的胚胎移植进代孕母鼠输卵管，18 ～ 20 天后小鼠出生。原核显微注射法需要使用配套的显微注射操作臂、微量注射泵、倒置显微镜等实验设备来实现各类精密注射操作。实验人员需要经过系统的训练，熟练掌握原核显微注射法的各项操作技术后，方能利用不同的基因编辑技术有效地制作各种转基因小鼠模型。

　　笔者根据经验和实践，对原核显微注射操作中相关的技术环节逐一介绍（图 58.1），并对部分传统实验细节做了必要的优化，以达到简便高效的目的。

图 58.1　原核显微注射主要过程

---

① 共同作者：熊文静、孙敏、舒泽柳、范业欣、田莹、刘彭轩；协助：杨仪。

二、生理解剖学基础

小鼠胚胎发育自卵母细胞受精后开始，正常发育过程依照雌、雄交配后的天数（days post coitum，dpc）来分期。在 12/12 小时（早 7 点开灯）恒定的光照／黑暗周期下饲养的小鼠，受精过程通常发生在半夜。雌、雄小鼠合笼后的第二天早上，通过检查雌鼠有无阴道栓判断小鼠是否交配成功，以 ICR 雌鼠为例，图 58.2 为未见栓鼠，图 58.3 为见栓鼠，发现阴道栓的当天为交配后的第一天。

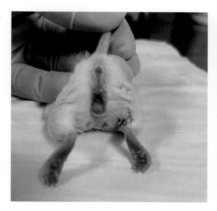 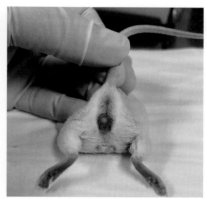

图 58.2　未见栓的 ICR 雌鼠　　　　　图 58.3　见栓的 ICR 雌鼠

小鼠交配成功后，精子进入卵母细胞，卵母细胞被激活，排出第二极体（second poly body，2pd），形成同时含有雌原核和雄原核的 1- 细胞胚胎（图 58.4），又称原核期胚胎[5]。与雌原核相比，雄原核体积稍大，离极体远，更方便注射样品。不同品系的小鼠，具有不同的遗传背景，受精卵质量也有差异。即使是同批次的 C57BL/6 雌鼠，经超数排

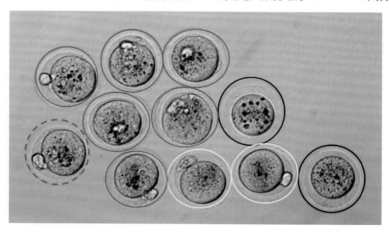

图 58.4　不同状态的 1- 细胞胚胎

卵后采集的受精卵发育状态也不完全一致。在高倍显微镜（400×）下观察注射前的受精卵，共有三类（图58.4）：无极体无原核未受精的卵母细胞（黑色圆圈），有极体无原核的受精卵（黄色圆圈），有极体双原核清晰的受精卵（红色圆圈）。以图58.4虚线指示的受精卵为例，星状标记的是第二极体，双原核中体积较大的即雄原核（图58.5）。无论是何种背景的小鼠，都需要快速辨认出同时含有极体和双原核的胚胎，以用于显微注射操作。

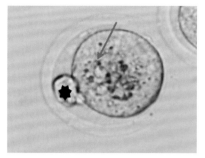

图 58.5　单个受精卵。星状标记示第二极体；箭头示雄原核，雄原核体积比雌原核大

三、器械材料与实验动物

（1）设备：奥林巴斯体视显微镜，奥林巴斯 IX53 倒置显微镜，Eppendorf TransferMan 4r，Eppendorf FemtoJet 4i 等显微注射系统。

（2）器械材料：眼科直尖剪，眼科直镊，眼科弯镊，弹簧夹，持针器，显微镊，显微弹簧剪，缝合线，直冲喷枪打火机，35 mm 培养皿，口控吸管，100 μL 毛细管，自制固定针，自制注射针，0.22 μm 滤膜。

（3）试剂：孕马血清促性腺激素（PMSG），人绒毛促性腺激素（hCG），生理盐水，M2 培养基（简称"M2"），M16 培养基（简称"M16"），透明质酸酶溶液（终浓度 0.3 mg/mL，用 M2 稀释），矿物油，三溴乙醇，叔戊醇等。

（4）实验动物：ICR 雄鼠（6～7 周龄），ICR 雌鼠（7～10 周龄，体重 27～33 g），C57BL/6 雌鼠（4～5 周龄），C57BL/6 雄鼠（6～20 周龄）。

四、手术流程

（一）ICR 雄鼠输精管结扎

1. 操作步骤

（1）麻醉 ICR 雄鼠，腹部备皮。取仰卧位，于阴茎前方 1 cm 处沿腹中线向前分层划开皮肤和腹壁（图58.6）。

（2）拉出左侧生殖脂肪囊和睾丸、附睾、输精管，剥离输精管（图58.7，图58.8）。

（3）镊子尖烧红后，烧烙断输精管（图58.9），然后将输精管两个断口远离（图58.10），

图 58.6　雄鼠结扎开腹位置

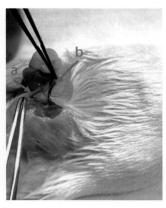

a. 输精管；b. 血管和脂肪
图 58.7　暴露血管、脂肪和输精管

图 58.8　剥离后的输精管，如箭头所示

图 58.9　烧烙断输精管

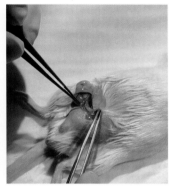

图 58.10　分开输精管两个断口

将睾丸、附睾、输精管还纳腹腔。

（4）同样方法烧断分离右侧输精管。

（5）分层缝合腹壁和皮肤切口，保温至苏醒。

（6）单笼饲养，恢复 10 天即可与 ICR 雌鼠合笼、交配。

2. 讨论

（1）确保结扎了两侧输精管。每只雄鼠结扎完成后，可将烧断的两个输精管片段放在雄鼠边（图 58.11），以避免遗漏。

（2）建议每只结扎雄鼠一周只交配一次，以提高 ICR 雌鼠见栓率。

（3）输精管结扎也可以从阴囊开口，方法选择依术者习惯。不同术式对术后雄鼠康复没有明显不同。

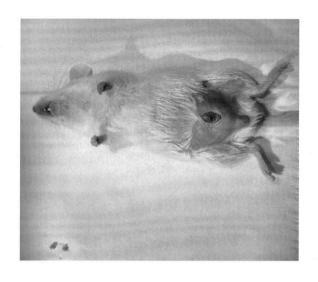

图 58.11　完成结扎的雄鼠和烧断的两侧
输精管片段（左下角）

（二）原核期受精卵的采集

1. 操作步骤

（1）超数排卵。

13:00—14:00，雌鼠腹腔注射 PMSG 5 IU/ 只。46 ～ 48 h 后，腹腔注射 hCG 5 IU/ 只。
注射 hCG 后，雌鼠与雄鼠 1:1 合笼，过夜。

（2）次日 10:00，制作 M16 液滴培养皿：在 35 mm 培养皿底部做 3 个约 70 μL 的 M16
液滴，加入矿物油，直至液滴完全被矿物油覆盖。
从 4 ℃冰箱中取出数个分装好的 M2、M16 培养
基和培养皿一起置于 5% CO_2 培养箱中预热（图
58.12）。装备口控吸管 (图 58.13)。

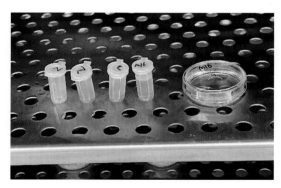

图 58.12　预热 M16 液滴培养皿和分装的 M2、
M16 培养基

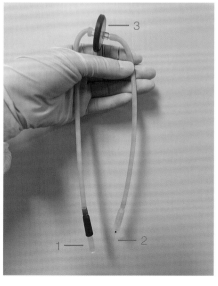

1. 200 μL 移液器枪头；2. 自制毛细管针；
3. 0.22 μm 针头式过滤器
图 58.13　口控吸管

（3）检栓后，安乐死雌鼠，迅速开始采卵。尸体取仰卧位，常规剥皮，暴露双侧子宫、输卵管和卵巢（图 58.14）。

（4）用直镊夹住输卵管与子宫连接处，拉高以远离腹腔，剪刀分离连接处附近的子宫系膜，分别剪断卵巢 – 输卵管包囊囊膜（图 58.15）和输卵管与子宫连接处（图 58.15），获得完整的输卵管。同法获得另一侧输卵管。所有被采集的输卵管在 M2 液滴中清洗 3 次，洗掉附着的血液、脂肪等，转移至干净的 M2 液滴中。在体视显微镜下可以清楚看到：液滴中的输卵管壶腹部膨大处含有卵丘细胞和受精卵复合体（图 58.16）。

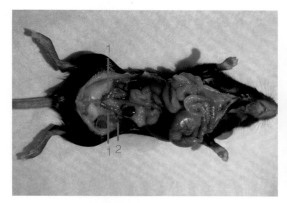

1. 双侧子宫；2. 输卵管和卵巢

图 58.14　雌鼠腹腔内子宫、输卵管和卵巢

1. 输卵管与子宫连接处；2. 卵巢 – 输卵管包囊囊膜

图 58.15　剪断位置

（5）用显微镊撕破壶腹部膨大处（图 58.17），卵丘细胞包裹的受精卵自动流出，若不能流出，轻挤即可。

（6）用移液枪加入适量的透明质酸溶液，轻轻吹打数次直至卵丘细胞脱落，受精卵立体结构清晰（图 58.18）。

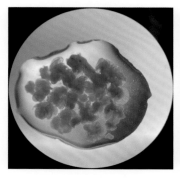

图 58.16　置于 M2 液滴中的输卵管壶腹部，含有卵丘细胞包裹的受精卵

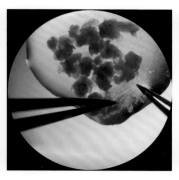

图 58.17　撕破壶腹部膨大处，卵丘细胞包裹的受精卵自动流出

图 58.18　消化后的受精卵和卵丘细胞分离

（7）用口控吸管将形态良好的受精卵全部采集，在新鲜的 M2 液滴中清洗 3 次，洗掉卵丘细胞、残留透明质酸酶和其他杂质。在新鲜的 M16 液滴中清洗 3 次，洗掉残留的 M2 和杂质，转移至 M16 液滴培养皿中（图 58.19）。将培养皿放至二氧化碳培养箱中培养。

图 58.19　采集好的受精卵

2. 讨论

（1）为了提高雌鼠见栓率，雄鼠每周只与雌鼠合笼一次。

（2）M16 和 KSOM 培养基均可用于受精卵培养。

（3）无论是受精卵采集还是后续的显微注射、胚胎移植各项实验，完成整个转基因小鼠制作期间所用的培养基均需提前放入二氧化碳培养箱预热、平衡 pH，一般预热 1 h 即可使用。每次吸取培养基前，轻轻上下摇晃混匀分装在离心管中的培养基。预热和混匀培养基的步骤在后面实验过程不再赘述。

（4）雌鼠可选择 3 ～ 12 周龄，周龄越小取得的胚胎数量越多，但质量有所下降。

（5）雌鼠腹腔注射激素时间和剂量可根据屏障设施的光照周期、季节和雌鼠品系、周龄等进行调整，时间在 12:00—16:00、剂量在 5 ～ 10 IU 之间均适合，hCG 注射时间为注射 PMSG 46 ～ 48 h 后，处死雌鼠开始采集受精卵的时间也可相应后延。

（6）若一次需采集的雌鼠较多，可分批处死雌鼠，死亡时间过长会影响被采集的受精卵的质量。

（7）市售矿物油出厂前都经过受精卵培养验证，但仍建议在启用新的矿物油时，进行测试：取约 30 枚采集的 1- 细胞胚胎置于待测矿物油覆盖的 M16 培养皿中，在二氧化碳培养箱中培养 5 ～ 6 天，使胚胎发育至囊胚，计算囊胚率。

$$囊胚率 = 囊胚数 / 胚胎总数 \times 100\%$$

囊胚率大于 50% 则矿物油可用。

（三）原核显微注射

1. 操作步骤

（1）注射实验开始前，先观察当天上午采集的受精卵状态：细胞膜光滑、饱满，透明带大小适中，双原核清晰、未融合的受精卵适合注射。可在注射 hCG 22 ～ 24h 后准备显微注射实验。

（2）打开倒置显微镜和左、右显微操作臂以及原核注射气泵电源。安装好左侧操作臂的固定针（图 58.20），固定针针头与培养皿底部平行。取自制注射针加入 2 μL 注射样品，安装右侧操作臂的注射针（图 58.20）。吸取 500 μL M2 作一个长方形的显微注射操作滴（图 58.20）。

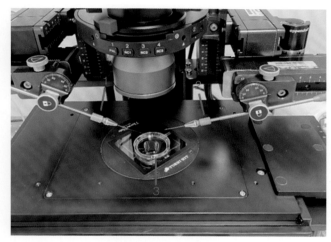

1. 固定针操作臂；2. 注射针操作臂；3. 显微注射操作滴

图 58.20　安装好的固定针、注射针与显微注射操作滴

（3）在 4× 物镜下聚焦操作滴底部，调节左侧 Eppendor TransferMan 4r 操纵杆，固定针针头轻落在操作滴培养皿底部。调节右侧操作杆，注射针水平放置靠近固定针。

（4）装备新的口控吸管，从 M16 培养皿中吸取 30 ～ 50 枚形态良好的双原核受精卵，在新鲜的 M2 液滴中清洗 3 次，自上而下放进操作滴中（图 58.21）。

（5）调节显微镜细准焦螺旋直至受精卵清晰，再调节固定针与注射针操作臂，使得两侧针头与受精卵在同一焦平面清晰。将右侧注射针尖端轻碰固定针针口边缘几次，使注射针尖端出液通畅，确定注射针通畅的方法▶：将注射针尖端放置在受精卵透明带 3 点钟位置，按压微量注射气泵的

图 58.21　40× 显微镜下的固定针、注射针与受精卵

"Clean"键，受精卵被样品液流推离注射针尖端即为通畅 。

（6）自上而下开始显微注射▶。40× 物镜下旋转固定针气泵吸附住有双原核的受精卵，用注射针尖轻轻拨动使较大体积的雄原核尽可能处于受精卵 3 点钟位置（图 58.22），

核仁、核膜清晰可辨。再一次轻轻回旋固定针以确保受精卵吸附牢固，而透明带不发生变形（图 58.23）。从受精卵 3 点钟位置水平推动注射针，注射针尖端穿透透明带，刺破细胞膜，避开核仁进入细胞核核膜后踩下注射开关踏板，样品被注入原核中，显微镜下可见雄原核细胞核膨胀（图 58.24），立即撤回注射针，松开注射成功的受精卵。

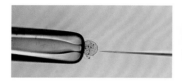  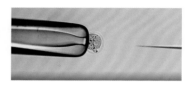

图 58.22　双原核清晰的受精卵　　图 58.23　透明带吸紧（箭头　　图 58.24　注射成功
　　　　　　　　　　　　　　　　　　所示位置）

（7）20 ～ 30 min 内注射完操作滴中所有双原核受精卵，立即将注射后受精卵移至 M16 中清洗 3 次，放回 M16 培养皿中培养。

（8）所有操作滴中的受精卵注射完成后，取下固定针、注射针放入利器盒，关闭显微镜和左、右显微操作臂电源，长摁 FemtoJet 开机键放掉微量注射气泵残留的气体后关闭气泵电源。

2. 讨论

（1）若难以分清雌、雄原核，初学者选择视野下清晰、方便注射的其中一个原核即可。有文献报道，注射雄原核比注射雌原核的基因编辑效率略高，但转基因小鼠模型制作是一个复杂的系统工程，实验步骤多，影响基因编辑成功的因素众多，初学者无须为了精准注射雄原核花费过多的努力。操作人员在长期注射实验积累后，自能辨认、定位并注射雄原核。

（2）建议用 0.22 μm 针头式过滤器过滤 M2 后再用于注射实验，保证操作滴所用培养基清澈、无大块 BSA 等杂质。M16 不过滤也可。

（3）注射实验所用的 M2、M16 可在受精卵采集实验结束后提前放至培养箱中预热、平衡 pH。

（4）注射样品加入注射针前，离心 3 ～ 5 min，取样品管上半部液体加至注射针内，避免因样品黏稠堵塞注射针的针尖。

（5）在操作步骤（3）中，根据实验人员熟练度转移不同数目的受精卵至操作滴，不建议为了实验方便吸出过多受精卵，一次吸出的受精卵尽量在 20 ～ 30 min 内注射完。受精卵在 M2 操作滴中放置时间过长会导致细胞膜皱缩、细胞核模糊不清，不方便注射。放置时间较长，可将皱缩的受精卵回收至 M16 培养皿，置于培养箱内培养 30 min，待受精卵恢复后，再次吸出，注射。

（6）若采集的受精卵较少或受精卵珍贵，可在每次注射后将未见双原核、有极体的受精卵回收至 M16 培养皿继续培养：先将所有双原核受精卵注射结束，等待 1 ~ 3 h 后再观察回收的受精卵，寻找出现双原核的受精卵继续注射。

（7）FemtoJet 4i 微量注射气泵可调整 pi 参数以控制注射压力，调整 ti 参数以调节进液时长，依注射针尖端粗细和注射样品黏稠度自行调整参数。

（8）连续注射受精卵后，随时根据注射情况判断是否需要更换新的注射针。如果出现以下任何一种状况，都必须更换新注射针：① 注射针尖端进针成功，踩注射开关踏板后细胞核不变大；② 注射针尖端明显有杂质黏附；③ 按操作步骤（5）多次按压 FemtoJet 上的"Clean"键后受精卵无位移；④ 注射 5 min 后胚胎很容易死亡；⑤ 注射针尖端明显断裂。

（四）输卵管内胚胎移植

1. 操作步骤

（1）注射实验结束后，取体重为 27 ~ 33 g 的 ICR 雌鼠与已结扎 ICR 雄鼠 1:1 合笼，过夜。第二天早上检栓，选择见栓鼠进行输卵管胚胎移植，见栓鼠即为假孕鼠，也常称为代孕母鼠。

（2）将雌鼠麻醉，背部备皮。取俯卧位，从尾根处沿背正中线往前约 2 cm 处（图 58.25）纵向剪开皮肤。剪子沿 3 点钟方向水平横入浅筋膜层，张合几次分离背皮与躯干肌肉。

（3）直镊沿开口处 10 点钟方向向左前方腹部深入，找到肋间动脉血管（图 58.26），在两把直镊拉伸下血管呈纵向走向，靠近血管纵向剪开肌肉层，剪口长约 0.5 cm。

图 58.25　背部开口位置（虚线为背正中线）　图 58.26　肋间动脉血管

（4）腹腔里看到浅黄色脂肪囊（图 58.27）后水平夹出，用动脉夹固定脂肪囊，暴露卵巢、输卵管和小部分子宫角（图 58.28）。

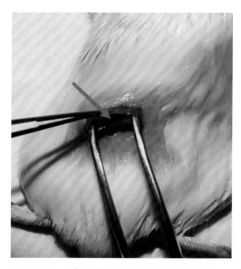
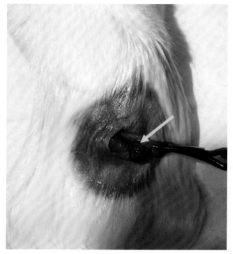

图 58.27　脂肪囊为箭头所指浅色部分　　图 58.28　暴露的卵巢、输卵管和小部分子宫角，箭头示输卵管壶腹部

（5）装备口控吸管，从培养箱内的 M16 培养皿中一次性吸出 16 个 2- 细胞胚胎用于双侧输卵管移植，每侧移植 8 个 2- 细胞胚胎。16 个胚胎在新鲜的 M2 液滴中清洗 3 次，更换一根干净的未使用过的毛细管针，按图 58.29 所示顺序吸取 M2、两个气泡和 8 个 2- 细胞胚胎。

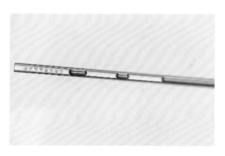
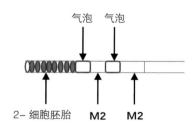

图 58.29　含有 2- 细胞胚胎和气泡的毛细管针头。左为实拍图，右为示意图

（6）将假孕鼠移至体视显微镜下，找到输卵管壶腹部，壶腹部较粗，呈透明状。顺着壶腹部往卵巢方向寻找输卵管伞口（在卵巢 - 输卵管包囊中）（图 58.30）。在输卵管伞口与壶腹部中间用显微弹簧剪剪开输卵管上方管壁（图 58.31），调整小鼠体位和输卵管剪口位置，以确保从 3 点钟方向水平插入含胚胎的针（为了看清进针方向，在图 58.32 中将毛

细管针头染黑，插入输卵管的针长度比正常实验稍长，日常移植实验准备如图 58.29 所示的含 2- 细胞胚胎和气泡的毛细管针，针头插入输卵管过深容易抵到输卵管内壁，造成针口堵塞），轻吹口控吸管，将胚胎和气泡吹进输卵管壶腹部膨大处，膨大处有气泡则表示移植成功（图 58.33）。

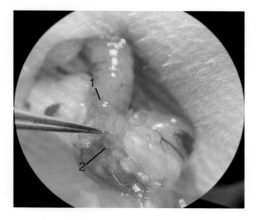

1. 输卵管壶腹部膨大处；2. 输卵管伞口

图 58.30　输卵管伞口和壶腹部

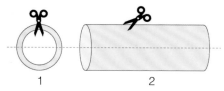

1. 输卵管截面；2. 输卵管侧面

图 58.31　输卵管剪口示意

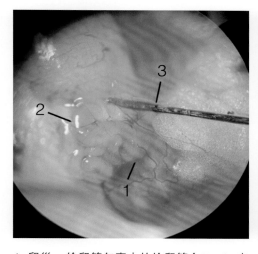

1. 卵巢 – 输卵管包囊中的输卵管伞口；2. 壶腹部；3. 从剪口位置进针

图 58.32　从输卵管剪口 3 点钟方向水平插入毛细管针

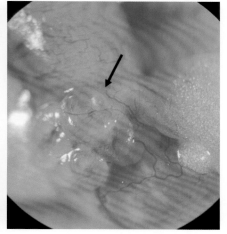

图 58.33　输卵管壶腹部膨大处有气泡（箭头所指）则移植成功

（7）轻推脂肪囊，将子宫、输卵管和卵巢放回腹腔内，缝合肌肉。假孕鼠垂直转向180°，将另一侧输卵管转至左侧，同样方法进行另一侧移植。两侧输卵管移植结束后，缝合腹壁和皮肤切口，常规消毒，雌鼠保温至苏醒。

（8）移植 18 ～ 20 天后，小鼠出生。

2. 讨论

（1）假孕鼠需确认壶腹部是否有膨大处，壶腹部没有明显膨大不进行移植。

（2）见栓鼠当天未使用，饲养 10 天后可再次合笼、交配。

（3）推荐在原核显微注射第二天，胚胎发育至 2- 细胞胚胎后，进行胚胎移植实验。若按照实验要求和实验条件需在注射当天进行移植，那么应将注射后的胚胎放回 M16 培养皿，置于培养箱至少 1h 后再进行移植操作。注射样品进入细胞核对胚胎的透明带、细胞膜、细胞核膜等造成直接的物理损伤，胚胎不恢复直接移植，会造成二次伤害，降低代孕鼠生仔数量。

（4）移植当天假孕鼠数量不够，再多取几笼 ICR 雌、雄鼠合笼，次日早上检栓后输卵管移植发育至 4- 细胞的胚胎。移植 4- 细胞胚胎的代孕鼠生崽率比移植 2- 细胞胚胎的低，因此建议在注射当天尽量多合笼。

（5）将移植练习后的雌鼠安乐死，暴露背部肌肉层，可见雌鼠背部肋间血管（虚线）和背部肌肉层剪口（箭头所示）的位置关系（图 58.34，参见图 58.25，图 58.26）。

（6）在操作步骤（5）中，从 M16 培养皿中吸取胚胎的毛细管针因沾有矿物油不可用于后续步骤。更换新的毛细管针吸取 2- 细胞胚胎和气泡的同时要尽可能少吸 M2。毛细管针吸入两个气泡有三个目的：① 减缓针内液体向上回吸速度；② 控制将胚胎吹入输卵管内的速度；③ 最后将气泡吹进输卵管壶腹部作为移植成功的标志。

（7）在操作步骤（6）中，毛细管针从输卵管上方剪口位置插入后，可能出现针堵塞、吹出不畅等现象，可吹出针里的 8 个 2- 细胞胚胎至新鲜的 M2 液滴中，丢弃旧针，装备新的毛细管针后，重新吸取 M2、气泡、胚胎，再次开始进针、移植。更换新的毛细管针是一个简单、实用、易被忽视的小技巧，能大大提升"轻吹口控吸管，将胚胎和气泡吹进输卵管壶腹部"这一小步的流畅性，重点提示：在操作步骤（6）中遇到任何不顺畅、堵塞时，及时更换新的毛细管针。

（8）在操作步骤（6）中，将气泡顺利吹进输卵管后，可用镊子将气泡轻轻前推进壶腹部，以确保胚胎不丢失。

（9）每只代孕鼠移植胚胎数可根据实验人员熟练度调整，减少每只代孕鼠总移植数量可提高胚胎利用率。输卵管移植操作熟练后，每只代孕鼠移植 12～16 枚发育良好的 2- 细胞胚胎即可。推荐进行双侧输卵管移植。

（10）一般输卵管移植是确认有壶腹部膨大处后，找到输卵管伞口，避开卵巢 - 输卵管包囊上的血管撕开囊膜，暴露输卵管伞口，从伞口处水平进针（图 58.35），吹入胚胎。然而撕囊膜可能会撕破膜上血管而导致出血，致使伞口附近视野不清楚、伞口难辨认，而且血液还会在进针时堵住毛细血管针。这种撕囊膜找伞口的方法比直接剪口更难上手，直接剪口并不会影响代孕鼠怀孕和生仔，因此推荐用显微剪直接剪口进行移植。

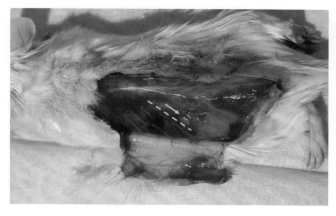

图 58.34　ICR 雌鼠背部的肋间血管（虚线所示）和肌肉层剪口（箭头指示）的位置关系

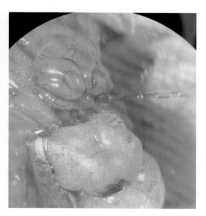

图 58.35　从输卵管伞口处插入毛细管针

五、参考文献

1. GORDON J W, RUDDLE F H. Integration and stable germ line transmission of genes injected into mouse pronuclei[J]. Science, 1981, 214(4526): 1244-1246.

2. WANG H, YANG H, SHIVALILA C S, et al. One-step generation of mice carrying mutations in multiple genes by CRISPR/Cas-mediated genome engineering[J]. Cell, 2013, 153(4): 910-918.

3. DU Y, XIE W, ZHANG F, et al. Chimeric mouse generation by ES cell blastocyst microinjection and uterine transfer[M]//LIU C, DU Y. Microinjection. Methods in Molecular Biology, vol 1874. New York, NY:Humana Press, 2019.

4. ABE T, INOUE K, FURUTA Y, et al. Pronuclear microinjection during S-phase increases the efficiency of CRISPR-Cas9-assisted knockin of large DNA donors in mouse zygotes[J]. Cell reports, 2020, 31(7): 107653.

5. WANG W H, SUN Q. Meiotic spindle, spindle checkpoint and embryonic aneuploidy[J]. Frontiers in bioscience : a journal and virtual library, 2006, 11:620-636.

10

神经系统模型

第十篇

第 59 章

脑挫伤[①]

刘金鹏

一、模型应用

脑挫伤是导致患者死亡和残疾的主要原因。其触发的一系列神经生化过程所造成的神经功能障碍和神经元受损等继发损伤在一定程度上是可以修复的，但若未能及时采取干预措施，则会进展为不可逆损伤，导致神经功能损伤的进一步扩大。因此，在脑挫伤后及时应用神经保护剂阻断继发性损伤对改善患者预后具有重要意义。

合适的脑挫伤动物模型可以较好地模拟人脑创伤的病理生理过程，有助于筛选一些可能阻断脑挫伤后多种损伤机制或对多种组织类型具有保护作用的神经保护剂；利用模型，还可以深入研究神经保护剂的近期疗效、治疗窗口期、是否具有长期疗效以及能否促进损伤组织的改善等。

小鼠脑挫伤模型操作简单，可控性好，能定量且基本符合临床脑挫伤的病理学改变与病理生理特点，所以如何很好地制备稳定的小鼠脑挫伤模型至关重要。

二、解剖学基础

小鼠颅骨顶面由鼻骨、额骨、顶骨、顶间骨和枕骨构成，以矢状缝为中轴，左右对称排列。其下方依次为硬脑膜、软脑膜和脑组织。顶骨厚约 0.2 mm。

颅骨表面有几个重要解剖标志（图 59.1）：矢状缝、人字缝、前囟和后囟。

---

① 共同作者：刘彭轩；协助：王哲。

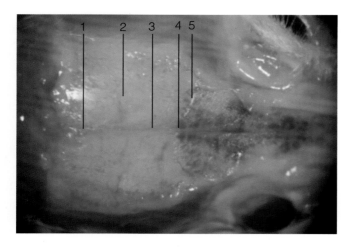

1. 后囟；2. 顶骨；3. 矢状缝；
4. 前囟；5. 人字缝

图 59.1　小鼠头部局部解剖

三、器械材料

主要器械材料如图 59.2 所示。

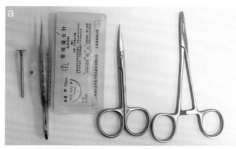

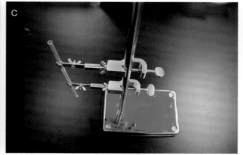

图 59.2　主要器械材料。a. 从左至右依次为钻头、直径 3 mm 实心钢珠、打结镊、4-0 带线缝合针、眼科剪、持针器；b. 颅骨钻；c. 自制垂直打击器，用铁架台作为固定架置于水平桌面上，2 个温度计夹夹持内径为 4 mm 的透明塑料管，使塑料管垂直于桌面，塑料管长度为 20 cm，可使直径 3 mm 的滚珠在其内部做自由落体，使用塑料管的目的是滚珠可以精准地撞击暴露的脑组织

四、手术流程

以左侧头部为例介绍建模方法。

（1）小鼠常规麻醉，头顶部备皮，俯卧位固定。

（2）将顶骨调整为水平位置。备皮区常规消毒。

（3）沿着颅中线切开头顶皮肤，用干棉签擦除浅筋膜，清洁顶骨表面（图 59.3）。

（4）在左侧顶叶皮质上方矢状缝、人字缝和冠状缝之间开颅。

（5）在顶骨上用记号笔画出开颅骨窗的位置。

（6）用颅骨钻配圆片钻头锯开四边，这时四个角还是相连的。再用眼科剪剪开四个角，用打结镊把颅骨残片取出，暴露硬脑膜（图 59.4）。

（7）使用一个直径 3 mm 的钢珠置于垂直打击器上，从 20 cm 高，基本以自由落体的速度撞击软脑膜一次即可（图 59.5），造成脑挫伤。

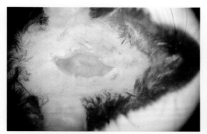

图 59.3　沿着颅中线切开头顶皮肤，清理浅筋膜

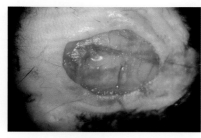

图 59.4　颅骨开窗，暴露硬脑膜

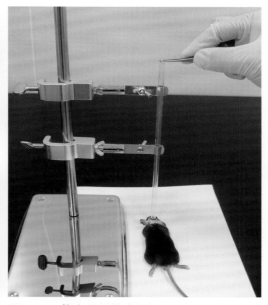

图 59.5　撞击暴露的脑组织

（8）用骨蜡把颅骨窗封上，缝合皮肤切口。常规消毒伤口。

（9）保温苏醒。测试小鼠神经行为，予以评分。

五、模型评估

（1）术后观察暴露的脑组织，若有淤青，代表造模成功（图 59.6）

（2）术后 24h 取脑做病理切片，H-E 染色观察脑损伤情况。大脑皮质变化如图 59.7～图 59.9 所示。

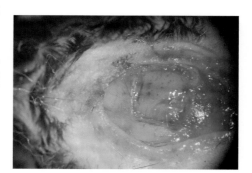

图 59.6　脑组织淤青

（3）Tunel 染色检测细胞凋亡情况。

（4）神经行为学评分（Longa 评分）：

0 分：正常，无神经功能缺损。

1 分：脑损伤的对侧前爪不能完全伸展，轻度神经功能缺损。

2 分：行走时，小鼠向脑损伤的对侧转圈，中度神经功能缺损。

3 分：行走时，小鼠身体向脑损伤的对侧倾倒，重度神经功能缺损。

4 分：不能自发行走，意识丧失。

5 分：死亡。

造模后 6 h 之内，小鼠的神经行为评分在 3 分左右，24 h 后小鼠的神经行为基本恢复正常。

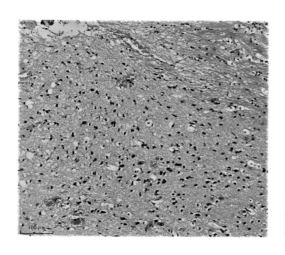

图 59.7　大脑皮质，损伤皮质区可见明显淤血，神经元细胞肿胀，细胞核固缩，细胞空泡样变，神经元数量较正常有明显减少

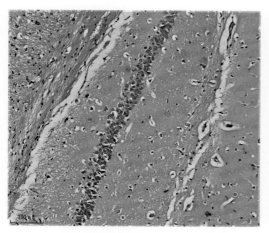

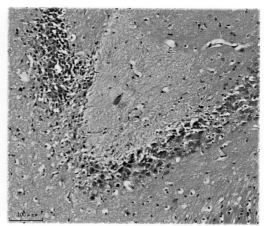

图 59.8　海马 CA1 区神经元均有明显减少，海马神经元排列疏松，局部坏死，神经元细胞核固缩，核仁消失，胞浆空泡样变，伴有少量血液渗出

图 59.9　海马 CA3 区变化同海马 CA1 区

六、讨论

（1）用颅骨钻配圆片钻头开颅时不可损伤硬脑膜。

（2）用眼科剪剪开颅骨窗的 4 个角时，不可损伤脑组织。

（3）造模后，直接缝合皮肤，由于失去顶骨保护，极易出现脑组织的物理损伤。

（4）脑挫伤的程度与钢珠距离硬脑膜的高度有关，越高损伤越严重，越低损伤越轻。这与自由落体有关，也是此模型调节打击力度的理论根据。

（5）成年小鼠颅骨开窗约为 4 mm × 4 mm，可依据小鼠体型稍作调整。

第 60 章

神经吻合[①]

张迪

一、模型应用

一名合格的显微外科医生，必须经过正规的显微操作训练。神经吻合作为显微外科的基本操作技术之一，需要进行一定时长的练习。

小鼠坐骨神经主干纤细，符合超级显微外科"超级细小"范畴，是良好的神经吻合技术训练的素材。因该神经易于显露，使其离断模型建模简单、便捷。

小鼠坐骨神经离断模型与其他动物神经损伤模型相比，建模更加精细、成本更低，适宜于超级显微外科技术训练，还可以用于神经损伤、修复机制的研究及相关药物的研发。

二、解剖学基础

小鼠坐骨神经解剖位置恒定，易于显露、游离。

小鼠坐骨神经起源于小鼠的腰椎神经节（lumbosacral plexus），其中，神经根来自腰椎神经 $L_4 \sim S_3$。坐骨神经从腰椎区域穿过骨盆，向后走行于小鼠后肢股骨后间隙、臀大肌与股二头肌深面，于股方肌浅面向后延伸。坐骨神经分为胫神经、腓总神经和腓肠神经。

---

① 共同作者：王谦、王增涛。

图 60.1 小鼠右侧坐骨神经解剖。小鼠去皮，俯卧位，截断臀肌和股二头肌并向前翻起，暴露坐骨神经。蓝色箭头示坐骨神经，走行于大腿内外肌群之间的股骨后间隙；黑色箭头示股骨；红色箭头示翻起的股二头肌；白色箭头示翻起的臀肌

三、器械材料与实验动物

（1）设备：手术显微镜。

（2）器械材料：组织剪，血管钳，持针器，小鼠解剖板，12-0 显微缝合线，6-0 角针丝线，常规麻醉药品。

（3）实验动物：成年小鼠。

四、手术流程

1. 建立小鼠坐骨神经离断模型（以右侧坐骨神经为例）

（1）小鼠常规麻醉，右后肢备皮。取俯卧位，固定四肢（图 60.2）。

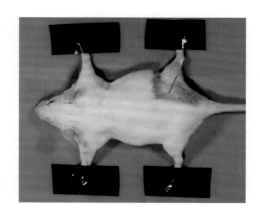

图 60.2 后肢备皮，俯卧位固定四肢，红色标志线为皮肤切口位置

（2）沿后肢股骨长轴纵行切开皮肤，向两侧牵开，显露肌肉（图 60.3）。

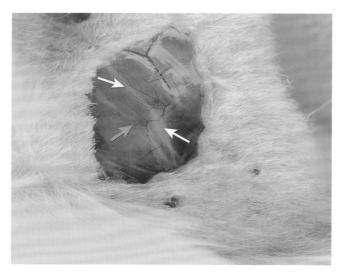

图 60.3　切开皮肤，显示臀大肌后部与股二头肌前部区域，在这两块肌肉之间的白色筋膜组织下方即为坐骨神经肌间隙。白色箭头示白色筋膜，蓝色箭头示股薄肌，红色箭头示臀大肌

（3）于臀大肌与股二头肌间隙向深面分离，肌肉以缝合线牵拉，外翻两块肌肉，显露坐骨神经，清除周围疏松结缔组织，将其完全游离（图 60.4）。

（4）横行剪断坐骨神经干。可见被拉紧的神经外膜回缩，部分神经束疝出（图 60.5）。

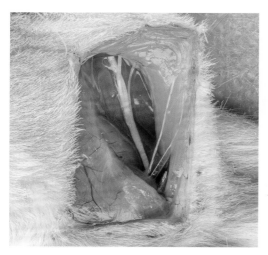

图 60.4　完全游离的坐骨神经

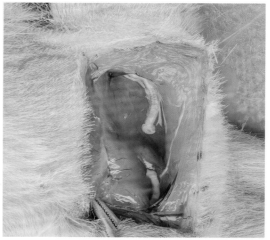

图 60.5　剪断坐骨神经后，由于神经外膜回缩幅度很大，会有部分神经束疝出

2. 坐骨神经吻合

（1）修整坐骨神经断端，进一步清理神经外膜周围的疏松结缔组织，修剪疝出的神经束（图 60.6）。

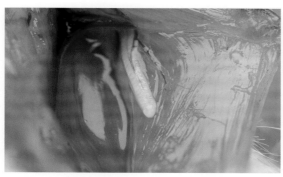

图 60.6　修整后的坐骨神经断端

图 60.7　使用外膜缝合技术，缝合线仅穿透神经外膜，不要携带神经束膜

（2）于 6 点部位进行第一针缝合：用显微镊轻轻提起远侧断端神经外膜，由外向内进针，穿透神经外膜，然后提起近侧断端神经外膜，由内向外出针，穿透神经外膜，打方结后断一根线尾，保留另一根线尾，便于后续缝合时的牵拉、暴露（图 60.7、图 60.8）。

（3）于 12 点部位进行第二针缝合：6 点部位缝合完毕后，12 点方向神经断端自然显露，行单纯间断外膜缝合，打方结后剪线，剪线时预留供牵拉用的线尾（图 60.9）。

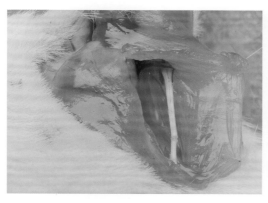

图 60.8　6 点部位神经外膜缝合后神经断端的状态

图 60.9　6 点及 12 点方向神经外膜缝合后，预留线尾方便牵拉。红色箭头示神经吻合处和截断后的短线头，蓝色箭头示保留的长线头

（4）于 3 点、9 点方向缝合：通过牵引 12 点及 6 点方向预留的线尾，暴露神经断端 3 点及 9 点方向，行单纯间断外膜缝合，缝合后剪除预留线尾，完成神经吻合（图 60.10）。

图 60.10　完成小鼠坐骨神经吻合

临床中，因为每个吻合口的实际状态不同，为了让神经束恢复正常神经束对合状态，会以两断端神经束的直径、营养血管位置等作为解剖标志，先缝合这些位置，使其精确对合，然后缝合其他位置，以期达到最佳神经吻合及恢复效果。

神经吻合位置示意如图 60.11 所示。

图 60.11　神经吻合位置示意。图示缝线仅缝合神经外膜及 4 条缝
线的相对位置

五、手术评估

吻合完成后，显微镜下检查吻合口，检查时需来回翻转 360°，如神经无扭转、神经束无外露、神经吻合口无明显张力，即完成一次合格的神经吻合。

六、讨论

小鼠坐骨神经有完整外膜，是用来进行显微外科神经吻合技术练习的理想素材。同时小鼠坐骨神经较纤细，外膜菲薄，吻合时一般应用 12-0 显微缝合线，对操作者显微操作的稳定性和灵活性有较高要求，尤其适合进行超级显微外科技巧练习。

神经吻合手术的操作经验如下：

（1）建模时，通过肌肉间隙进入可以减少出血，避免损伤肌肉，也易于找到坐骨神经。

（2）缝合时，注意避免使用蛮力，应顺应缝合针的弧度小心刺穿神经外膜，否则容易出现缝合针弯折。

（3）缝合时，边距不宜过大，以免造成神经束在吻合口内迂曲、打折，影响神经向远端生长，理想状态是神经束两断端刚好接触，允许有微小间隙。

（4）12-0 显微缝合线脆性较大，打结时，力量要轻柔，防止缝合线断裂。

（5）剪线时，线尾不宜过长，否则会影响后续的缝合、打结。

（6）技术熟练后可以用镊子断线，速度快且能保证预留线头的精确长度（参见《Perry 小鼠实验手术操作》"第 6 章 镊子的使用"）。

第 61 章

坐骨神经损伤[①]

刘金鹏

一、模型应用

周围神经损伤后影响其修复的因素是神经生物学领域的研究热点。已知证据表明，参与受损周围神经再生的主要因素包括神经中枢和局部的微环境。

在动物模型中，坐骨神经损伤的方法有多种，其中，钳夹坐骨神经属于物理机械损伤，除此之外还有切断损伤和化学损伤。钳夹损伤的坐骨神经是连续、未被中断的，适合对神经的形态学和行为学进行观察；切断损伤则适合对神经营养因子和相关蛋白等促进神经再生的因素的评估；化学损伤是将大剂量或高浓度的化学药物注射于坐骨神经周围，造成神经外膜炎的方法。

本章介绍的小鼠坐骨神经钳夹损伤模型，适用于研究坐骨神经钳夹损伤后的行为学变化，可为进一步研究神经损伤修复过程、机制及策略提供基础。本模型的优点在于：保留了外膜，维护了神经的再生环境，有利于神经的再生；具有可调节性，根据研究需要，可采取不同的钳夹宽度，制作不同程度的损伤。

二、解剖学基础

坐骨神经走行于大腿外侧肌肉群和内侧肌肉群之间，由运动神经和感觉神经构成，是小鼠最大的外周神经（图 61.1～图 61.3）。

---

① 共同作者：刘彭轩。

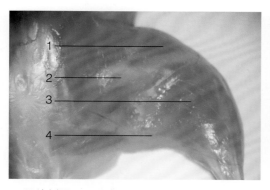

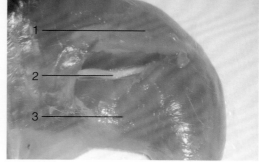

1. 股外侧肌；2. 股方肌；3. 股二头肌后侧；4. 半膜肌

图 61.1　腿部肌肉解剖

1. 股侧肌；2. 坐骨神经；3. 股二头肌后侧

图 61.2　坐骨神经位置。向内侧掀起股二头肌，暴露坐骨神经

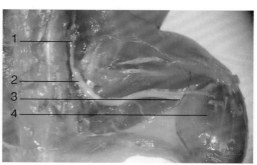

1. 坐骨神经起点（腰椎 3、4 节之间）；2. 坐骨神经骶段；3. 坐骨神经股段远心端；4. 腓肠肌

图 61.3　坐骨神经解剖

三、器械材料

主要器械材料如图 61.4 所示。

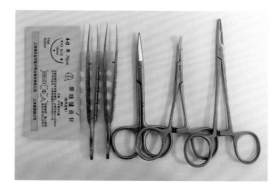

图 61.4　主要器械材料。从左至右依次为 4-0 带线缝合针、打结镊（2 把）、眼科剪、硅胶止血钳、持针器

硅胶止血钳的制作：用壁厚 0.4 mm 的硅胶管紧套在弯头止血钳夹口上。套硅胶管的区域包括止血钳夹口 2 mm 宽的部位。

四、手术流程

（1）小鼠常规麻醉，右后肢备皮（图 61.5a），俯卧位固定，备皮区皮肤消毒。

（2）与股骨呈 45° 夹角，做 1cm 皮肤切口（图 61.5b）。

（3）沿着股外侧肌和股二头肌之间钝性分离肌肉，暴露坐骨神经股段（图 61.5c）。

（4）用硅胶止血钳一挡钳夹坐骨神经股段中央位置 1 min（图 61.5d）。注意选择止血钳夹口宽度为 2 mm 处。

（5）术后即构建成坐骨神经损伤模型。

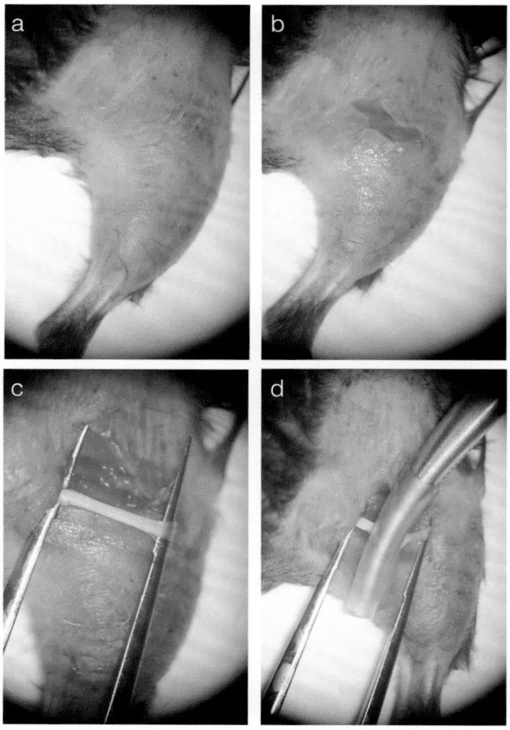

五、模型评估

图 61.5　坐骨神经损伤模型的制作。a. 右后肢备皮；b. 做皮肤切口；c. 暴露坐骨神经；d. 钳夹坐骨神经

（1）手术观察：钳夹后坐骨神经有明显损伤，呈透明状（图 61.6）。

图 61.6　坐骨神经钳夹后呈透明状

（2）损伤后的神经功能行为表现：行走时术侧后肢不能蜷缩，后爪掌面朝上被动拖行。

（3）损伤后在不同时间行大体解剖，观察坐骨神经的形态。

（4）足底抓握实验（footprint analysis）：通过小鼠步态视频，评估坐骨神经损伤对其足底抓握能力的影响。可以通过脚印的形状、脚跟印的深度等参数来评估神经功能恢复情况。

（5）热板试验（hot plate test）：用于评估小鼠对热刺激的敏感性。正常情况下，小鼠会迅速将脚掌从热板上抬起以避免烫伤。坐骨神经损伤后，小鼠可能表现出疼痛敏感性降低。通过观察小鼠在热板上停留的时间来评估神经功能恢复情况。

（6）组织切片染色和显微镜观察：可以制备坐骨神经组织切片，并进行染色，如 H-E 染色、免疫组织化学染色等。通过显微镜观察坐骨神经的组织结构、神经纤维的完整性以及炎症反应等来评估神经损伤的程度和修复情况。

（7）电生理测试：包括神经传导速度（nerve conduction velocity）和肌电图（electromyography，EMG）等测试，可以测量神经冲动在神经纤维中的传导速度和肌肉的电活动，以评估坐骨神经的功能状态和神经传导功能的恢复情况。

（8）行为测试：可以使用一些行为测试，如抓力测试（grip strength test）、平衡木测试（balance beam test）等，来评估小鼠的感觉和运动功能，以评估坐骨神经损伤对小鼠行为的影响和恢复情况。

六、讨论

（1）皮肤切口的位置和角度：根据股外侧肌和股二头肌间隙走行决定，方便由此间隙分离肌肉，暴露坐骨神经。

（2）如何稳定损伤程度：使用相同止血钳，配以相同的胶套，钳夹等宽面积 1 min 以上，即可有稳定的损伤程度。

（3）血管钳的宽度非常重要。宽度应适宜：过宽，神经无法愈合；过窄，神经损伤很快恢复，失去药效窗口。

（4）如果以自身做对照，手术皮肤切口从骶部正中开口，可以暴露健侧坐骨神经。健侧和术侧共用一个皮肤切口，便于观察和对照。

（5）术后变化说明神经压迫不能造成永久性损伤，适合观察研究神经恢复的生理过程。

第 62 章

癫痫 ①

刘金鹏

一、模型应用

癫痫是一种以脑神经元异常放电引起的突然、反复和短暂的中枢神经系统功能失常为特征的疾病，表现为脑功能紊乱、肢体抽搐、行为障碍或感觉障碍，是神经系统常见疾病。

海人酸（kainic acid，KA）诱导的小鼠癫痫模型在潜伏期、潜伏期持续时间、潜伏期和慢性期的脑电图特征以及行为症状等方面与人类癫痫疾病相似。用海人酸靶向注射小鼠腹侧海马，可建立一个在癫痫发作和认知表型方面与标准背侧海马病变模型相似的颞叶癫痫模型，而且其优点在于只有注射侧产生癫痫，对侧可以作为自身对照。该模型有助于更好地了解颞叶癫痫过程，为临床研究提供很好的样本，也有助于抗癫痫药物，尤其是有效的靶向治疗药物的研发。

二、解剖学基础

海马属于大脑边缘系统，在脑中的具体位置如图 62.1 所示，亦可参见《Perry 实验小鼠实用解剖》"第 14 章　中枢神经系统"图 14.26 和图 14.27。

---

① 共同作者：刘彭轩。

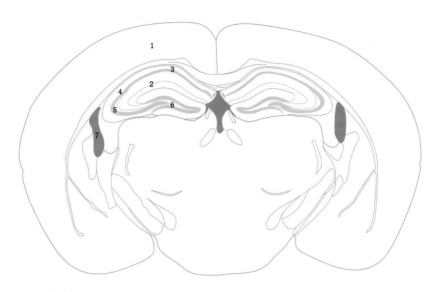

1. 大脑皮层；2. 海马体；3. CA1 区；4. CA2 区；5. CA3 区；6. 齿状回区；7. 侧脑室

图 62.1　海马的位置

三、器械材料

（1）器械设备：脑立体定位仪（图 62.2），颅骨钻（图 59.2b），器械如图 62.3 所示。

（2）试剂：海人酸溶液（0.1 nmoL/μL），自固化牙托粉。

图 62.2　脑立体定位仪

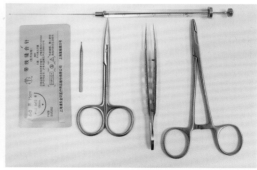

图 62.3　器械。从左至右依次为 4-0 带线缝合针、球钻、眼科剪、打结镊、持针器、2 μL 微量进样针（上）

四、手术流程

以大脑左侧为例，脑立体定位注射海人酸于海马腹后部（前囟后 1.8 mm，左侧 1.5 mm，硬膜下 2 mm）。

（1）小鼠常规麻醉，头部备皮，俯卧位固定，头顶部常规手术消毒。

（2）沿着头部中线将头顶皮肤切开 1 cm，用棉签向左推头皮，暴露左顶骨，找到前囟（图 62.4）。

（3）用脑立体定位仪的耳杆将小鼠俯卧固定于脑立体定位仪的操作台上，

图 62.4　暴露顶骨

以前囟为基准（图 62.5a），在前囟后 1.8 mm（Y 轴 −1.8 mm），左侧 1.5 mm（X 轴 1.5 mm）做好标记（图 62.5b，图 62.6a），然后用颅骨钻钻孔（图 62.6b，图 62.6c），钻孔深度为 0.2 ～ 0.3 mm。钻透颅骨而不伤及软脑膜。

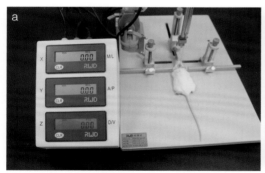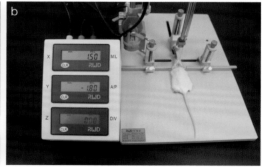

图 62.5　小鼠头部定位。a. 以前囟为原点；b. 确定目的坐标

（4）用微量进样针吸取 1.5 μL 海人酸溶液，并将其固定在脑立体定位仪上。

（5）操作脑立体定位仪的 Z 轴，使微量进样针沿着钻孔刺入硬膜下 2 mm，进入小鼠海马腹后部（图 62.7）。

（6）调节微量进样针进行注射，注射量为 1 μL，注射时长为 1 min，完毕后停针 1 min，缓慢退针，用自固化牙托粉封闭钻孔（将牙托粉覆盖钻孔，然后沿着顶骨面轻轻地清理掉多余的牙托粉，牙托粉与体液混合凝固封堵钻孔）。

（7）缝合皮肤切口，常规消毒。保温苏醒后返笼。

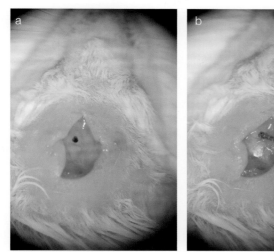
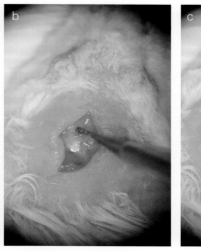
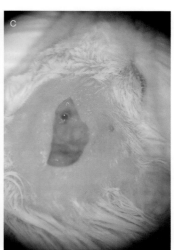

图 62.6　颅骨钻孔。a. 标记目的坐标；b. 钻孔；c. 完成钻孔

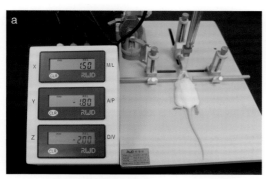
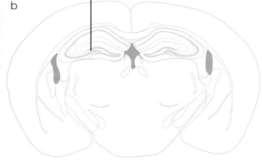

图 62.7　脑内注射。a. 操作图；b. 注射位置示意

五、模型评估

（1）完成脑内注射后，即可看到注射侧胡须无节律抖动，对侧无变化。

（2）小鼠癫痫惊厥发作评分标准（小鼠癫痫行为学分级参照 Racine 分级法）：

0 级：小鼠正常活动；

Ⅰ级：小鼠活动减少或者不动；

Ⅱ级：点头和 / 或伴随面部抽动；

Ⅲ级：单侧前肢或后肢阵挛；

Ⅳ级：站立伴双侧前肢阵挛或竖尾；

Ⅴ级：持续站立伴跌倒；

Ⅵ级：达到癫痫持续状态，强直阵挛发作伴跌倒、跳跃，甚至死亡。

癫痫持续状态指癫痫持续发作（一般为Ⅳ级及以上发作）30min 以上不能自行停止。

（3）病理尼氏染色：尼氏染色图片显示癫痫小鼠的海马神经元数量明显减少。

六、讨论

（1）用异氟烷麻醉，在手术之后，小鼠会快速苏醒，有助于观察小鼠的行为学表现。但是需要特殊的麻醉面罩，以便在颅顶手术暴露颅骨。脑立体定位仪上必须带有吸入麻醉管道。

（2）钻孔时钻透颅骨即可，小鼠的顶骨厚度为 0.2 ~ 0.3 mm，注意不要损伤脑组织。无须顾虑是否钻透硬脑膜，即使硬脑膜没有钻透，进针时也很容易将其刺穿。

（3）脑立体定位注射海人酸，小鼠苏醒后即有癫痫发作的行为学表现。注射侧海马有损伤，未注射侧海马处于正常状态。

（4）小鼠脑立体定位注射海人酸，成模率很高，几乎 100% 成模，当然注射体积和剂量不宜过多，否则会引起死亡。戊四氮（PTZ）腹腔注射造模效果：

90 mg/kg PTZ 注射后 2 ~ 5 min 抽搐，抽搐 5 ~ 10 次后死亡。

60 mg/kg PTZ 注射后抽搐几次，半小时后恢复平静。

30 mg/kg PTZ 注射后无明显体征，可以多次隔日注射。

（5）注射体积：小鼠脑内注射药量最好控制在 1 μL，避免造成不必要的脑损伤。

（6）注射剂量：海人酸剂量为 0.1 nmol，过多容易造成小鼠死亡；过少不易成模。

（7）海人酸和毛果芸香碱腹腔注射均可以诱导慢性癫痫模型，其表现为小鼠的双侧海马均有损伤，但是成模率不稳定，形成的损伤程度差异较大，而且没有自身对照。

（8）脑立体定位注射海人酸，未注射侧可以作为注射侧的自身对照，有利于癫痫以及相关药物有效性的研究。

（9）缓慢注射可以避免药物体积快速增大对脑部的压迫损伤，也可以避免药物从针道流出，所以注射时间 1 min 为宜；停针 1 min 是为了让药物有吸收时间，缓慢退针是尽量避免药物从针道流出。

第 63 章

阿尔茨海默病^①

阿尔茨海默病^①

丁立

一、模型应用

阿尔茨海默病（Alzheimer's disease，AD），俗称老年痴呆症，是最常见的老年期痴呆，在美国是仅次于脑卒中的第六大死因，而我国的阿尔茨海默病患者数量居全球第一位。阿尔茨海默病的治疗是一个棘手的难题，相关药物研究大多屡试屡败，失败率在 90% 以上。

常规治疗药物的研发一直困难重重，关键在于很多药物无法通过血脑屏障这道天然阻碍。已有多个学者报道小鼠腰椎穿刺术，但这些已报道的技术或方法（protocol）操作相对复杂，而且很难保证穿刺针在蛛网膜下腔内（也就是说，很难保证腰椎穿刺 100% 的成功率，这无疑会降低药物在动物实验阶段的疗效，导致一部分药物无法进入下一阶段的临床研究）。我们根据小鼠的解剖特点，从进针方向、注射方向以及麻醉等多方面大幅度改良了传统的小鼠腰椎穿刺方法，创建了"小鼠蛛网膜下腔后向注射法"，可以在 20 s 内快速完成干细胞注射，而且几乎百分之百地保证穿刺针在蛛网膜下腔内。这给很多药物进入临床打开了希望的大门。

本章选用的 AD 小鼠模型是人源化阿尔茨海默病 5xFAD 转基因小鼠。该模型在国际上最为常用，同时也被刊载于主流学术期刊上的多数研究所采用。

二、解剖学基础

人体有 5 个腰椎，人的腰椎穿刺多选择在第 4、5 腰椎椎间隙，也可以选择第 3、4 腰椎椎间隙或第 5 腰椎与骶骨间隙。与人不同的是，小鼠有 6 个腰椎，脊髓末端位于第 5 腰

---

① 共同作者：陈玉倩、杨莹；协助：刘欣、刘兴林、张旭东、简国武。

椎。因此，小鼠的腰椎穿刺多在第 6 腰椎与骶骨（骶 1）间隙。另外，人体腰椎向腹侧凸起，棘突由椎弓后面发出伸向后下方（图 63.1），而小鼠腰椎向背侧凸起，棘突由椎弓后面发出伸向后上方（图 63.2）。因此，小鼠腰椎穿刺进针时针头略向尾部倾斜。

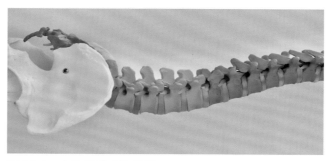

图 63.1　人体脊椎（胸腰段）

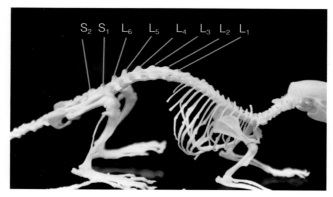

图 63.2　小鼠脊椎。可见腰椎的椎突方向与颈椎相反，与人类腰椎亦相反

三、器械材料

（1）29 G 针头胰岛素注射器，针头在距离针尖 5 mm 处，弯曲 90°（图 63.3）。

（2）待注射干细胞混悬液制备：胰酶消化细胞，加入含有血清的培养基终止消化，使用生理盐水重悬、洗涤细胞 3 次（每次 300 g 离心 5 min），置于冰上备用（在制备 1 h 内完成注射）。

图 63.3　针头弯曲 90°

四、手术流程

（1）小鼠控制（图63.4）：无须麻醉，术者右手向右牵引鼠尾，左手以餐巾纸覆盖小鼠前半身，并迅速以拇指和食指捏住腰椎两侧腰肌，指尖顶髂骨前缘，同时配合手掌小鱼际轻压鼠后颈和头部，固定小鼠。

（2）局部皮肤消毒：使用碘伏，螺旋形消毒穿刺点（第5腰椎与第6腰椎之间）。

（3）穿刺▶：

① 左手拇指和食指从小鼠两侧固定住腰椎及其旁边的腰肌，微向上抬起2 cm，增加腰椎弯曲度，以拉开第5、6腰椎椎间隙（图63.5）。

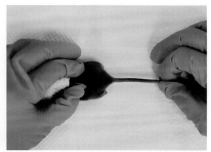

图63.4　左手固定小鼠体位　　　　　图63.5　确认小鼠髂嵴以确认注射点

② 将针尖保持略向尾部倾斜并与脊柱夹角呈100°，针刺入第5、6腰椎椎间隙。当针头前段的0.5 cm全部刺入时，可看到鼠尾摆动或翘起（图63.6a），说明针尖已触及马尾神经，进入了蛛网膜下腔。

③ 将注射器向鼠尾方向旋转90°（图63.6b），使注射器与脊柱同轴。

④ 再将注射器向前竖起80°，针尖水平向后刺入蛛网膜下腔5 mm（图63.6c）。此时，针向上、下、左、右活动均受限（针被局限在椎管内）。

（4）注射：将注射器中的干细胞注入蛛网膜下腔，最大剂量不超过10 μL。

（5）拔针：注射后，沿水平方向迅速拔针，同时左手将小鼠腰部微向下压，减小腰椎弯度以缩窄第5、6腰椎椎间隙，避免拔针时蛛网膜漏液。

（6）拔针后左手控制小鼠停顿数秒，再释放小鼠归笼。从消毒完成到拔针共30 s。

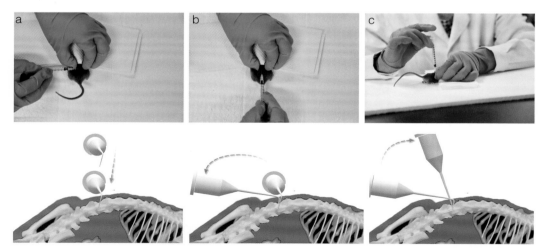

图 63.6　小鼠蛛网膜下腔注射程序。a. 刺入针头前段 0.5 cm；b. 旋转注射器；c. 竖起注射器，向后刺入

五、模型评估

注射 5 ～ 7 天后，安乐死小鼠，取脑，切脑片，免疫组织化学染色，示踪注射的干细胞（图 63.7）。

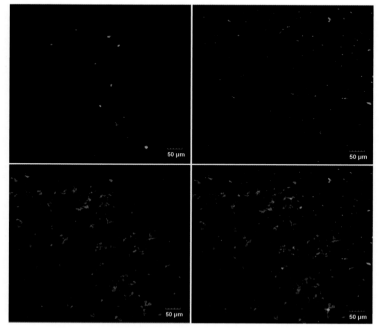

图 63.7　注射干细胞 7 天后的共聚焦图。a. 青色斑点为老年斑；b. 绿色斑点为注射的干细胞；c. 红色斑点为小胶质细胞；d. 合并图

六、讨论

（1）以流行的方法进行穿刺，当针头前段 0.5 cm 全部刺入时，可看到鼠尾摆动或翘起，说明针尖已刺破蛛网膜，但针头并没有进入髓腔。这时直接注射药液无法全部进入蛛网膜下腔内。若将注射器向头侧转旋 90°，再将针尖沿水平向后推进，方可刺入蛛网膜下腔（参见《Perry 实验小鼠实用解剖》"第 22 章　腰椎"）。如果遇到阻力，针尖不能前进，需要调整针尖的深度。

（2）确认针头进入蛛网膜下腔：受椎孔的限制，针头在蛛网膜下腔内，左右摆动的空间极小。反之，如果针头刺入椎孔之外，其左右摆动的空间很大。根据明显的感觉差异，可以确认针头是否在椎孔内。如此可以保证药液 100% 在髓腔内注射。

（3）由于脊髓终止于第 4、5 腰椎，从第 5、6 腰椎椎间隙进针，针尖向后，可以保证不伤及脊髓（参阅《Perry 实验小鼠实用解剖》图 22.10）。

（4）将流行的向前注射的方式改为向后注射，并顺应小鼠腰椎棘突方向，将注射器向鼠尾旋转 90°，这样更容易进针。

（5）穿刺后，小鼠死亡概率很低。根据已完成注射的上百只小鼠的结果来看，术后小鼠的死亡率不超过 1%，低于小鼠尾静脉注射。

（6）关于麻醉的问题：可以在小鼠清醒的情况下，在 30 s 内常规完成一次注射操作。小鼠上半身覆盖纸张有效地保护术者，避免被小鼠咬伤。该小鼠控制手法安全，小鼠损伤小、痛苦小，所以此操作无须麻醉。

（7）清醒的小鼠抗拒将头伸入控制器。使用餐巾纸从上面覆盖小鼠，不引起其逃避，可以方便快速地控制小鼠。

（8）不用麻醉除了减小小鼠的痛苦之外，还有一个优势是，小鼠在被术者控制时紧张，周身肌肉紧绷，由于屈肌优势，导致弓背藏尾，加大了腰椎间隙，利于蛛网膜下腔进针。

（9）在造模中，改造的注射器、小鼠体位、进针方向、注射量是成败的四大关键。注射量超过 10 μL，会增加术后小鼠死亡的风险。

（10）改变针头插入的方向：与临床向前刺入相反。与传统的小鼠垂直蛛网膜下腔注射也不同，笔者将针头向后刺入蛛网膜下腔，以钝角方便刺入。在拔针时下压腰椎，缩小椎间隙，以避免拔针时注射液从针孔外溢。

（11）向后注射蛛网膜下腔，是否会使药物无法到达脑部？为此笔者做了染料注射实验。暴露颅骨顶部，从枕骨到鼻骨，行后向蛛网膜下腔注射时，可见颅骨下和枕骨后均被

染色（图 63.8）。刺穿顶骨，立刻有染料溢出。

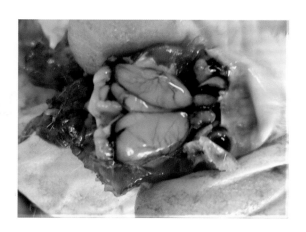

图 63.8　暴露颅腔，可见其内充斥蓝色染料

（12）注射技术训练方法▶：用染料（黑色、蓝色均可，不要选用红色染料，因为不易与红色的血液区分）注射，然后处死小鼠，暴露颅腔，检查颜料是否在蛛网膜下腔即可。

七、参考文献

1. SIEGEL R L，MILLER K D，FUCHS H E，et al. Cancer statistics，2022[J]. CA cancer j clin，2022，72(1):7-33.

2. HONIG L S，VELLAS B，WOODWARD M，et al. Trial of Solanezumab for Mild Dementia Due to Alzheimer's Disease[J]. N Engl j med，2018，378(4):321-330.

3. DREW L. An age-old story of dementia[J]. Nature，2018，559(7715):S2-S3.

4. 刘彭轩 . Perry 实验小鼠实用解剖 [M]. 北京：北京大学出版社，2022：400-405.

眼科模型

第十一篇

第 64 章

眼部解剖①

杜霄烨

本书有多章涉及小鼠眼部模型。为了避免各章类似的解剖赘述，特将眼部相关解剖专设一章，分别就眼球、眼前节、眼内容、眼后节和眼球后 5 个部分介绍相关解剖结构。如需进一步了解眼部解剖，请参见《Perry 实验小鼠实用解剖》"第 17 章　眼部"。

一、眼球

小鼠眼球是一个结构复杂的球形组织。其直径大约 3 mm，眼底布满多层神经细胞、毛细血管等，是极为精密的视觉器官主体。小鼠眼球与人眼球结构大致类似，但在部分细微处有一些显著差异。例如，小鼠晶状体体积占比较大，视网膜中视锥细胞极少，眼底没有黄斑 – 中央凹区域。小鼠视网膜中央动静脉数量多于人类，其数目不恒定，动静脉平均间隔，无伴行关系。

小鼠眼球分为感光区、球壁支撑区和光路构建区。感光区主要是视网膜，由多层结构组成。视网膜外包裹着脉络膜，有较丰富的血管，营养视网膜外层。球壁支撑区主要由巩膜组成。巩膜是较厚的纤维膜，结构坚韧，起到支撑眼球结构和保护眼球的作用。光路构建区是主要接收外界光线并汇集聚焦的区域，通过多层折射起到光路调节的作用，同时也有一定的支撑和保护眼球的作用。该区域由多个部分组成：角膜、虹膜及瞳孔、睫状体、晶状体、玻璃体（图 64.1）。其中，角膜和虹膜之间构成前房，虹膜、睫状体和晶状体之间构成后房，前后房有房水充盈。晶状体、睫状体、视网膜之间为玻璃体腔，充满玻璃体。

由于小鼠眼眶比人类的相对浅，所以眼球容易被挤出眼眶。做眼眶静脉窦穿刺时，方便将眼球挤出眼眶操作。

---

① 共同作者：刘彭轩；协助：刘大海。

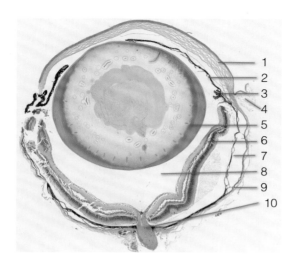

1. 角膜；2. 虹膜；3. 睫状体；4. 球结膜；5. 晶状体；6. 视网膜；7. 脉络膜；8. 玻璃体腔；9. 巩膜；10. 视神经

图 64.1　小鼠眼球切片，H-E 染色

二、眼前节

小鼠眼前节包括角膜、结膜、虹膜、前房（图 64.2）。

（1）角膜：小鼠角膜位于眼球前部，曲率与巩膜相同，所以小鼠整个眼球呈球状。这一点与人类眼球不一样。人类的角膜和巩膜的曲率不一样，角膜突出于巩膜，因此，进行小鼠眼前房注射，从角膜缘进针时，增加了刺入难度。虽然小鼠角膜相对巨大，但是实际直径不足 3 mm，做角膜移植时，为了避开瞳孔区，缝合区域是非常狭窄的。

（2）结膜：球结膜仅 1 mm 宽，睑结膜也很窄。所以小鼠的结膜穹窿小，难以翻眼皮。

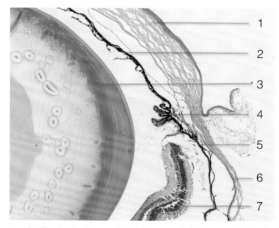

1. 角膜；2. 虹膜；3. 晶状体；4. 睫状体；5. 脉络膜；6. 巩膜；7. 视网膜

图 64.2　小鼠眼睫状体局部病理切片，H-E 染色

（3）虹膜：小鼠虹膜颜色取决于自身的颜色，与体毛颜色相匹配，这是小鼠身体色素特点决定的。白色小鼠虹膜颜色极浅；黑色小鼠虹膜呈深褐色。在做眼底激光操作时，必须考虑这个因素。

（4）角膜缘：角膜缘是角膜和巩膜的过渡区域，呈环形，为半透明状，眼球穿刺常由此进入。结膜下注射时，也是靠近此部位进针。

（5）睫状体：位于角膜缘内面，呈环形，是前房进针的常用部位。因为拔针后，睫状体部位的睫状肌有助于缩小针孔，可以减少房水的瞬间流出量。

三、眼内容

（1）晶状体：相较于人类，小鼠晶状体在眼内的占比极大，以至于晶状体将虹膜向前顶起，形成较浅的前房，给前房穿刺操作造成很大困难，穿刺针尖极易伤及虹膜和角膜内皮。

（2）玻璃体：小鼠玻璃体相对于人类占比很小，仅占眼球内后部的狭小空间。在做玻璃体注射时，必须将针头以特殊轨迹进针，方能避免损伤晶状体。

（3）房水：由于小鼠前房极浅，后房也很小，所以房水相对少，当前房注入液体时，眼压很容易急速上升。

四、眼后节

（1）视网膜：视网膜是小鼠的主要感光区域，正常小鼠的视网膜厚度在 100 ～ 150 μm 之间。在有限的厚度内，视网膜分为神经上皮层和色素上皮层。神经上皮层内有多层结构，部分仅单层细胞（图 64.3 ～图 64.5）。色素上皮层与内侧的神经上皮层连接松散，易脱落，与外侧的脉络膜间有丰富的血管，脉络膜经此为外层视网膜提供营养（图 64.4，图 64.5）。

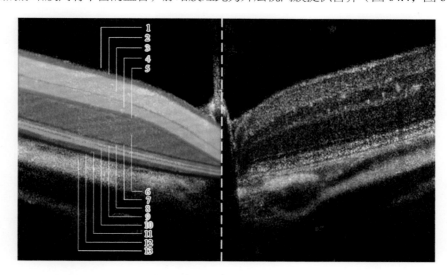

1. 内界膜（ILM）；2. 神经纤维层（NFL）；3. 神经节细胞层（GCL）＋内丛状层（IPL）；4. 内核层（INL）；5. 外丛状层（OPL）；6. 外核层（ONL）；7. 外界膜（ELM）；8. 光感受器内节段（IS）；9. 内／外节段交接层（IS/OS）；10. 光感受器外节段（OS）；11. 外节段尖端（ROST）；12. 视网膜色素上皮层（RPE）；13. 脉络膜

图 64.3　小鼠视网膜光学断层扫描（OCT）影像

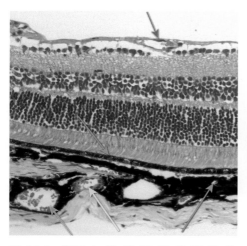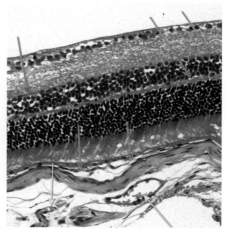

图 64.4　C57 小鼠视网膜病理切片
（200×），H–E 染色

图 64.5　BALB/c 小鼠视网膜病理切片
（200×），H–E 染色

　　从图 64.4、图 64.5 可以看出，中央静脉/动脉分布于视网膜上层内界膜，而毛细血管散在分布于视网膜内核层上下以及脉络膜，故焦面不在同一平面。红色箭头示视网膜中央静脉，绿色箭头示视网膜和脉络膜毛细血管，黄色箭头示脉络膜内动脉，橘色箭头示脉络膜内静脉。这些血管不在同一空间层面。BALB/c 等白化小鼠视网膜色素上皮层及脉络膜中无色素存在。

　　视网膜内层的营养主要由从视盘发出的中央动脉提供。中央动脉/静脉从视盘向四周呈放射状伸出（图 64.6），网状散布出小血管、毛细血管深入视网膜（图 64.4～图 64.6）。

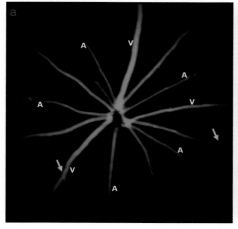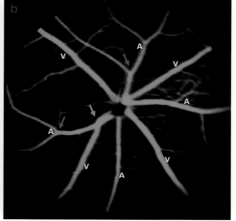

图 64.6　C57 小鼠视网膜血管荧光造影。a. 正常 C57 小鼠视网膜血管造影，中央静脉/动脉从视盘向四周呈放射状伸出，一般各有 4～7 支不等，在远心端偶有分叉（黄色箭头）。小血管及毛细血管呈交织网状分布。b. 发育不完全的普通 C57 小鼠视网膜血管造影，中央静脉/动脉数量少，偶见超过一个视盘位的交错（蓝色箭头），极少见近心端分叉（红色箭头）

（2）脉络膜：具有丰富的血管，向视网膜供血，可以用来做脉络膜新生血管模型。

（3）巩膜：为坚韧的纤维膜，其表面可见涡静脉入口。赤道部有眼外肌附着。做眼球后注射需要紧贴巩膜进针，针尖进入眼肌杯内，以防将药物注入眼眶静脉窦。玻璃体腔内注射也必须紧贴巩膜行针，再刺穿巩膜。

五、眼球后

（1）眼外肌：除了缩眼肌之外，6 条眼外肌前端附着于巩膜赤道附近，后端附着于眼眶内侧壁，彼此相贴近，形成眼肌杯。将眼肌杯缩窄到一定程度，可以导致眼动脉断流，眼球缺血。

（2）眼外血管：眼动脉发自颈内动脉，分支为视网膜中央动脉、睫状动脉等，提供眼部血液。有同名静脉伴行。

（3）视神经（图 64.7，图 64.8）：小鼠视神经从视神经孔（optic foramen）出颅腔，进入眼眶。接近巩膜部位，视网膜中央动静脉从眼动静脉发出，进入视神经束内，视神经到达视网膜处形成视盘。阻断眼动脉的血流，可以截断视网膜的供血，造成视网膜缺血。

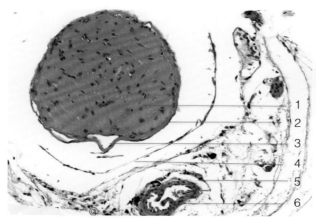

1. 视神经；2. 视神经鞘；3. 视网膜中央动脉；4. 视神经外膜；5. 眼静脉；6. 眼动脉

图 64.7　小鼠眼球后病理切片，H-E 染色

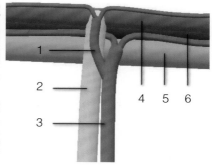

1. 视网膜中央动脉；2. 视神经；3. 眼动脉；4. 视网膜；5. 巩膜；6. 脉络膜

图 64.8　小鼠视神经与眼动脉解剖示意

第 65 章

脉络膜新生血管[①]

杜霄烨

一、模型应用

脉络膜新生血管 (choroidal neovascularization，CNV) 主要是指脉络膜毛细血管的增殖血管，病理状态下异常新生的血管极易发生渗漏和破裂出血，并逐渐扩大范围，造成视力下降受损甚至局部丧失。

激光在脉络膜聚能灼烧破坏正常脉络膜结构，急性损伤导致损伤区域毛细血管异常增生，故使用激光灼烧法可有效构建小鼠 CNV 模型。该方法可有效避免有创手术的一系列技术问题，且对模型损伤程度有更多选择。其优点归结如下：① 可引导激光定位损伤区域，准确定位目标；② 损伤区数量可以自行确定，可选可控。

二、解剖学基础

眼部相关解剖可参见"第 64 章　眼部解剖"。

正常小鼠视网膜动静脉从视盘发出，呈放射状分布，毛细血管呈网状散布在动静脉之间（图 65.1，图 65.2）。

---

① 共同作者：刘彭轩。

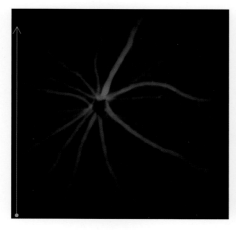

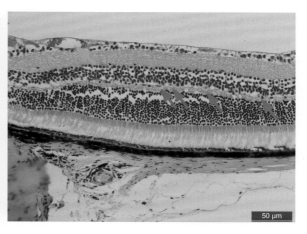

图 65.1　眼底荧光素钠血管造影。中央动静脉从视盘向四周呈放射状伸出，远心端偶有分叉。小血管及毛细血管呈网状分布。中央动静脉分布于视网膜上层，而毛细血管散在分布于视网膜及脉络膜，故焦面不在同一平面

图 65.2　正常 C57 小鼠眼切片，H—E 染色。绿色箭头示视网膜中央静脉；红色箭头示毛细血管。二者不在同一空间层面

三、器械材料

眼底成像仪（图 65.3），532 nm 激光发生控制器（图 65.4），扩瞳剂，保湿凝胶。

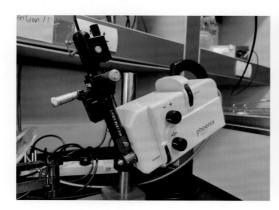

图 65.3　眼底成像仪

图 65.4　532 nm 激光发生控制器

四、手术流程

（1）小鼠常规麻醉，麻醉期间维持其正常体温。

（2）剪去造模侧触须，造模眼球表面滴扩瞳剂。扩瞳期间维持弱光环境，数分钟后小鼠瞳孔充分散大即可开始后续操作。

（3）用棉签在眼角处轻轻吸去扩瞳剂后，在眼球上涂少量保湿凝胶，并理顺睫毛。

（4）开启眼底成像仪成像，使焦面清晰且视盘至图像中央。

（5）避开中央静脉、中央动脉等大血管，选择需要灼烧的位置，激光调焦定位。

（6）调节激光功率，短时多次照射选定区域，形成白色损伤区。激光功率和照射时间、次数，需根据小鼠及研究需求调节。同批次小鼠需做预实验确定。

（7）一个区域照射结束后可选择另一个区域继续造模。

（8）在眼底成像仪显示器上观测损伤区域形成状况，根据研究需求采集图像。

（9）造模后小鼠置于保温装置内直至完全苏醒。

五、模型评估

影像：造模后设不同时间点使用眼底成像仪拍照，观测眼底病变。同时注射造影剂，观测异常新生血管渗漏状况（图 65.5，图 65.6）。光学断层扫描（OCT）可观察损伤区域斑块状态（图 65.7，图 65.8）。

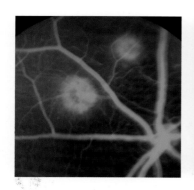 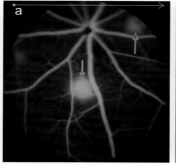 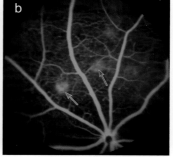

图 65.5　眼底荧光素钠血管造影。造模后 4 天，脉络膜新生毛细血管围绕损伤处呈环状分布，且有渗漏

图 65.6　眼底荧光素钠血管造影。图 a、b 分别为不同程度的脉络膜损伤，显示其导致新生血管渗漏程度不同（如红色箭头、蓝色箭头所示）

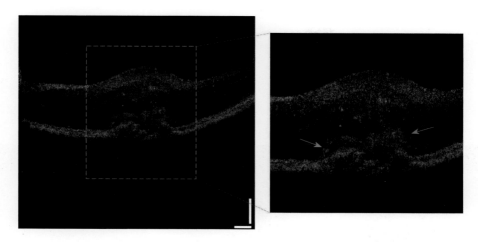

图 65.7　小鼠 CNV 模型 OCT 影像。造模 4 天后，图 65.5 中的环状损伤处，CNV
表现为中高反射信号，且突破了光感受器内 / 外节段交接层（IS/OS 层）长到了神
经层下，反射信号混乱不清，提示有脉络膜新生血管生长（红色箭头），IS/OS 层
至视网膜色素上皮层（RPE 层）反射带局部隆起、连续性严重破坏（蓝色箭头）

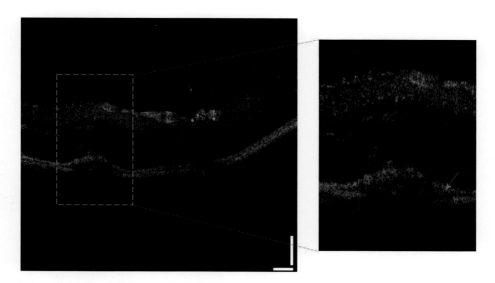

图 65.8　小鼠 CNV 模型 OCT 影像。造模 4 天后，CNV 损伤较轻，IS/OS 层至 RPE
层反射带局部隆起、连续性破坏（红色箭头）

六、讨论

（1）激光能量需深色背景才能被吸收，故白化小鼠（例如 BALB/c 等）无法应用此模

型。使用黑色小鼠为佳。

（2）激光能量及照射次数、间隔根据实验设计调整。

（3）角膜保湿凝胶不宜涂抹过多，以免激光散射。

（4）不同种属、批次小鼠扩瞳时间略有不同，务必注意造模前扩瞳完全（图 65.9）。

（5）小鼠触须及睫毛位置不佳时会阻挡激光，需注意去除干扰（图 65.10，图 65.11）。

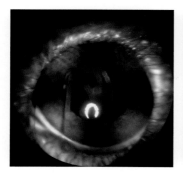 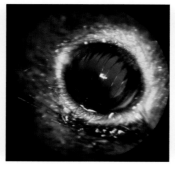 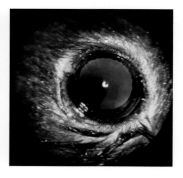

图 65.9　没有完全扩瞳的小鼠眼球，瞳孔没有完全放大，减少了眼底的进光量，成像时图像会偏暗和模糊 　图 65.10　没有理顺的小鼠睫毛极易遮挡、干扰激光和成像 　图 65.11　理顺小鼠睫毛后，眼球和成像仪之间再无遮挡干扰

（6）小鼠一过性晶状体浑浊常见于麻醉后体温下降，可持续较长时间并延续到小鼠苏醒。为保持清晰的眼底影像，必须维持小鼠的正常体温。

（7）图像采集时间根据实验设计调整。多数情况下，造模后小鼠晶状体浑浊不易迅速消退，消退时间与小鼠品系、批次有关（图65.12）。同批次小鼠的消退时间与模型受损伤程度成正比，建议不要在此时间段采集。如需观测短期内眼底变化，建议损伤单个区域并使用较低的激光功率。

（8）建议单眼造模，另一只眼做自身对照。同时也避免造模程度严重时，双侧视力同时缺失。

图 65.12　小鼠 CNV 造模后晶状体混浊（右眼）

第 66 章

视网膜中央静脉阻塞[①]

杜霄烨

一、模型应用

视网膜静脉阻塞（retinal vein occlusion, RVO）模型主要应用于视网膜血管病研究。在临床中，视网膜静脉阻塞一般由血栓引起，可继发黄斑水肿、新生血管性青光眼等疾病，影响患者视力，严重者可致失明。

一般实验动物构建 RVO 模型时，常用血管结扎法、眼内注射法、激光直接光凝法、光动力法等。大动物眼球较大，可采用血管结扎法、眼内注射法等有创操作，但动物购置、饲养及操作成本均较高。小鼠各项成本相对低廉，但眼球相对较小，血管结扎法操作难度极高。故构建小鼠 RVO 模型常用眼内注射法、激光直接光凝法和光动力法。

眼内注射法常用内皮素 -1，其原理是使血管严重痉挛，与临床 RVO 形成机制相差较大，且对注射技术有一定要求，成模稳定性较差。激光直接光凝法是使用高能激光直接灼烧血管，使血液凝固，而不是形成血栓，也与临床 RVO 形成机制有差异。另外，高能激光易使血管周围视网膜组织严重灼伤。

本章介绍以光动力法为主的小鼠 RVO 模型构建方法，其原理是在小鼠体内注射光敏药物——孟加拉 – 玫瑰红，该光敏药物在特定波长照射下会凝集形成栓塞。该方法可有效避免有创手术的一系列技术问题，且对成模程度有更大的选择空间。其优点如下：① 可引导激光准确定位目标血管；② 模型稳定性可控；③ 凝集栓塞时能量较低，不易损伤周围组织细胞。

---

① 共同作者：刘彭轩。

二、解剖学基础

眼部相关解剖参见"第 64 章　眼部解剖"。

三、器械材料

眼底成像仪，532 nm 激光发生器，孟加拉 – 玫瑰红试剂，扩瞳剂，保湿凝胶。

四、手术流程

（1）小鼠常规麻醉。

（2）剪去造模侧触须，造模眼球滴扩瞳剂。

（3）扩瞳等待期间，尾静脉注射孟加拉 – 玫瑰红试剂。

（4）用棉签在眼角处轻轻吸去扩瞳剂后，在眼球上涂少量保湿凝胶，并理顺睫毛。

（5）将小鼠置于保温台，调整眼底成像仪成像，使焦面清晰（图 66.1）。

（6）选择需要栓塞的静脉及位置，激光调焦定位（图 66.2）。

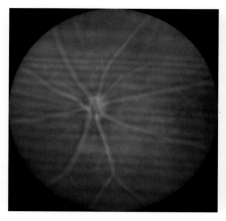

图 66.1　注射孟加拉 – 玫瑰红试剂后小鼠眼底成像

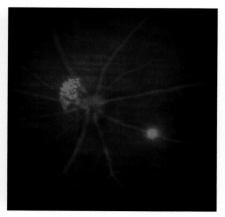

图 66.2　激光对焦。右侧血管上亮红斑点为引导激光位点。视盘左侧散点状红斑为激光经镜头内透镜折射后形成的鬼影，对造模无影响

（7）调节激光功率，短时多次照射选定静脉，使血栓形成。血栓形成后，血流受阻，可见目标血管内血液流动变缓或不流动，血管较造模前颜色变白、直径变细。激光功率和照射时间、次数需根据小鼠种类及研究需求调节。建议使用同批次小鼠预实验确定相关参数。

（8）照射结束后可选择另一条静脉继续造模。

（9）造模后小鼠置于保温装置内直至完全苏醒。

五、模型评估

（1）影像学：造模后可根据小鼠晶状体浑浊情况，5 天内注射造影剂进行血管成像，以判定栓塞情况（图 66.3）。也可同时使用视网膜断层扫描，观测血栓及视网膜状况（图 66.4，图 66.5）。

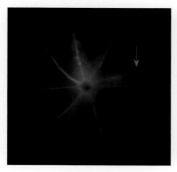

图 66.3　造模后 1 天小鼠眼底血管造影。红色箭头处为造模位点，因血栓阻断，造模灶后血管延伸方向无血管造影。各血管周围有模糊晕影，系视网膜水肿、荧光染料渗漏所致。因仅一个轻度造模灶，该眼恢复很快，1 天即可观察

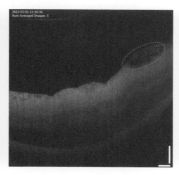

图 66.4　小鼠眼底视网膜断层扫描。虚框内黑色部分为血栓。扫描显示视网膜呈不同程度水肿，分层已不可见

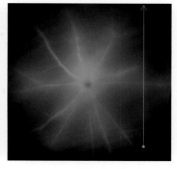

图 66.5　小鼠眼底 OCT 引导影像。荧光染料逐渐从血管渗漏至整个视野，且因视网膜水肿，下层分支血管影像不可见

（2）其他：可根据实验需要进行 ERG 电生理采集、眼球病理切片等检测，本章不一一列举。

六、讨论

（1）模型建议使用黑色小鼠。白化小鼠因缺少黑色素，荧光造影检验成模情况时，背景干扰较大。

（2）实验中同样需要注意"第 65 章　脉络膜新生血管"讨论部分（3）～（8）中提到的事项。

（3）不同厂家、不同保存条件的孟加拉 – 玫瑰红试剂存在一定差异，请先做预实验确定试剂剂量和光束照射条件（图 66.6），实验中应避免选择高剂量和长时间照射，因为会导致目标血管非点状凝集，以及在临近的非目标血管出现凝集现象（图 66.7）。推荐参考值：孟加拉 – 玫瑰红试剂浓度为 8 mg/mL，注射剂量为 40 mg/kg，532 nm 激光初始功率 50 mW，单次照射时长为 1 s（白化小鼠时长减半），同位点快速照射 3 次，单眼不超过 3 个位点。

（4）照射位置建议在距离视盘 3 ～ 5 个视盘直径大小的位点，否则会出现血管栓塞、视网膜中心水肿等现象（图 66.8）。多个位点照射时，不建议位点间距离太近。

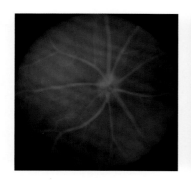 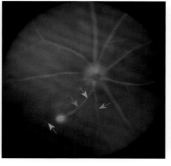 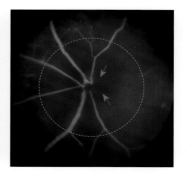

图 66.6　造模前小鼠眼底成像

图 66.7　造模后小鼠眼底即时成像。孟加拉 – 玫瑰红试剂注射剂量为 200 mg/kg，激光功率 50 mW，单次照射时长 3 s，照射 3 次。红色亮斑为引导激光，红色箭头为造模位点。高浓度、长时间照射，导致造模位点上下游均有凝集（绿色箭头）；距离较近的血管内发生凝集（蓝色箭头）；远心端管壁较薄的血管内也发生凝集。实验时应避免

图 66.8　小鼠眼底血管造影。造模时未远离视盘，两根血管同时栓塞（红色箭头），视网膜呈中心水肿（虚框内），视网膜下层分支血管不可见。栓塞导致视野右侧视网膜血供完全阻断，易继发各类严重眼部疾病，甚至眼球整个萎缩坏死

第 67 章

视神经挫伤①

刘金鹏

一、模型应用

作为中枢神经的重要组成部分，视神经及其胞体已成为中枢神经损伤修复的重要研究对象。中枢神经损伤修复研究中的许多重大发现，不乏以视神经损伤为模型开展的。

视神经挫伤模型可以用来研究神经元保护及神经再生的过程及机制，还可以为保护神经元及促进视神经再生的药物开发及机理研究提供一个很好的实验载体。

本章介绍的小鼠视神经挫伤模型制作简便，重复性好，创伤性小，术后小鼠存活率高。

二、解剖学基础

眼部相关解剖参见"第64章 眼部解剖"。视神经（图 67.1，图 67.2）全长约 8 mm，起自颅底视交叉，出颅后在眼眶内连接眼球，终止于视盘。其周有眼外肌围绕，走行于眼肌杯中，有眼动静脉进入其中。

图 67.1 小鼠眼解剖。去除皮肤、眼周肌肉，暴露眼球和视神经。红色箭头示眼球；蓝色箭头示视神经

---

① 共同作者：刘彭轩。

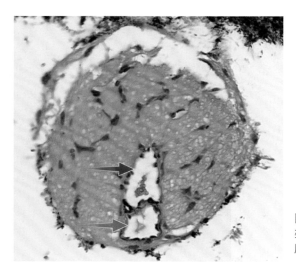

图 67.2　眼动静脉、视神经局部解剖，H-E
染色。红色箭头示视神经；蓝色箭头示眼静
脉（辛晓明供图）

三、器械材料

除常用手术器械材料外，另需要自制孔巾和带胶套的打结镊（图 67.3）。其中，自制
孔巾的孔径应仅容眼球通过。

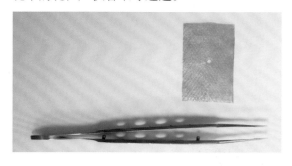

图 67.3　自制孔巾和带胶套的打结镊

四、手术流程

（1）小鼠常规腹腔注射麻醉，侧卧位固定。

（2）拉紧眼周皮肤，使眼球突出于眼眶之外。

（3）将自制孔巾套在眼球上，在孔巾上只能看见眼球（图 67.4）。

（4）用打结镊平板较宽的根部（宽度 1 mm）在孔巾上方贴近小鼠眼眶夹住视神经
（图 67.5，图 67.6）。

（5）30 s 后，松开打结镊，轻轻取下孔巾，完成造模。

（6）损伤 24 h 后，取视神经置于 4% 多聚甲醛内固定，用于后续检测。

 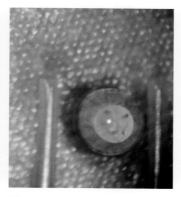 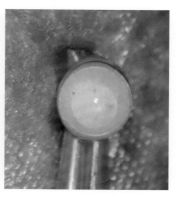

图 67.4　用自制孔巾套住眼球　　图 67.5　打结镊靠近眼球　　图 67.6　夹住视神经和眼动
静脉

五、模型评估

（1）大体观察：用于正式实验开始前的手术损伤即时效果测试（图 67.7）。

（2）视觉测试：测试瞳孔对光反应。

（3）眼电图（ERG）：电生理测量可以用来评估视觉通路的功能。

图 67.7　大体观察显示，手术损伤部位定位准确；视神经靠近眼球的部位明显狭窄，其前方的软组织红肿，确认睫状后短动脉等血管损伤

（4）神经病理学分析：通过对小鼠视神经和视觉通路的组织学分析，可以评估神经组织的病理变化。包括使用组织切片、免疫组织化学染色、神经元计数等技术来观察神经元的形态学改变、轴突退化、突触变化等。

六、讨论

（1）用打结平板镊夹持视神经，可以避免对组织造成锐伤。

（2）视神经的损伤宽度为 1 mm，过宽、过窄都会影响成模效果。

（3）适宜、恒定的夹伤视神经的力度，是有效避免人为误差的前提，建议以打结镊平板的根部刚好闭合为宜。

（4）为了减少不必要的组织损伤，不推荐简单暴露视神经、在直视下夹持的方法。

第 68 章

角膜新生血管[①]

王成稷

一、模型应用

小鼠角膜新生血管模型是一种在小鼠角膜中诱导新生血管形成的实验模型。这个模型通常被用于研究新生血管的发生机制、相关疾病及其治疗方法。

用角膜研究新生血管的优势在于无须手术暴露，直视下可以清晰地观察血管变化。

研究者可以通过观察和分析小鼠角膜中新生血管的形成、密度和分布，来了解在不同条件下血管新生的过程。这种模型在研究与血管新生相关的疾病，如角膜外伤、角膜感染、角膜移植和癌症等方面具有重要的应用价值。

二、解剖学基础

小鼠角膜位于眼球体表暴露部位，几乎占据眼球表面的 1/2（图 68.1）。

正常角膜透明，成冠状，曲率与眼球相同。这一点与人类角膜突出于巩膜不同。

角膜血管起于角膜缘，小分支向角膜中心方向延伸，一般长度不超过 0.5 mm。白色小鼠虹膜血管明显，由于小鼠晶状体相对大，将虹膜推向前房，前房比人眼前房浅得多，故虹膜血管与角膜非常贴近，手术操作中须区别虹膜血管与角膜血管。虹膜血管在虹膜内缘形成血管环（图 68.2）；而角膜血管末梢为放射状延伸，在形态上有明显区别。用显微裂隙灯观察，可以看到虹膜血管较深，而角膜血管走行于角膜内。

角膜从外向内分为 5 层：上皮层、前界层、基质层、后界层和内皮层（图 68.3）。

---

① 共同作者：刘彭轩。

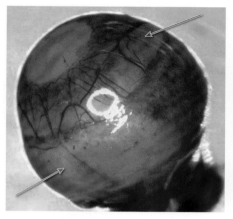 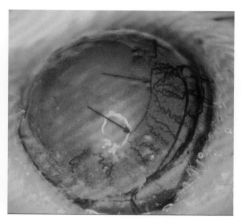

图 68.1　小鼠眼球。蓝色箭头示角膜；红色箭头示巩膜。角膜几乎占眼球表面的 1/2

图 68.2　虹膜血管，箭头示虹膜血管内环

　　基质层占大部分，为角膜厚度的 2/3 ～ 3/4。前界层较厚，为角膜厚度的 1/4 ～ 1/3。角膜厚度略大于 100 μm（图 68.4）（参见《Perry 实验小鼠实用解剖》"第 17 章　眼部"）。在本模型中缝合针需要缝入基质层。

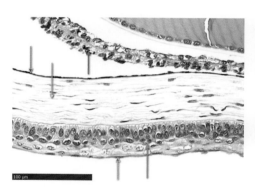 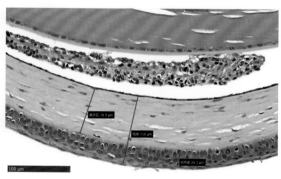

图 68.3　角膜结构组织切片，H–E 染色。红色箭头示角膜上皮层；绿色箭头示前界层；黄色箭头示基质层；蓝色箭头示后界层和内皮层；紫色箭头示虹膜

图 68.4　小鼠角膜组织切片，H–E 染色。本片示角膜厚度为 116 μm，基质层 76.5 μm，前界层 26.5 μm

三、器械材料与实验动物

（1）设备材料：冷光源显微镜。

（2）器械材料：显微尖镊，显微剪，持针器，11-0 缝合线。

（3）实验动物：ICR 小鼠，6 ～ 8 周龄，雄性。

四、手术流程

以右眼为例介绍造模方法。

（1）小鼠常规注射麻醉。剪除术侧触须。左侧卧于手术台，头部垫高，胶带固定。

（2）角膜滴生理盐水（图 68.5a）。

（3）用 11-0 带线缝合针，在距角膜顶点 1 mm 处的 12 点位置进针（图 68.5b），深达基质层。

（4）缝合针由角膜表层穿出后打结（图 68.5c）。

（5）分别于距角膜顶点 1 mm 处的左下方及右下方各缝合 1 针（图 68.5d）。

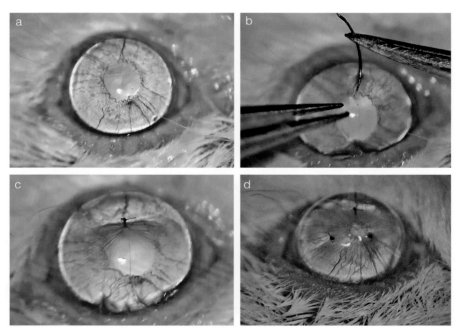

图 68.5　手术过程图解。a. 滴加生理盐水；b. 于 12 点位置进针；c. 打结；d. 完成三针间断缝合

（6）术毕角膜点滴氯霉素眼药水。

（7）苏醒前角膜涂抹红霉素眼药膏。保温复苏后返笼，单笼饲养，正常饮食。

五、模型评估

小鼠角膜新生血管模型的评价方法涉及新生血管形成、密度、分布等多个方面的分析。常用的评价方法如下：

（1）角膜整体评估：角膜的外观和整体形态是评价血管新生的一个重要指标。通过显微镜观察角膜的表面形态，记录和比较血管新生的程度（图 68.6）。

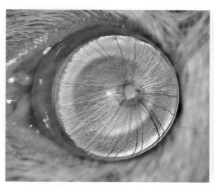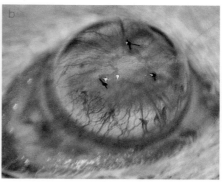

图 68.6　模型构建 1 周后角膜产生大量新生血管。a. 对照侧眼球；b. 手术侧眼球

（2）血管长度和分支数：使用图像分析软件，对角膜中的新生血管进行图像处理，测量血管的总长度和分支数，可以提供对血管网络复杂性的定量评估。

（3）血管密度：血管密度是新生血管占据角膜区域的比例。通过在显微镜下使用图像分析软件来测量新生血管占据的区域，可以获得血管密度的定量数据。

（4）免疫组织化学染色：使用免疫组织化学方法，可以标记和分析血管内皮细胞、基质细胞、炎症细胞等，这有助于详细了解新生血管的组织学结构和细胞组成。

六、讨论

（1）角膜内皮层具有防水功能。一旦内皮破损，房水进入角膜基质层，马上出现角膜水肿、混浊，因此，角膜缝针不可穿通角膜内皮，缝合线经角膜上皮进针，进入角膜基质层后出针，避免伤及角膜内皮，导致角膜混浊。

（2）角膜缝合线打结，无须过紧，能够保持缝合线不脱落即可。

（3）角膜缝合线打结的线头不宜留置过长，能够保证不脱扣即可。

（4）术后用抗生素眼药膏涂抹角膜，既可以防止细菌感染，也可避免角膜干燥、减少角膜刺激。

（5）角膜缝针共 3 处。每一处完成后，都需在角膜表面点滴生理盐水，以防角膜干燥。

（6）本模型只能在单眼进行，健眼不但作为对照，还保证小鼠有完整的单眼视觉。

第 69 章

青光眼[①]

王成稷

一、模型应用

青光眼是眼科的一种常见病，其病因复杂。该病分为几种类型，原发性青光眼中最多见的是开角型青光眼和闭角型青光眼。这两类疾病都是房水排出障碍，导致眼内压增高，血液灌注差减小，眼内供血不足，最终因视神经受损而失明。

构建小鼠眼压升高的青光眼模型，可用于研究高眼压对眼的损伤机制和测试降眼压药物的疗效。

青光眼的造模方法有很多种，如基因诱导、激素诱导、自体血细胞前房注射、乳胶微球前房注射、上巩膜静脉（episcleral vein）电烧等。各种模型的致病机理不同，操作难易程度也不同。

本章介绍上巩膜静脉电烧法 (episcleral vein cauterization，EVC) 制作小鼠青光眼模型。这个模型的优点是所需材料少，对眼球内无直接机械损伤，但要求术者必须具备一定的显微手术技术和小鼠眼部解剖知识。本章对相关眼部解剖和操作技术予以详细介绍。

二、解剖学基础

小鼠眼外肌共有 7 条，分别为上直肌（背直肌）、下直肌（眼腹直肌）、内直肌、外直肌、下斜肌（腹斜肌）、上斜肌（背斜肌）和缩眼肌（图 69.1 ～图 69.2）。

上巩膜静脉共有 4 支：上支、外支、外下支和下支，从巩膜浅层发出，收集前

---

① 共同作者：刘彭轩。

部浅层巩膜静脉血液和房水。上支位于
上直肌外缘，外支位于外直肌下缘，外
下支位于下斜肌外缘，下支位于下直肌
内缘。外支以单支形式出巩膜，直接汇
入眼眶静脉窦。其余 3 支为双支形式。

小鼠眼球上巩膜静脉共有 4 条，1 条
位于眼球下斜肌下（图 69.3 外下支），1
条位于眼球下直肌附近（图 69.3 下支），1
条位于眼球上直肌旁（图 69.4 上支），还
有 1 条发自眼球外直肌附近的眼眶静脉窦
（图 69.5 外支）。

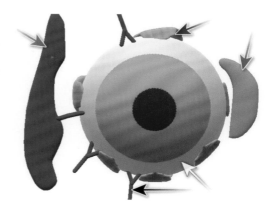

图 69.1　小鼠眼外肌与上巩膜静脉的关系（右眼）。红色箭头示眼眶静脉窦；蓝色箭头示眼肌；绿色箭头示第三眼睑；黑色箭头示上巩膜静脉下支；白色箭头示巩膜。眼肌位于 12 点处为上直肌，3 点处为内直肌，5 点处为上斜肌，6 点处为下直肌，7 点处为下斜肌，9 点处为外直肌

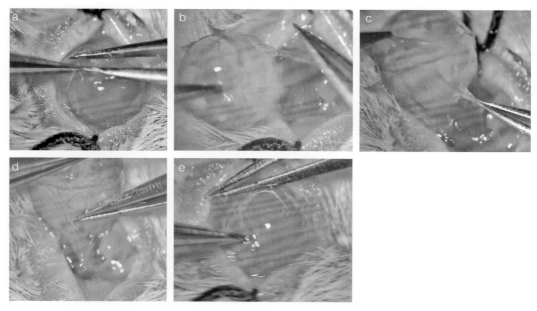

图 69.2　小鼠眼外肌（鼻尖朝右侧）。a. 上直肌；b. 内直肌；c. 上斜肌；d. 下直肌及下斜肌；e. 外直肌

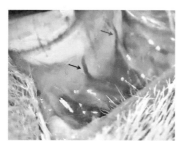 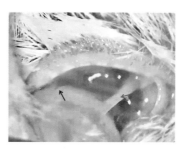 

图 69.3 位于眼球下斜肌下的上巩膜静脉外下支（蓝色箭头所示）和位于眼球下直肌附近的上巩膜静脉下支（绿色箭头所示）

图 69.4 位于眼球上直肌旁的上巩膜静脉上支（蓝色箭头所示）和眼球上直肌肉（绿色箭头所示）

图 69.5 位于眼球外直肌旁的上巩膜静脉外支

三、器械材料与实验动物

（1）设备：冷光源显微镜。

（2）器械材料：显微尖镊，显微剪，电烧灼器，凡士林眼膏，生理盐水。

（3）实验动物：ICR 小鼠，6～8 周龄，雄性。

四、手术流程

以右眼为例介绍造模方法 ▶。

（1）小鼠常规注射麻醉。左侧卧于手术台，胶带固定头部，头部垫高。

（2）剪除术眼睫毛，角膜滴生理盐水。

（3）使用显微剪沿颞侧角膜缘将球结膜全部切开（图 69.6）。

（4）用镊子夹住结膜控制眼球位置，暴露上巩膜静脉外支（图 69.7）。

（5）使用显微镊分离上巩膜静脉外支（图 69.8）。

 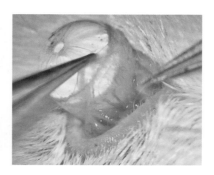

图 69.6 剪开球结膜

图 69.7 暴露上巩膜静脉外支

（6）轻度张开镊子，用电烧灼器缓慢烧焦后烧断外支（图 69.9）。

（7）使用同样方法烧断上巩膜静脉外下支和下支，保留上巩膜静脉上支。

（8）将球结膜复位，不必缝合球结膜切口。术眼涂抹抗生素眼药膏。

（9）保温复苏后返笼，单笼饲养，正常饮食。

 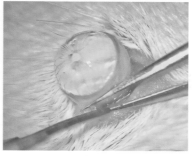

图 69.8　显微镊挑起上巩膜静脉外支　　图 69.9　电烧上巩膜静脉外支

五、模型评估

小鼠青光眼模型通常用于研究青光眼的发病机制以及测试新的治疗方法，评估这种模型的有效性和临床相关性至关重要。常用的小鼠青光眼模型评估方法包括以下几种。

（1）大体检查：术后虹膜血管明显迂曲充盈（图 69.10）。

（2）眼内压（intraocular pressure, IOP）测量：青光眼的一个主要特征是眼内压升高。通过使用专业的眼内压测量仪，可以定期测量小鼠的眼内压（图 69.11），以跟踪模型的发展和治疗效果。

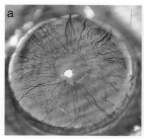 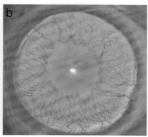 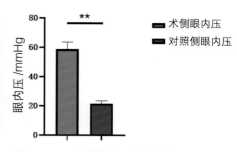

图 69.10　上巩膜静脉术前与术后对比，可见角膜轻度水肿，瞳孔中度散大，虹膜血管充盈迂曲。a. 对照侧眼球；b. 术侧眼球

图 69.11　小鼠眼内压测试结果

（3）视觉功能评估：使用电生理学方法，如视觉诱发电位（visual evoked potentials, VEP），可以评估小鼠的视觉功能是否受损。

（4）组织病理学分析：通过组织切片染色，观察小鼠眼部组织的病理变化，如视网膜层的退化、神经节细胞的死亡等。

（5）行为学测试：有时青光眼可能会对小鼠的行为产生影响，如出现视觉障碍。

以上方法合理联合使用，可以更全面地评估小鼠青光眼模型效果。

六、讨论

（1）上巩膜静脉电烧时，用镊子挑起静脉并分开，提供电烧空间。

（2）每 3 min 在角膜上滴 1 次生理盐水，防止因干燥损伤角膜。

（3）使用冷光源保护小鼠角膜免受热灼伤。

（4）若要保留 1 支上巩膜静脉分支，建议保留上支，可以使切开球结膜范围最小。

（5）烧断外支，能更有效地阻止静脉血回流，因为其直接汇入眼眶静脉窦。

（6）上巩膜静脉被阻断的支数和血管的选择，应根据具体研究目的、小鼠种类以及预实验结果来确定。

12

感染疾病模型

第十二篇

第 70 章

牙周炎 ①

刘金鹏

一、模型应用

牙周炎是一种病因非常复杂的口腔常见疾病，可导致牙龈组织逐渐丧失，逐渐损害牙周韧带及牙槽骨，是造成牙齿脱落的主要原因。

小鼠牙周炎模型通过在牙齿间植入金属丝，制造感染牙周的条件，模拟人类牙周炎的病理过程。该模型可用于研究人类牙周炎的发病机制、病理生理机制（如细菌感染和免疫反应等）；评估治疗方法的有效性，筛选新的治疗方法和药物，以开发更有效的牙周炎治疗方案；也可以用于研究牙周炎和全身疾病（如心血管疾病、糖尿病等）之间的关系。

二、解剖学基础

解剖学相关知识参见《Perry 实验小鼠实用解剖》"第 8 章　消化系统"。

小鼠共有 12 枚臼齿（图 70.1 ~ 图 70.3），左、右各 6 枚。每侧上、下各 3 枚，分为前、中、后臼齿。本模型用一侧上臼齿，术区位于前、中臼齿之间。

前臼齿和中臼齿均为双牙根齿，不同于后臼齿。后臼齿为单牙根齿。手术选择前、中臼齿之间，术齿更稳固。

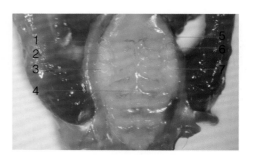

1. 左上后臼齿；2. 左上中臼齿；3. 左上前臼齿；4. 硬腭；5. 右上后臼齿；6. 右上中臼齿；7. 右上前臼齿

图 70.1　小鼠口腔局部解剖（1）

---

① 共同作者：刘彭轩；协助：王哲。

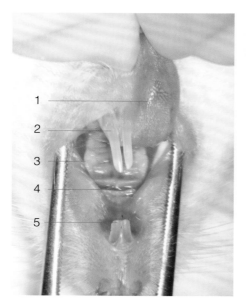 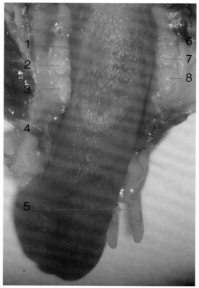

1. 舌；2. 下门齿；3. 左上前臼齿；4. 硬腭；
5. 上门齿

图 70.2　小鼠口腔局部解剖（2）

1. 左下后臼齿；2. 左下中臼齿；3. 左
下前臼齿；4. 舌；5. 下门齿；6. 右下
后臼齿；7. 右下中臼齿；8. 右下前臼
齿

图 70.3　小鼠口腔局部解剖（3）

三、器械材料

主要器械材料如图 70.4 所示。其中，正畸丝（钢丝）直径 0.2 mm，长度不少于
8 mm。

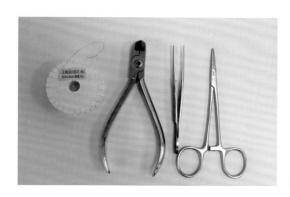

图 70.4　主要器械材料。从左至右依次为正
畸丝、正畸丝剪、眼科镊、止血钳

四、手术流程

（1）小鼠注射麻醉满意后，仰卧位固定，

（2）固定上、下门齿，使之保持张口状态。

（3）用左手拇指和食指拉出舌头，充分暴露上颌前臼齿与中臼齿间隙（图 70.5）。

（4）右手持眼科镊夹住正畸丝头端后 2 mm 处，完全插入前臼齿与中臼齿内侧牙根之间的缝隙中，然后再插入 3 mm（图 70.6）。

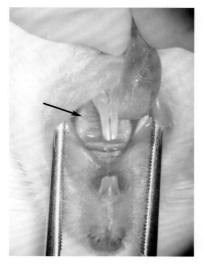 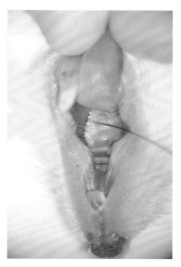

图 70.5　暴露上颌的臼齿，箭头示上前臼齿与中臼齿间隙　　图 70.6　正畸丝插入臼齿间隙 5 mm

（5）用眼科镊于腮与臼齿之间，夹住正畸丝向外拽出，使正畸丝在臼齿两侧的长度相等（图 70.7）。

（6）左手松开小鼠的舌头，用眼科镊将正畸丝向前压入牙龈沟，右手持止血钳夹住左上前齿两侧的正畸丝旋转，形成环绕扣（图 70.8）。

（7）用正畸丝剪剪掉较长的正畸丝，保留 3 mm。

（8）完成手术。4 周后成模。

 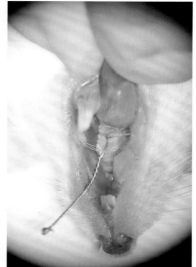

图 70.7　示正畸丝被拉出口腔，两　　图 70.8　形成环绕扣
端长度相等

五、模型评估

目前流行的模型评估方法主要包括以下几种。

（1）牙周炎指数评估：使用特定的牙周探针对小鼠上颌第二双臼齿龈沟处进行探针深度测量，记录探针深度和与牙龈边缘之间的距离，根据探针深度和与牙龈边缘之间的距离的比例计算得出牙周炎指数，用于评估牙周炎的严重程度。

（2）免疫组织化学评估：通过免疫组织化学技术，检测小鼠牙周炎组织中的细胞因子、炎症介质等免疫相关分子的表达水平，以评估小鼠免疫系统在牙周炎过程中的参与程度。

（3）血清生化指标评估：测定小鼠血清中的炎症因子、抗氧化酶、细胞因子等生化指标，以评估小鼠在牙周炎发生过程中的生化代谢变化。

（4）组织病理学评估：采用组织切片染色，对小鼠牙龈下软组织、颌骨、牙周膜、根尖等进行病理学分析，评估小鼠牙周炎病理变化的程度和类型，例如，炎症细胞浸润、牙周组织损伤、骨质吸收和新骨生成等（图 70.9）。

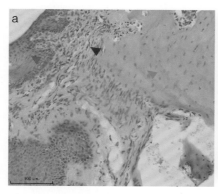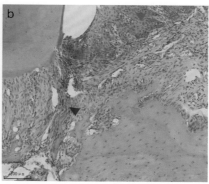

图 70.9　牙周组织切片，H-E 染色。a. 正常牙周组织；b. 牙周炎模型组织，显示牙龈上皮细胞破损，结合上皮向根部增生，上皮下结缔组织紊乱，胶原纤维与牙周膜纤维轻度水肿，并伴有炎症细胞浸润，同时伴有少量血管新生，牙槽骨轻度吸收。红色箭头示牙龈上皮；蓝色箭头示结缔组织；绿色箭头示牙槽骨

六、讨论

（1）结扎臼齿的环绕扣的留存长度不宜过短，至少需要留存 3 mm。环绕扣留得太短，正畸丝容易松开；留得太长，应在断端套硅胶管，避免造成小鼠口腔损伤。

（2）止血钳夹住臼齿两侧的正畸丝向一个方向旋转时，需要保持正畸丝是抻直的状态，否则不利于臼齿的结扎，会导致模型失败。

（3）结扎臼齿之后，用眼科镊夹住正畸丝的环绕扣向上抬起，观察臼齿是否结扎好。

（4）有些造模方法是先结扎臼齿，然后在臼齿上涂抹菌液。为了让更多的菌液黏附在臼齿上，可以在结扎之前，在舌侧的正畸丝上缠绕棉线，结扎臼齿后剪掉多余的棉线，再涂抹菌液时会有更多的菌液黏附在棉线上，有利于造模。

（5）术后在结扎的臼齿上涂抹菌液时，气体麻醉为首选。一般是多次涂菌液，用吸入麻醉系统麻醉小鼠非常安全方便，脱离异氟烷麻醉到苏醒的时间为 1 ～ 2 min，足以在小鼠的牙齿上涂菌液。

（6）用结扎臼齿的方法做牙周炎模型，结扎臼齿的牙槽骨会有损伤。

第71章

急性脓毒症[①]

马元元

一、模型应用

脓毒症 (sepsis) 是由腹部疾病直接导致或继发于腹部外伤及手术并发症的严重腹腔感染，表现为全身炎症反应，最终导致免疫功能缺陷和多器官功能衰竭。近年来，人们已经认识到胃肠道在脓毒症中的重要性。由于胃肠道结构和功能的改变，导致胃肠道黏膜屏障功能缺失，引起细菌和毒素泛滥，一方面使胃肠道成为脓毒症的始动器官，另一方面导致已有脓毒症状态的维持。造模最早采用的是手术模型——盲肠结扎穿孔术（cecal ligation puncture，CLP），继而建立了腹腔注射或静脉注射细菌或内毒素、升结肠支架腹膜炎模型等造模方法，但是目前使用率最高的还是 CLP。

本章将介绍急性脓毒症模型的建模方法以及通过观察小鼠胃肠道屏障功能及组织学指标来研究模型小鼠的肠道屏障功能。该模型将应用于改善脓毒症肠功能障碍、寻找治疗脓毒症药物的研究。

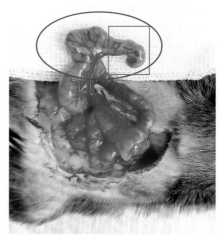

图 71.1 小鼠盲肠解剖。圈内为盲肠。框内为盲袋。结扎盲袋不会导致肠梗阻

二、解剖学基础

小鼠盲肠（图 71.1）位于回肠和结肠之间，呈弯曲袋状，有大弯侧和小弯侧。小弯侧有回肠的终端进入和结肠的起始端发出；大弯侧为盲端。结扎部分大弯，不会阻塞肠道。

[①] 共同作者：刘彭轩、王亚杰、刘梦晗、王海杰、戚文军、徐一丹。

三、器械材料与实验动物

（1）仪器：冷光源手术灯，恒温手术台，保温垫。

（2）器械材料：眼科剪，眼科镊，持针器，扩张器，1 mL 注射器，脱毛膏，棉签，7-0 带线缝合针，5-0 带线缝合针，22 G 注射器针头。

（3）药品：示踪剂（荧光素异硫氰酸标记的右旋糖酐，FITC-Dextran，FD40），戊巴比妥钠。

（4）实验动物：C57BL/6J 小鼠，8 周，雄性。

四、手术流程

（1）小鼠常规腹腔注射麻醉。腹部剃毛，仰卧固定于恒温手术台上。垫高腰部。

（2）剃毛区常规消毒。沿腹中线开腹（参见《Perry 小鼠实验手术操作》"第 17 章 开腹"）。

（3）安置扩张器，暴露腹腔，暴露盲肠（图 71.2）。

（4）▶ 在距离盲肠末端 1 cm 的盲袋处用 7-0 缝合针缝过背侧盲肠壁，缝合线再绕到盲袋腹侧结扎盲袋（图 71.3），打死结，剪线头，保持回盲端畅通。

（5）被结扎的盲肠用注射器针头穿刺（图 71.4）。

（6）用 2 支棉签轻压至少量肠内容物溢出（图 71.5）。

图 71.2 用扩张器撑开腹壁切口，暴露盲肠

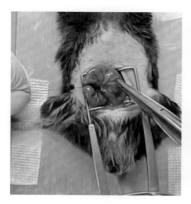

图 71.3 结扎盲肠

图 71.4 针头对穿盲肠

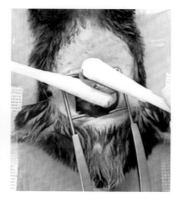

图 71.5 用棉签压迫盲肠，挤出肠内容物

（7）以 5-0 缝合线分层缝合腹壁和皮肤手术切口。常规消毒伤口。

（8）关腹后于腹股沟皮下注射 1 mL 生理盐水，补充手术中丢失的体液，抗休克、促复苏。

（9）假手术组，仅打开腹腔，探查相应肠管，不行结扎穿孔操作，然后放回腹腔。

五、模型评估

（1）消化道症状：术后 24 h，小鼠表现为弓背、闭眼、不喜动、被毛粗乱、腹泻，肛周可见粪便污染。

（2）体温：术后 4、8、24 h 测量小鼠体温，模型组小鼠体温降低，约为正常小鼠体温的 90%。

（3）白细胞值：取血检测白细胞数量，模型组白细胞数降低，约为正常值的 12%。

（4）血压：术后测量血压，小鼠血压明显降低，舒张压约为正常值的 1/2，收缩压约为正常值的 2/3。

（5）荧光标记的大分子 FD40 用来作为肠道通透性的示踪剂。给小鼠胃灌定量 FD40 后，血浆中 FD40 浓度即可反映肠道通透性变化。在健康小鼠中，仅有微量 FD40 通过肠道屏障进入血液中；模型组血浆中 FD40 浓度升至假手术组的 4 倍左右，显示肠道屏障被严重破坏。

（6）取距离盲肠约 2 cm 处的回肠做病理切片，模型组回肠黏膜损伤，肠绒毛顶部明显受损，形成明显的溃疡及坏死（图 71.6），表示模型成功。

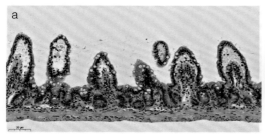
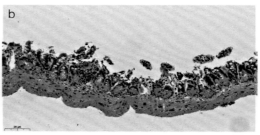

图 71.6　盲肠病理切片，H-E 染色。a. 假手术组，未见明显异常；b. 模型组，可见大量炎症细胞浸润，肠绒毛破损，组织充血、水肿

六、讨论

（1）在腹中线正中开腹，不但免于腹壁出血，而且减少个体手术差异。如果因盲肠部

位不同，不同小鼠不同开腹位置，会造成不同的损伤；切口是否有较大的损伤血管，会造成脓毒症的不同发展进程。所以，避免根据盲肠位置决定开腹位置。

（2）盲肠结扎前，可将盲肠内充盈的肠内容物轻轻向盲肠末端挤压，这样有助于结扎穿刺后轻压挤出肠内容物，甚至可以使肠内容物从穿刺孔自然溢出。这也有助于规范结扎部位肠内容物的量。

（3）注射器针头穿刺盲肠时，要避开肠壁上的较大血管，避免大量出血。

（4）结扎盲肠时，打结应松紧适度。过松导致未结扎成功，肠内容物流出量失控；过紧导致盲肠从结扎处被勒破裂，同样发生肠内容物流出量失控。

（5）将穿刺后的盲肠放回腹腔时，注意不要使挤出的肠内容物污染腹部皮肤和腹壁切口，妨碍切口愈合。可一手提起腹壁切口，一手将盲肠穿孔部位避开切口，缓慢送回腹腔。

（6）术后注意保温，避免麻醉后小鼠低体温休克死亡。可将小鼠放在保温垫上，小鼠可以爬行时，再放回笼内继续饲养。

（7）脓毒症病例的外周白细胞会因为感染而增高，但是在严重的弥漫性腹膜炎病例中，由于大量白细胞进入腹腔，周围血中白细胞数反而降低。

七、参考文献

1. HUBBARD W J，CHOUDHRY M，SCHWACHA M G，et al. Cecal ligation and puncture[J]. Shock，2005，24:52-57.

2. 缪鹏，杜中涛，曾辉，等 . 一种小鼠弥漫性腹膜炎致脓毒症模型的建立 [J]. 中华实验外科杂志，2011，28（6）:1002.

3. 韩晓风，王鹏远，马元元，等 . 丁酸钠对腹膜炎小鼠肠道屏障功能的保护作用 [J]. 中华实验外科杂志，2012，29（9）:1765-1767.

第72章

结肠炎 [①]

刘金鹏

一、模型应用

结肠炎是常见的肠道疾病，多为溃疡性结肠炎。虽然该病为轻度疾病，但会大幅度降低患者的生活质量，所以结肠炎的研究不容忽视。

小鼠结肠炎模型，无论是灌肠还是饮水造模，操作简单，成模稳定，成模率高，成本较低。因其接近临床表现而被广泛应用。

二、解剖学基础

结肠（图 72.1）位于盲肠和直肠之间，全长约 10 cm，粪便在此处逐渐趋于干燥结块。

三、器械材料

悬挂架，1 mL 注射器，8 % 冰乙酸，小鼠灌胃针（图 72.2）。

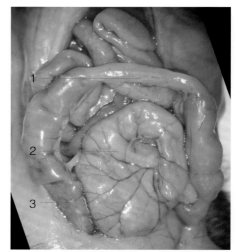

1. 结肠；2. 盲肠；3. 直肠

图 72.1　小鼠肠道解剖

[①] 共同作者：刘彭轩；协助：王哲。

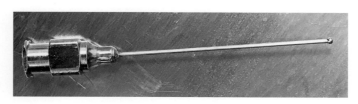

图 72.2　小鼠灌胃针

四、手术流程

（1）小鼠过夜禁食。灌肠之前刺激小鼠排便，尽量将小鼠结肠中的粪便排出（具体方法见讨论部分）。

（2）用 1 mL 注射器连接小鼠灌胃针，吸取冰醋酸 200 μL 备用。

（3）左手抓取小鼠，使其头部向下，肛门向上。

（4）将小鼠灌胃针经肛门插入 4 cm，通过直肠进入结肠（图 72.3），开始缓慢推注冰乙酸溶液，边推注边缓慢退针，使 200 μL 冰乙酸溶液均匀分散在 2 cm 的结肠内。然后将灌胃针缓慢从肛门拔出。

（5）用胶带将鼠尾粘在悬挂架上，5 min 后用 200 μL 生理盐水灌肠，稀释结肠内的冰乙酸，并回抽注射器，尽可能将结肠内的液体洗出来，重复 3 次。

（6）将小鼠放入饲养笼中饲养，自由饮食。

灌肠 4 h 后会出现稀便，严重者会出现血便。

图 72.3　灌胃针全部由肛门进入结肠内灌肠

五、模型评估

（1）大体解剖：灌肠后 24 h 取材，从得到的肠道纵剖大体图片可以看出，结肠炎部位红肿、溃疡并出现结肠缩短现象（图 72.4）。

图 72.4　小鼠结肠大体解剖。a. 正常结肠；b. 结肠炎造模后大体标本

（2）病理观察：做病理切片，观察肠绒毛损伤状况（图 72.5）。

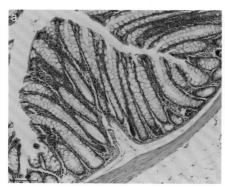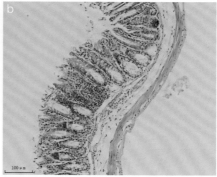

图 72.5　结肠病理切片。a. 正常结肠：肠黏膜形态完好，黏膜层厚度正常，黏膜
上皮细胞排列规则，可见大量杯状细胞，无炎症细胞浸润；b. 患结肠炎的结肠：
肠黏膜层厚度变薄，黏膜上皮细胞破损，杯状细胞数量显著减少，炎症细胞浸润
至黏膜下层，少量充血

六、讨论

（1）小鼠过夜禁食的目的是减少小鼠肠道过多的内容物。造模过程中产生粪便将影响
造模效果。

（2）刺激小鼠排便有多种方法，如反复抓取小鼠使其排便，或者抓取小鼠后揉搓腹部，
帮助其排便。

（3）其他药物灌肠造模方法：2% 三硝基苯磺酸（TNBS）灌肠造模与 8% 冰乙酸灌肠
造模的方法一样，但是 TNBS 灌肠造模死亡率在 10% 左右。

（4）以灌肠的方法制作结肠炎模型，只在灌肠区域有炎症现象。这一点与通过喂食药
物诱导的肠道炎症不同。

（5）非手术造模方法不在本书介绍范围之内，下面仅做简要介绍：

① 葡聚糖硫酸钠（DSS）造模：C57 小鼠饮用 3% DSS 造模，连续饮用 3 天之后出现
便血的情况，连续饮用 6 ～ 8 天形成稳定的结肠炎，继续饮用则会出现死亡。

② C57 小鼠饮用 3% DSS 形成的结肠炎更接近于临床表现，成模稳定，重复性好。

③ BALB/c 小鼠饮用 DSS 的浓度控制在 2.5%，否则死亡率会上升。

第 73 章

膀胱炎 ①

荆卫强

一、模型应用

膀胱炎是指膀胱的炎症疾病，通常由细菌感染引起，也可能由其他因素导致。根据不同的分类标准，膀胱炎可以有多种分类方式。根据病因可以分为：

（1）非感染性膀胱炎：由非感染性因素引起，例如，药物过敏、放射治疗等。

（2）感染性膀胱炎：由病原体感染引起，是最常见的类型。

其中，感染性膀胱炎根据病原体可以细分为：

① 细菌性膀胱炎：绝大多数膀胱炎是由细菌感染引起的，其中以大肠杆菌最为常见。

② 病毒性膀胱炎：由病毒感染引起，较为罕见。

③ 真菌性膀胱炎：由真菌感染引起，较为罕见。

尿路感染（urinary tract infection，UTI）是临床常见疾病，尿路致病性大肠杆菌（uropathogenic *Escherichia coli*，UPEC）是泌尿系统最常见的病原菌，小鼠细菌性膀胱炎模型的建立是研究尿路感染机制与药效评价的活体实验平台。本章介绍细菌性膀胱炎造模方法。

二、解剖学基础

雌鼠泌尿系统由肾、输尿管、膀胱、尿道组成，其中肾是生成尿液的器官，输尿管是运送尿液的器官，膀胱是暂时储存尿液的器官，尿道是将尿液排出体外的器官。

膀胱是一个中空器官，位于腹腔内，具有弹性，其形态、位置和大小可随尿量不同而

---

① 共同作者：刘彭轩；协助：王甘雨。

发生变化，排空时塌陷，充盈时可呈球状（图 73.1）。雌鼠尿道口（图 73.2）位于后腹部，阴道口前方。其尿道走行如图 73.3 所示。

图 73.1　膀胱排空与充盈时解剖照与大体照，箭头示膀胱位置，充盈时膀胱直径约为 0.5 cm，可容纳 200 ～ 300 μL 液体。a 显示排空膀胱，b 显示充盈膀胱。右图中标尺为 1 cm

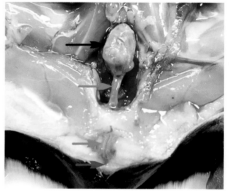

图 73.2　雌鼠尿道口位置。红色箭头示尿道口；绿色箭头示阴道口；黄色箭头示肛门

图 73.3　雌鼠尿道解剖。尿道发自膀胱，于耻骨内面向腹面转行，于皮肤开口形成尿道口。黑色箭头示膀胱；绿色箭头示尿道；蓝色箭头示尿道口

三、器械材料与实验动物

（1）材料：无菌石蜡油，碘伏，1 mL 注射器，24 G 静脉留置针（拔出针芯不用）（图 73.4），大肠杆菌菌液。

（2）实验动物：雌鼠，7 ～ 8 周龄。

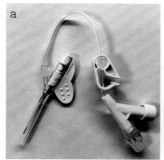

图 73.4　24 G 静脉留置针。a. 带针芯的留置针；b. 拔出针芯状态。红色箭头示针芯，术中不需要；蓝色箭头示前端导管

四、手术流程

（1）小鼠术前 6 小时禁饮水。

（2）使用注射器吸取菌液，接静脉留置针，排出气泡，备用。

（3）小鼠注射麻醉满意，仰卧于操作台上，胶带固定四肢。

（4）当小鼠膀胱充盈时，用手指于其后腹部可触及一个弹性可移动包块，用于定位膀胱。

（5）轻轻按压膀胱尽量排出尿液。

（6）使用碘伏对后腹、会阴部位进行消毒，范围为尿道外口周围 2 cm。

（7）将静脉留置针导管蘸石蜡油，一手持镊子夹住尿道外口，向上提起并绷直尿道，另一手轻柔地将导管从尿道口垂直插入（图 73.5）。

（8）将导管插入数毫米，若被阻挡无法直线前进，表示其前端已到达耻骨内面水平。

（9）将导管从垂直角度向尾侧旋转到水平角度，沿耻骨后面的尿道继续插入数毫米即可停止前行。

（10）缓慢将 100 μL 菌液注入膀胱，注射完成后，将导管夹闭，并使用胶布将导管固定于鼠尾上防止脱出（图 73.6）

图 73.5　小鼠尿道插管　　　　　图 73.6　固定导管

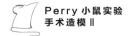

（11）将小鼠放置于保温平台上 30 min，缓慢退出导管。

（12）小鼠保温至苏醒后返笼单独饲养。

五、模型评估

（1）大体解剖：于灌注菌液后 48 h 处死小鼠，开腹取出膀胱，记录大体照片（图 73.7）。

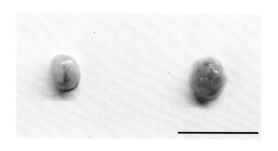

图 73.7　正常对照组（左）与膀胱炎模型组（右）膀胱大体图片。与正常对照组相比，模型组膀胱出现明显的炎性水肿和膀胱黏膜充血的现象。图中标尺为 1 cm

（2）病理分析：将膀胱固定于 4% 多聚甲醛溶液中 48 h，制作石蜡切片，H-E 染色观察膀胱黏膜增厚和炎症细胞浸润情况（图 73.8）。

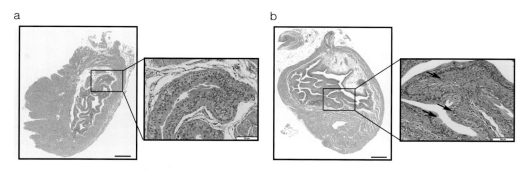

图 73.8　正常对照组（a）与膀胱炎模型组（b）膀胱 H–E 染色病理切片。如箭头所示，模型组膀胱上皮可见部分坏死脱落，内有炎症细胞浸润和组织水肿现象。标尺为 500 μm

六、讨论

（1）细菌性膀胱炎模型是研究宿主—病原体相互作用的重要环节，可用于模拟细菌感染人体的生理过程。致病菌菌株多选 ATCC35218，该菌株价格便宜且容易获得，是构建小鼠模型的首选。

（2）使用 7 ～ 8 周龄成年小鼠，可保证小鼠模型组内一致性。

（3）雌鼠尿道短而直，方便插管，同时符合女性尿路感染远多于男性的临床特点，所以采用雌鼠来制作模型。

（4）为了保证灌注的成功率，在操作前小鼠禁水 6 h，以延长细菌在膀胱内的停留时间。

（5）严格进行无菌操作，有利于单一菌株感染。

（6）在灌注过程中，将留置针导管插入尿道的深度不超过 1.5 cm（图 73.9），以避免对膀胱造成机械损伤。可事先在导管上标定插入深度。

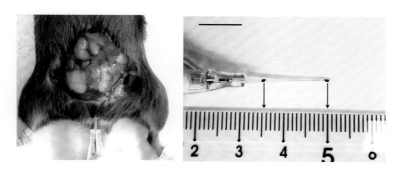

图 73.9　插管时导管深度示意

（7）无菌注射器与留置针导管之间的空间中存在的较多气体会影响对注射量的判断，先使用注射器吸取大量菌液，再连接导管并排出气泡，可保证装置连接处和注射器内均无气体存留。

（8）小鼠体位在插管时和插管后需要固定以保持不变，因为注射结束后要保持导管插入状态 30 min，固定小鼠可防止导管脱出导致菌液流出。

（9）碘伏可用于皮肤及黏膜等敏感部位的消毒，可避免产生过度的化学刺激。

（10）成年雌鼠不存在尿路梗阻的问题，可排出大部分尿液，因此，按压膀胱排尿是比较合理的一种方式。

第 74 章

急性胰腺炎[①]

肖双双

一、模型应用

急性胰腺炎是由多种原因引起的胰腺急性炎症，其发病原因可以分为两大类：胆源性和非胆源性。胆源性因素包括胆石症、胆道狭窄、胆道感染、胆道手术或胆道介入操作。非胆源性因素包括酒精滥用、胰腺创伤、药物诱发、感染，其他因素如高脂血症、高血压、肥胖、吸烟和高血糖。遗传因素也可能增加发生急性胰腺炎的风险。急性胰腺炎是一种严重疾病，死亡率相对较高。

小鼠胰腺炎模型在临床相关研究中具有重要意义，特别是在胰腺炎机理研究和胰腺炎治疗研究方面。胆管逆行注射牛磺胆酸钠是一种常用的模型制备方法。

胆管逆行注射牛磺胆酸钠是模拟胆汁反流，使胆汁逆流到胰腺，引发胰腺炎，出现包括胰腺水肿、坏死、炎症细胞浸润等病理变化。这种模拟可以很好地了解和研究胆汁反流所致胰腺炎的发病机制。

现有小鼠急性胰腺炎模型制备文献较少，结扎部位不明确，导致结果差异和术后死亡；另外，注射时胰胆管末端未进行结扎处理，可能有部分牛磺胆酸钠溶液流入腹腔或十二指肠内，导致动物死亡或实验结果差异。

本模型以胰胆管、胰腺分叶解剖为基础，精准设计手术结扎位置。

二、解剖学基础

小鼠胆总管（图 74.1）接收胰胆管排出的胰液，进入十二指肠。主胰管有 2～3 条，

---

① 共同作者：刘彭轩。

开口于胆总管的不同部位。参见"第41 章 肝、胆、胰脉管解剖"。

胆囊（图 74.2）位于肝左外叶和左中叶之间，发出胆囊管进入肝总管。当每块肝叶的肝管陆续进入肝总管，直到肝尾状叶的肝管进入肝总管后，方形成胆总管（参见《Perry 实验小鼠实用解剖》图 8.53）。

胆总管（图 74.3）贴着十二指肠

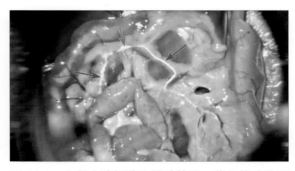

图 74.1 小鼠硫酸钡灌注胆总管照。蓝色箭头示两支主胰管；红色箭头示胆总管（王成稷供图）

走行，直至进入十二指肠，开口于十二指肠乳头处（壶腹部）。因此，胆总管结扎部位对于胰腺灌注至关重要。以从十二指肠乳头处进针灌注为例（逆向灌注）：

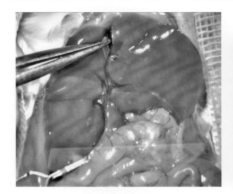

图 74.2 小鼠胆囊伊文思蓝灌注照。镊子夹持的组织为胆囊，其下方是肝总管和胆总管，可见各肝叶的肝管汇集为肝总管，终成胆总管（王成稷供图）

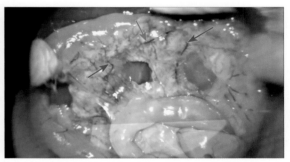

图 74.3 胰管解剖灌注照。伊文思蓝行胆囊顺向灌注，显示胆总管、胰管。红色箭头示胆总管；蓝色箭头示胰管（王成稷供图）

① 结扎胆囊管开口位置的前段，不能阻止灌注液进入肝右叶和尾状叶。

② 结扎胆总管前段，结扎点在前段胰胆管开口之前，灌注液会进入全部胰腺。

③ 结扎胆总管前段，结扎点在前段胰胆管开口之后，部分胰腺（胰胃叶）将得不到灌注。

④ 结扎胆总管远心端，胰腺基本得不到灌注。

三、器械材料

（1）设备：显微镜，保温垫。

（2）器械材料：手术剪，尖齿镊，显微镊，持针器，拉钩，5-0 带线缝合针，7-0 带线

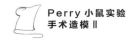
缝合针，31 G 微量注射器，3% 牛磺胆酸钠。

四、手术流程

（1）小鼠常规麻醉，腹部备皮。仰卧固定，常规术区消毒。

（2）于剑突后沿腹中线行 1 ～ 2 cm 切口（参见《Perry 小鼠实验手术操作》"第 17章　开腹"）。

（3）依次划开皮肤、腹壁，用拉钩固定腹部切口，向左翻起肠管，暴露胆总管、胰腺、十二指肠、十二指肠乳头处（图 74.4）。

（4）胆总管结扎：用 7-0 缝合线在胆总管前段及前段胰胆管开口之前活扣结扎（图74.5）。

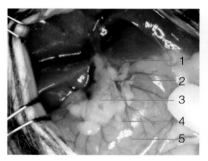

1. 肝；2. 胆总管；3. 胰腺；4. 十二指肠乳头；5. 十二指肠
图 74.4　小鼠腹腔暴露

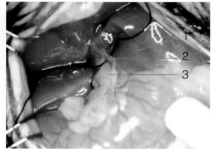

1. 肝；2. 胆总管；3. 胰腺
图 74.5　胆总管结扎（预置线处为结扎位置）

（5）胰胆管预置线：在靠近十二指肠乳头处的胰胆管下预置结扎线，目的是防止注射的牛磺胆酸钠液体流入十二指肠（图 74.6）。

（6）将微量注射器针头刺入十二指肠，经十二指肠乳头进入胆总管。

（7）将预置线打活结，使针头和胆总管固定（图74.7）。

（8）随后向胆总管内匀速注射牛磺胆酸钠液体10 μL。针头停留 20 ～ 30 s，将固定针头的结扎线拆除，此时可观察到胰腺出现发红、水肿现象（图74.8）。

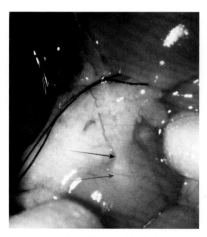

图 74.6　胰胆管预置结扎线。黑色箭头示胰胆管预置线结扎处；蓝色箭头示十二指肠乳头处

（9）用干棉签压迫针孔拔针并清理针孔。

（10）滴一小滴组织胶水封闭针孔，并将胆管前段结扎活扣解开。

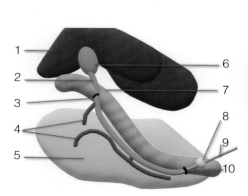

1. 肝；2. 胆总管；3. 前结扎点；4. 胰胆管；
5. 胰腺；6. 胆囊；7. 十二指肠；8. 乳头部；
9. 注射器针头；10. 后结扎点（胰胆管预置线）

图 74.7　手术示意

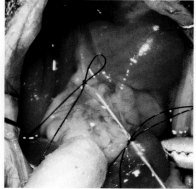

图 74.8　药物注射完毕，可见胰腺充盈，颜色改变。图示两条结扎线的位置

（11）用 5-0 缝合线分层缝合腹壁和皮肤切口，常规消毒。

（12）小鼠置于保温垫上保温，苏醒后返笼。饲养至 48 h 取材验证（胰腺及血清）。

五、模型评估

（1）注射时观察：注射牛磺胆酸钠后，可即刻观察到胰腺脾叶和十二指肠叶出现发红、水肿现象。

（2）48 h 取胰腺行病理切片观察，可见炎症反应。

（3）术后 24 ～ 48 h 取血液或尿液验证淀粉酶含量。

六、讨论

（1）在胆总管前段及前段胰胆管开口之前结扎，其目的是预防注射的牛磺胆酸钠液体流入胆囊和肝；在靠近十二指肠乳头处的胰胆管结扎，其目的是预防注射的牛磺胆酸钠液体流入十二指肠。

（2）在操作中尽量避免机械性损伤胰腺，减少手术误差。

（3）注射后停针 20 ～ 30 s 的目的是使药液充分进入胰腺，避免拔针时药液外溢。

（4）小鼠饲养及干预时间有限，后期可能出现死亡。

（5）胆总管的结扎部位非常重要。位置的选择是由胰胆管在胆总管的开口位置和研究目的决定的。

七、参考文献

1. 凤振宁，金世柱 . 急性胰腺炎动物模型构建方法的研究 [J]. 胃肠病学和肝病学杂志，2020，29(4):388-391.

2. 杨晶晶，张丹，陈嘉屿 . 急性胰腺炎动物模型研究进展 [J]. 解放军医学杂志，2019，44(11):984-990.

器官移植模型

第十三篇

第 75 章

动脉移植①

王成稷

一、模型应用

半个世纪以来，在小鼠等动物模型中使用不同的生物材料构建人造血管的研究，主要集中在材料的生物相容性和血管再缩窄等方面。

随着生物材料和生物工程技术的发展，逐渐实现了在小鼠模型中构建具有可靠性和功能性的人造血管。例如，通过自体组织工程、基因修饰和细胞外基质支架等促进血管再生和修复，其主要体现在几个方面：

（1）优化人造血管材料，以提高其生物相容性、机械性能和功能稳定性。

（2）整合组织工程和再生医学，研究如何通过细胞培养和生物因子的调控来实现血管的自愈和再生。

（3）构建功能性血管，使其能够在体内承担血管的生物学功能，如自主收缩和舒张、血液流动调节等。这一领域的研究目标是实现更高水平的血管再生和修复。

目前小鼠模型应用最多的是腹主动脉人造血管置换模型。多使用左肾动脉后至髂总动脉分叉前的腹主动脉，将人造血管以端端吻合的方式置换部分腹主动脉。

二、解剖学基础

在左肾动脉到髂总动脉之间的腹主动脉段（图 75.1），还可见到腰动脉分支，这些血管分支需要结扎切断。但左髂腰动脉分布异常，有的发自左肾动脉，有的直接发自腹主动脉。

---

① 共同作者：刘彭轩。

121

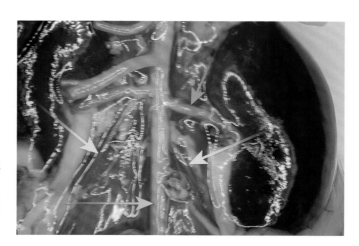

图 75.1　腹主动脉相关分支染料灌注照。黄色箭头示髂腰动脉；绿色箭头示左肾动脉；蓝色箭头示腹主动脉。髂腰动脉走行常有变异

三、器械材料与实验动物

（1）设备：手术显微镜，吸入麻醉系统，小动物超声仪。

（2）器械材料：眼科剪，眼科镊，显微持针器，11-0 带线缝合针，5-0 带线缝合针，开睑器，无菌湿生理盐水纱布，人造血管（在本章手术中以硅胶管取代），显微手术垫，100 U/mL 肝素生理盐水。

（3）实验动物：C57 小鼠，性别不限，8 周龄。

四、手术流程

（1）小鼠常规吸入麻醉，腹部备皮。仰卧位常规固定于手术台上，垫高后腰。

（2）移至手术显微镜下，备皮区常规手术消毒。

（3）沿着腹中线，在距离剑突 1.2 cm 处，向后做 1.2 cm 切口（参见《Perry 小鼠实验手术操作》"第 17 章　开腹"）。

（4）覆盖湿纱布孔巾，中央开口对准切口，安置开睑器，暴露腹腔（图 75.2）。

（5）将肠管向左前翻至湿纱布上，并覆盖湿纱布，暴露左肾静脉后的腹主动脉（图 75.3）。

（6）钝性分离左肾静脉后的腹主动脉（图 75.4）（参见《Perry 小鼠实验手术操作》"第 18 章　腹主动脉暴露"）。

（7）电烧与被分离的腹主动脉相连的所有腰动脉及其伴行静脉。

图 75.2　覆盖湿纱布孔巾，安置开睑器

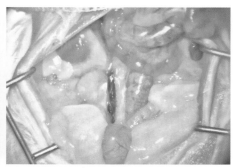

图 75.3　暴露腹主动脉

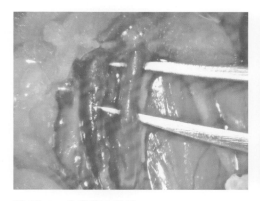

图 75.4　分离腹主动脉

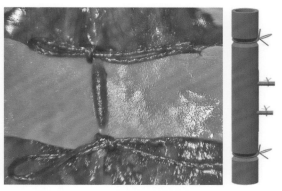

图 75.5　活扣结扎分离的腹主动脉两端。蓝色部分为显微手术垫。右为示意图，右侧 2 根被结扎的小血管示被烧断的腰动脉

（8）在分离的腹主动脉下方铺显微手术垫，并以 6-0 缝合线临时结扎其两端（图 75.5）。先结扎远心端，后结扎近心端。

（9）于分离的腹主动脉正中剪除一小段（图 75.6），其长度取决于待移植的人造血管的长度。

（10）使用 100 U/mL 肝素生理盐水冲洗清理血管腔（图 75.7）。

（11）使用 11-0 带线缝合针，以端端吻合的方式将人造血管与腹主动脉吻合（图 75.8）。每侧吻合 4 针，间断缝合（图 75.9）。

（12）吻合完成后，先解开腹主动脉远心端的结扎线，恢复血供。恢复血流时常见吻合口出血，用棉签压迫可以有效止血。然后，再解开近心端结扎线，仍需要棉签压迫止血（图 75.10）。

（13）吻合口停止出血后，撤除棉签（图 75.11）。肠复位，常规关闭腹腔，伤口消毒。

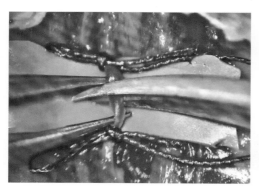

图 75.6 剪除一小段腹主动脉，右为示意图

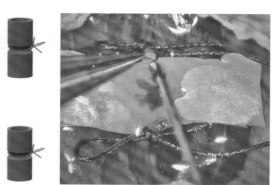

图 75.7 冲洗血管腔

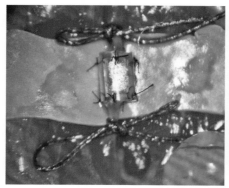

图 75.8 图示已经移植到腹主动脉的硅胶管，右为示意图（蓝色部分示人造血管）

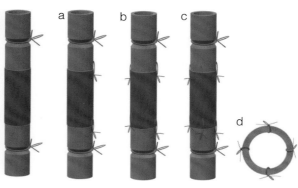

图 75.9 血管缝合。a. 左侧两端各做一针间断缝合；b. 右侧两端各做一针间断缝合；c. 中央两端各做一针间断缝合；d. 俯视 4 针缝合位置为 12 点、3 点、6 点和 9 点部位

图 75.10 棉签按压止血

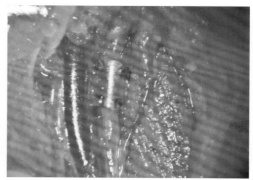

图 75.11 出血完全止住

（14）小鼠保温苏醒，恢复自主活动后，放归笼中，普通饮食。

五、模型评估

（1）行为学观察：术后即可观察小鼠后肢颜色，当腹主动脉堵塞时，小鼠后肢颜色变白。造模成功后，可持续观察小鼠活动情况，如有后肢跛行、后肢瘫痪、后肢拖行等情况，表示腹主动脉堵塞。

（2）超声评价血管堵塞情况：可使用小动物超声仪对人造血管置换处进行评价（图75.12），观察人造血管的堵塞情况。

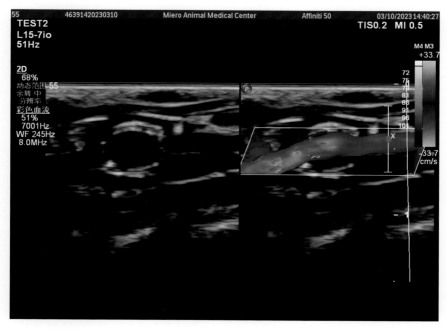

图 75.12　小动物超声仪检验血流

六、讨论

（1）用湿棉签将肠组织整体移动，以避免对其及肠系膜造成机械损伤。

（2）钝性分离后腔静脉和腹主动脉时，注意不要刺破后腔静脉。

（3）恢复血供时需要先恢复远心端血供再恢复近心端血供，以避免近心端血液压力过大导致吻合口大出血。

（4）吻合完成后检查吻合处是否有空隙或血管损伤，如有，需要根据情况增加吻

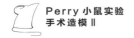
合针数。

（5）当前开发的人造血管多种多样，本章以硅胶管代替人造血管介绍人造血管置换的基本操作。使用不同质地的人造血管，具体操作手法应有相应的变化。

（6）需要注意的是，在使用硅胶管练习本模型时，手术完成后，硅胶管容易导致小鼠产生血栓，使其后半身缺血，出现后肢瘫痪等相应症状。

（7）烧断腰动脉的同时，也烧断伴行的腰静脉。因为这一段腹主动脉需要完全游离，方可铺垫显微手术垫。

第 76 章

静脉移植[1]

田松

一、模型应用

冠状动脉旁路移植术是治疗冠心病的主要方法，在临床上常选取自体乳内动脉及大隐静脉作为移植材料。由于静脉桥在移植后存在血管内膜增生性再缩窄，导致 10 年期的堵塞率达到 50% 左右，极大影响了冠状动脉搭桥的术后疗效。小鼠静脉 – 动脉移植模型可以较好地模拟临床上使用大隐静脉进行冠状动脉搭桥这一过程，可以用于研究血管内膜增生和血管重构的发生、发展过程和机制，以及研究防治血管再缩窄的药物。

二、解剖学基础

颈总动脉解剖（图 76.1）：左颈总动脉起自主动脉弓，右颈总动脉起自头臂干。颈总动脉沿气管两侧向头部走行，在甲状软骨附近分为颈内动脉与颈外动脉。与颈总动脉伴行的有迷走神经及颈内静脉。

后腔静脉解剖（图 76.2）：后腔静脉胸段为肝上后腔静脉穿膈肌至右心耳的一段，汇集小鼠腹腔及前肢的血液回流至心脏，后腔静脉胸段无分支，是较好的静脉移植材料。

---

① 共同作者：刘彭轩。

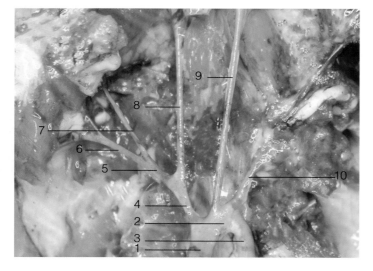

1. 升主动脉；2. 主动脉弓；3. 降主动脉；4. 头臂干；5. 右锁骨下动脉；6. 腋动脉；7. 颈动脉干；8. 右颈总动脉；9. 左颈总动脉；10. 左锁骨下动脉

图 76.1　颈动脉局部解剖

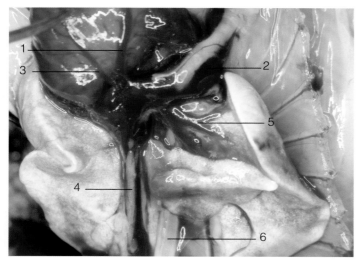

1. 心大静脉；2. 左前腔静脉；3. 心中静脉；4. 后腔静脉（胸段）；5. 左肺静脉；6. 食管

图 76.2　后腔静脉解剖

三、器械材料

（1）设备：手术显微镜，恒温手术台。

（2）器械材料：眼科镊，眼科剪，无损伤分离镊，显微镊，显微剪，无损伤动脉夹，尼龙管（内径 0.5 mm，外径 0.65 mm），8-0 单股尼龙线，5-0 缝合丝线，棉签，100 U/mL 肝素生理盐水等。

（3）套管制作（图 76.3）：将内径 0.5 mm 的尼龙管剪成 2 mm 长的小段，随后从尼龙管中点将一端剪开，保留约 1/3 的管壁，制成 1 mm 长的操作柄。

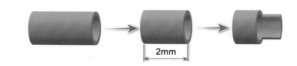

图 76.3　套管制作示意

四、手术流程

1. 受体小鼠准备

（1）小鼠常规腹腔注射麻醉，颈部备皮。

（2）将小鼠仰卧于恒温手术台，固定四肢及头部，颈部备皮区常规手术消毒。

（3）于颈部正中将皮肤切开约 1.5 cm，分离左颌下腺，暴露其下方的颈前肌肉。

（4）在胸骨乳突肌、胸骨舌骨肌、二腹肌后腱围成的三角区内分离肌肉，找到左颈总动脉。使用显微镊小心分离颈总动脉与迷走神经、颈内静脉。

（5）在左颈总动脉近心端与远心端各放置一个动脉夹，夹闭颈总动脉。

（6）从左颈总动脉中部穿过 2 根 8-0 缝合线并打结，两线结间隔约 2 mm，留长线头。

（7）从两线结之间剪断颈总动脉。

（8）将颈总动脉断端穿入制作好的套管中，提起颈总动脉断端的结扎线，在靠近结扎线处剪断颈总动脉。

（9）使用肝素生理盐水冲洗动脉管腔。

（10）使用小动脉夹或显微持针器夹住尼龙管的操作柄固定，双手各持一把显微镊将颈总动脉外翻套住尼龙管 1 mm 以上，使用 8-0 缝合线将套好的颈总动脉与套管外壁固定（靠近套管的操作柄的一端打结）（图 76.4，图 76.5）；另一侧颈总动脉断端同样操作（图 76.6）。

图 76.4　动脉套管示意

2. 供体小鼠静脉取材

（1）供体小鼠麻醉满意后仰卧固定于手术台，U 形剪开腹腔，暴露后腔静脉，使用 1 mL 注射器从后腔静脉推入 0.5 mL 肝素生理盐水。

（2）3 min 后打开胸腔，剪开右心耳，从左心室灌注生理盐水至后腔静脉胸段无明显血色为止。

（3）从膈肌处剪断后腔静脉，保留一部分膈肌作为静脉远心端标记，剪下长约 1 cm

图 76.5 颈动脉近心端套管

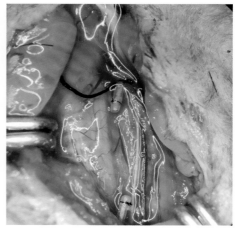
图 76.6 颈动脉两端套管完成

的后腔静脉胸段，置于肝素生理盐水中漂洗干净。

3. 静脉移植

（1）将后腔静脉远心端套入颈总动脉近心端的套管，使后腔静脉的内皮与颈总动脉内皮相对合，使用 8-0 缝合线将静脉固定于套管上（不可将动脉套管的结扎线暴露于静脉管腔内，以免引起术后凝血）。

（2）整理后腔静脉，使血管保持顺畅无扭曲，向静脉内注入生理盐水排尽空气，使用同样的方法，将后腔静脉近心端套入颈总动脉远心端的套管，并结扎固定（图76.7）。为避免静脉滑脱套管，在两套管上再次补充一个线结加强固定。

（3）先开放颈总动脉远心端动脉夹，可观察到血液逆向进入移植后的后腔静脉，后腔静脉充盈。

（4）再开放近心端动脉夹，观察静脉充盈搏动情况，有无渗血。

（5）完成静脉移植后可剪除多余的套管手柄，减少遗留在小鼠体内的异物。

（6）观察数分钟无异常后使用 5-0 缝合线缝合颈部皮肤，常规消毒皮肤伤口。

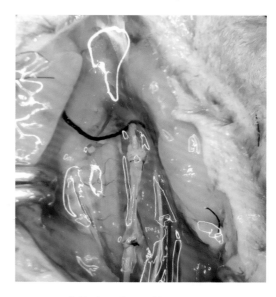
图 76.7 将静脉两端与套管固定

（7）将小鼠置于 28 ℃恒温箱，待小鼠完全苏醒后放入动物房饲养。

五、模型评估

（1）超声检查：术前、术后 1、2、4 周对两侧颈总动脉及移植后的静脉进行血管超声检测（图 76.8），观察血管通畅性，移植后管腔内径变化、血流波形及流速变化。

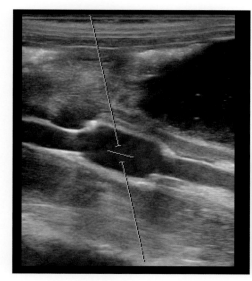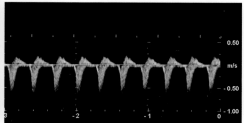

图 76.8　术后血管超声检测

（2）组织切片染色观察：术后 2、4 周取下移植后的静脉行病理石蜡切片，观察内膜增生情况，与正常未移植的后腔静脉胸段做对比。

六、讨论

（1）套管的选择，可选择内径 0.4 ～ 0.5 mm 的套管，套管管壁厚度以 0.1 ～ 0.2 mm 为宜。一定厚度的管径保证了一定的支持强度，但管径过厚会不利于将动脉翻到套管外的操作。

（2）在进行静脉与动脉套管固定时，注意两血管的接触面之外不能有线结存留在血管中，以免引起急性血栓，应保证固定静脉的线结靠近套管的入口处，固定动脉的线结靠近操作柄处。

（3）移植过程应注意静脉的方向并使静脉保持自然顺畅的状态，不得出现扭曲。

第 77 章

心脏腹部移植^①

王成稷

一、模型应用

小鼠心脏异位移植模型是一种常用于研究心脏移植和免疫排斥等方面的实验模型。这种模型可以深入了解心脏移植过程中涉及的生理、免疫学和病理学等方面的问题。

（1）研究移植排斥反应：这是最常见的应用之一。通过移植不同来源或配型的心脏到小鼠体内，模拟真实的移植排斥反应，研究免疫系统如何应对异体组织的存在和免疫排斥的机制。

（2）评估免疫抑制策略：该模型可用于评估不同免疫抑制药物、治疗策略或干预措施对移植排斥反应的影响，有助于寻找更有效的治疗方法，以减少移植排斥和提高移植成功率。

（3）研究移植耐受性：有些研究关注在没有持续免疫抑制药物的情况下，如何实现器官移植后的长期耐受性。该模型可以用于探索诱导免疫耐受的方法，如免疫耐受的调节、耐受性诱导药物等。

（4）研究移植相关的疾病：该模型也可以用于研究与移植相关的疾病，比如慢性同种异体移植物血管病变（chronic allograft vasculopathy，CAV）等。研究者可以通过模拟这些疾病情况，探究其发病机制和潜在治疗方法。

（5）研究免疫细胞功能：该模型可以用于研究不同类型的免疫细胞在移植排斥过程中的功能和相互作用，有助于更好地理解免疫系统的复杂性。

（6）药物筛选：该模型可以用于筛选潜在的药物，以寻找能够减轻移植排斥反应的药物分子或化合物。

---

① 共同作者：田松、刘彭轩。

二、解剖学基础

小鼠心脏解剖参见《Perry 实验小鼠实用解剖》"第 4 章　心脏"。供体心脏解剖特别关注主动脉、肺动脉和腔静脉（图 77.1，图 77.2），受体腹部血管解剖特别关注腹主动脉、后腔静脉、肾动脉、腰动静脉和髂总动静脉（图 77.3，图 77.4）。

图 77.1　小鼠心脏解剖腹面观。白色箭头示升主动脉；绿色箭头示肺动脉

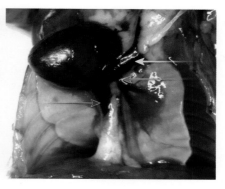

图 77.2　小鼠心脏解剖背侧面观。黄色箭头示前腔静脉；蓝色箭头示后腔静脉；红色箭头示左肺动脉

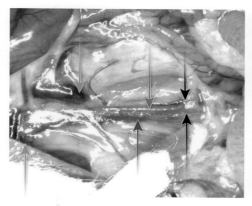

图 77.3　小鼠腹部血管解剖。左侧为头向，右侧为尾向。绿色箭头示肾静脉；蓝色箭头示后腔静脉；红色箭头示腹主动脉；黑色箭头示髂总动脉。从左肾动脉发出点到髂总动脉发出点之间为腹主动脉手术区间

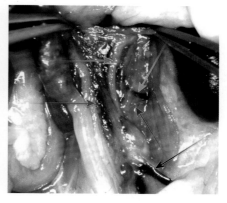

图 77.4　小鼠腰动静脉彩色灌注照。红色箭头示腹主动脉；蓝色箭头示后腔静脉；绿色箭头示腰静脉；褐色箭头示腰动脉；黑色箭头示髂总静脉

三、器械材料

（1）设备器械：手术显微镜，恒温手术台，单极电烧灼器，眼科镊，尖齿镊，显微镊，显微持针器，组织剪，显微剪，开睑器。

（2）材料：注射器，11-0 缝合线（用于吻合血管），8-0 缝合线（用于结扎连接供体与心脏的血管），6-0 缝合线（用于结扎受体腹主动脉和后腔静脉），4-0 缝合线（用于缝合皮肤切口），纱布，100 U/mL 冰肝素生理盐水，常规注射麻药。

四、手术流程

1. 供体心脏获取（参见《Perry 小鼠实验标本采集》"第 11 章 心脏采集"中"（一）供体心脏采集"）

（1）小鼠尾侧静脉注射肝素生理盐水 0.2 mL。

（2）常规注射麻醉，腹部及胸部备皮，仰卧固定于手术台上，固定四肢。

（3）U 形开胸。于腹部近剑突处行一横向切口，用眼科剪剪开两侧肋骨（图 77.5）。

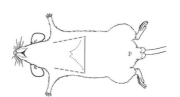

图 77.5 胸壁切口示意。实线示腹部横切口，两条虚线示两侧肋骨剪开位置

（4）使用持针器夹住剑突，将胸骨翻向头侧，暴露胸腔器官（图 77.6）。

（5）分离结扎左、右两侧前腔静脉（图 77.7），分离主动脉、肺动脉及后腔静脉胸段。

（6）于后腔静脉胸段近心端设预置结扎线（图 77.8）。

（7）分离暴露主动脉弓及头臂干、左颈总动脉、左锁骨下动脉，8-0 缝合线结扎左颈总动脉与左锁骨下动脉之间的主动脉弓（图 77.9）。

（8）从右颈总动脉进针到头臂干，逆向注射肝素生理盐水 0.2 mL。拔针。

（9）使用显微剪于头臂干剪开一个小口作为灌注液流出道，于后腔静脉胸段远心端灌注肝素生理盐水（图 77.10），待头臂干流出液由红变清后停止灌注，结扎后腔静脉胸段。

（10）结扎右肺动脉同时分离左肺动脉并剪断（图 77.11）。

图 77.6 翻开胸骨暴露胸腔器官

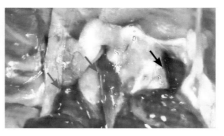

图 77.7 右侧前腔静脉（红色箭头所示）、主动脉（绿色箭头所示）和左侧前腔静脉（黑色箭头所示）

图 77.8　于后腔静脉胸段近心端预留结扎线

图 77.9　结扎左颈总动脉与左锁骨下动脉之间的主动脉弓

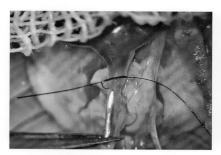

图 77.10　灌注肝素生理盐水

图 77.11　剪断左肺动脉

（11）用 8-0 缝合线结扎头臂干，使用 29 G 注射器于左侧颈总动脉向心灌注肝素生理盐水 1 mL（图 77.12），观察少许粉红色血液从肺动脉断端流出，直至变透明无色。使用 6-0 缝合线绕心脏背侧环扎（图 77.13），然后剪断连接心脏的血管及组织，取下心脏，在头臂干近心端剪断主动脉。置于 4 ℃生理盐水中。

图 77.12　左侧颈总动脉向心灌注

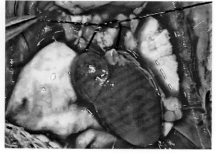

图 77.13　心脏背侧环扎

（12）用 4 ℃生理盐水清洗心脏后，更换新容器，浸泡于干净的 4 ℃生理盐水中备用。

2. 受体小鼠准备 ▶

（1）小鼠常规皮下注射麻醉，腹部备皮。仰卧并四肢固定于恒温手术台上。

（2）腹部备皮区常规消毒。沿腹中线做皮肤切口（参见《Perry 小鼠实验手术操作》"第 17 章　开腹"），前至剑突后至包皮腺。

（3）安置开睑器，暴露腹腔。将肠道上翻并用湿纱布包裹，翻出体外。

（4）清理筋膜，暴露腹主动脉和后腔静脉。

（5）左手持镊夹住腹主动脉及后腔静脉筋膜组织，并向右前方轻微上提，暴露从左肾动脉到髂总动脉之间的腰动脉及腰静脉。

（6）右手用电烧灼器烧断所有暴露的腰动静脉（图 77.14）。

（7）去除小鼠腹主动脉和后腔静脉表面筋膜组织，暴露腹主动脉及后腔静脉（图 77.15）。

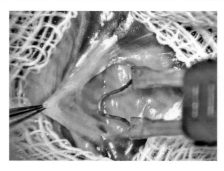 

图 77.14　电烧腰动静脉　　　　图 77.15　充分暴露腹主动脉和后腔静脉

（8）在腹主动脉及后腔静脉两端设置两条 6-0 缝合线，一条置于左肾静脉后，一条置于髂总静脉前。

3. 供体心脏移植

（1）将腹主动脉和后腔静脉两端的预置结扎线扎紧（图 77.16）。

（2）切除暴露的腹主动脉中点向前约 0.5 mm 范围内的外膜。

（3）于暴露的腹主动脉中点处向前端纵向剪一小口（图 77.17），剪口长度为供体主动脉直径的 2/3。

（4）用肝素生理盐水冲洗腹主动脉内腔，清除血液。

 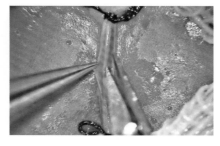

图 77.16　临时阻断腹主动脉和后腔　　图 77.17　在腹主动脉做纵向剪口
静脉的血流

（5）使用 11-0 缝合线将供体心脏主动脉和受体腹主动脉做端侧吻合。首先用两根 11-0 缝合线将供体和受体动脉的 12 点和 6 点位置各缝一针固定（图 77.18）。

（6）使用 12 点位置的缝合线，向 6 点方向连续缝合左侧动脉血管（图 77.19）。

 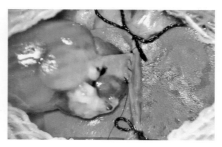

图 77.18　于 12 点、6 点位置固定主动脉　　图 77.19　从 12 点向 6 点方向缝合供体主动脉与受体腹主动脉

（7）将供体心脏翻至左侧，使用 6 点位置的缝合线向 12 点方向连续缝合右侧动脉血管（图 77.20）。

（8）于暴露的后腔静脉中点向后约 0.5 mm 处向前、后剪口，剪口长度为供体心脏左肺动脉直径的 2/3（图 77.21）。

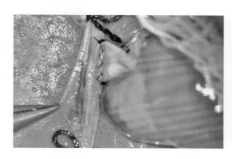 

图 77.20　从 6 点向 12 点方向缝合供体主动脉与受体腹主动脉　　图 77.21　在受体后腔静脉做纵向剪口

（9）用肝素生理盐水将后腔静脉内血液冲除干净。

（10）使用 11-0 缝合线将供体心脏的左肺动脉和受体后腔静脉做端侧吻合，首先用两根缝合线将供体和受体血管 12 点和 6 点位置各缝一针固定（图 77.22）。

（11）使用 6 点位置的缝合线由供体心脏的左肺动脉内侧向 12 点位置缝合（图 77.23）。

（12）缝合至 12 点位置后，仍使用这根缝合线，由供体心脏的左肺动脉外侧向 6 点方向缝合（图 77.24）。

（13）检查缝合情况，若完好则剪线头。

图 77.22 于 12 点、6 点位置固定供体肺动脉　　图 77.23 由 6 点向 12 点位置缝合供体肺动脉与受体后腔静脉

（14）吻合完成后，先打开后端结扎线，再打开前端结扎线，恢复血流，供体心脏呈现鲜红色（图 77.25）。向心脏上滴温生理盐水，加速心脏复跳。成功的手术一般数分钟后心脏自行恢复搏动。

图 77.24 缝合完成的供体肺动脉与受体后腔静脉　　图 77.25 供体心脏恢复血流

（15）将肠管复位，分层缝合小鼠腹部手术切口。

（16）常规术区皮肤消毒。

（17）于小鼠背部皮下注射 0.3 mL 温生理盐水，补充体液。

（18）将小鼠置于保温垫上苏醒，待其恢复自主活动后，放回笼中单独饲养。

五、模型评估

（1）触诊：术后使用触诊方法，判断供体心脏跳动的强弱、频率，按 4 个等级进行评估：4 为最强，1 为最弱。

（2）流式检测供体心脏免疫细胞浸润情况：取供体心脏做流式分析，可观察免疫细胞浸润情况。

（3）病理切片染色观察：病理切片 H-E 染色，观察供体心脏损伤情况。

（4）超声检查。

（5）心电图检查。

六、讨论

（1）供体心脏灌注时必须排尽注射器中的气泡，如灌注时气泡进入供体心脏，很难将其排出，以致完成后可能会降低手术成功率。

（2）肺动脉的选择：本模型使用左肺动脉与受体小鼠后腔静脉吻合，其主要目的是增加肺动脉的长度并减小肺动脉口径，可有效降低手术难度。

（3）在对受体进行手术时应使用恒温手术台，可有效降低小鼠死亡率。

（4）手术后小鼠必须放置于保温垫上，待其恢复自由活动后才能放回笼中，可有效降低小鼠死亡率。

（5）用电烧灼器烧断腰动静脉时，尽量减少对腰肌的损伤。

（6）本模型设计关注供体心脏冠状动脉系统的残血清理，特别设立清洗冠状动脉的步骤，即从右颈总动脉进针到头臂干，逆向注射肝素生理盐水，以提高术后供体心脏在异体的存活率。

第78章

心脏颈部移植①

李亚光

一、模型应用

器官移植是挽救终末期器官功能衰竭患者的有效治疗手段，移植后免疫排斥反应及相关并发症的发生严重妨碍供体器官维持正常功能。因此，基于合适动物移植模型的排斥反应机制研究及新型免疫抑制剂研发非常重要。

小鼠为受体的心脏异位移植模型是理想的血管性器官移植模型，可用于模拟临床同种大血管器官移植的急性排斥反应、临床前异种移植模型急性血管性排斥反应（acute vascular rejection，AVR）及细胞介导排斥反应（cell-mediated rejection，CMR）。

小鼠异位心脏移植模型最早报道于 20 世纪 60 年代，其方法是将供体小鼠心脏与受体小鼠的腹主动脉和后腔静脉相连接。该手术技术要求高，对动物损伤严重。70 年代出现了颈部套管法。

颈部套管法的优势在于：相对于缝合法，该移植操作简便易学，一定程度上降低了血管吻合口狭窄或血管吻合口出血的发生率；相对于腹部异位移植，其移植物位置表浅易监测，对小鼠受体损伤较小，有利于后续腹腔给药等操作的实施。本章介绍基于颈部套管法的小鼠同种心脏移植模型的制作。

二、解剖学基础

小鼠颈外静脉（图 78.1）是最大的表浅静脉。左、右对称分布，沿颌下腺外缘走行于颈侧皮下脂肪内。该静脉收集十余支小静脉，走行间管径逐渐增大，越过锁骨表面，进入

---

① 共同作者：刘彭轩。

胸肌深面，汇合腋静脉形成锁骨下静脉。颈外静脉没有伴行动脉，具有一定的游离度，富有弹性，充盈时直径可达 1 mm；阻断其所属小分支对小鼠正常生理功能没有重大影响；其深层为胸骨乳突肌，与颈总动脉以此肌肉相隔。诸般生理解剖特点，决定了其适于做血管吻合模型。

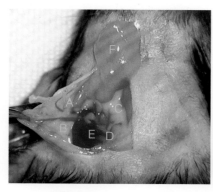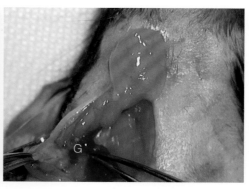

A，B. 颈浅静脉；C. 舌下腺静脉；D. 颈前静脉；E. 颈外静脉；F. 颌下腺；G. 颌下腺静脉
图 78.1　小鼠颈外静脉解剖镜下观

小鼠颈总动脉左、右各一，对称分布；走行于颈部腹面肌肉深层，与颈外静脉有胸骨乳突肌相隔（图 78.2）；有颈内静脉伴行，行至颌下，分成颈外动脉和颈内动脉；没有分支血管，便于手术分离，适于做血管手术。

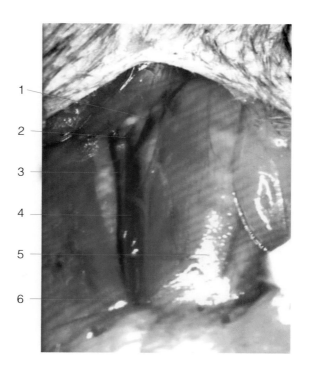

1. 颈外动脉；2. 颈内动脉；3. 颈内静脉；
4. 颈总动脉；5. 气管；6. 胸骨乳突肌
图 78.2　小鼠颈动脉解剖

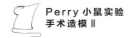

　　小鼠心脏解剖如图 78.3 所示，相关解剖参见《Perry 实验小鼠实用解剖》"第 4 章　心脏"及本书"第 78 章　心脏腹部移植"。

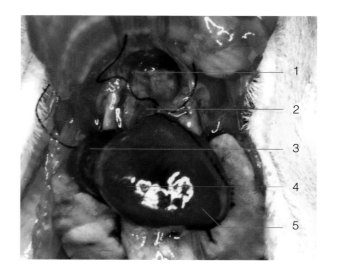

1. 前腔静脉；2. 主动脉；3. 右心耳；
4. 右心；5. 左心
图 78.3　小鼠心脏解剖

三、器械材料与实验动物

　　（1）器械：电凝笔止血器，眼科镊（头宽 0.3 mm），尖镊（头宽 0.15 mm），无损伤血管夹，动静脉套管，支撑内芯，显微剪，7-0 丝线（预置结扎线）。

　　（2）实验动物：C57BL/6 小鼠（受体），BALB/c 小鼠（供体）。

四、手术流程

1. 供、受体小鼠的麻醉与保定

　　供、受体小鼠均使用常规腹腔注射麻醉。术前剃毛，仰卧保定四肢及门齿。受体小鼠颈部垫高，手术区皮肤常规消毒，准备手术。

2. 受体制备 ▶

　　（1）沿下颌中点后方至右侧锁骨外 1/3 点连线处做浅层弧形切口（图 78.4），分离浅筋膜及皮下脂肪组织，将右颌下腺向上翻起，暴露右颈外静脉（图 78.5）。

　　（2）游离（图 78.6）并使用电凝器电凝颈外静脉分支（图 78.7），游离颈外静脉主干。在静脉远心端放置预置结扎线，结扎线呈松套状（图 78.8）。

　　（3）用平齿血管夹依次夹闭颈外静脉近心端和远心端。在远心端近结扎处剪断血管（图 78.9）。

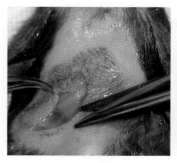

图 78.4　术区开口

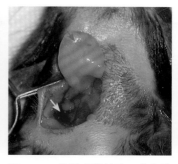

图 78.5　暴露颈外静脉，黄色箭头示颈外静脉；红色箭头示颌下腺

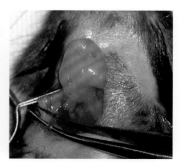

图 78.6　游离颈外静脉分支

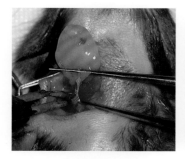

图 78.7　电凝颈外静脉分支

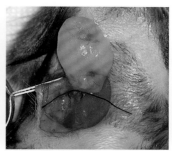

图 78.8　颈外静脉预置结扎线

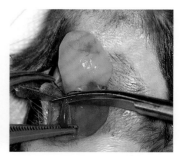

图 78.9　颈外静脉近心端夹闭，远心端剪断

（4）用尖镊牵引小鼠颈外静脉断端穿过专用套管（图 78.10），后在支撑内芯的辅助下（图 78.11），翻折血管壁以包裹套管壁（图 78.12），随后用结扎线环扎（图 78.13）。

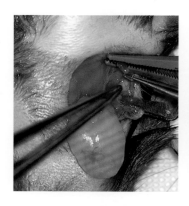

图 78.10　静脉断端穿过套管

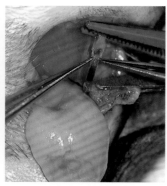

图 78.11　静脉断端插入支撑内芯

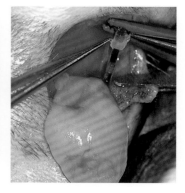

图 78.12　静脉壁外翻并包裹套管外侧

（5）沿胸骨乳突肌内侧沟钝性分离，在深处暴露颈总动脉（图 78.14），钝性分离伴行的迷走神经和颈内静脉，游离颈总动脉并预置结扎线（图 78.15，图 78.16）。

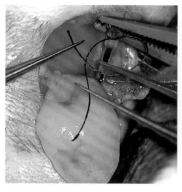

图 78.13　环扎静脉套管

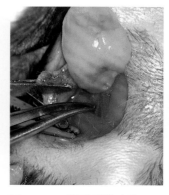

图 78.14　暴露颈总动脉

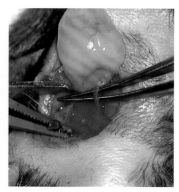

图 78.15　游离颈总动脉

（6）用血管夹依次夹闭血管近心端（图 78.17）和远心端。在远心端近结扎点近心侧剪断血管（图 78.18）。

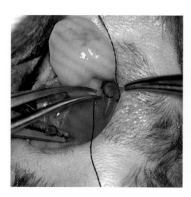

图 78.16　颈总动脉预置结扎

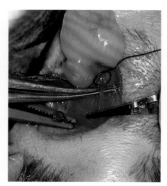

图 78.17　夹闭颈总动脉

图 78.18　离断颈总动脉

（7）令小鼠颈总动脉断端穿过专用套管（图 78.19），然后在支撑内芯的辅助下，用尖镊翻折血管外壁以包裹套管外壁（图 78.20），用结扎线环扎（图 78.21）。撤出支撑内芯。

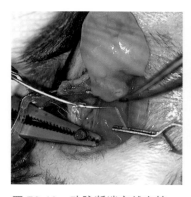

图 78.19　动脉断端穿越套管

图 78.20　翻折动脉壁

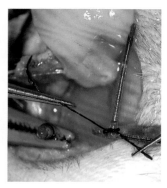

图 78.21　环扎动脉套管

（8）用温生理盐水浸湿的纱布覆盖手术切口。将准备好的受体鼠置于恒温电热毯上，等待供体心脏。

3. 供体心脏的获取 ▶

（1）使用酒精消毒供体鼠腹部皮肤，使用显微剪自腹部中线下端开始，皮肤和腹壁做V形切口，充分暴露腹腔。使用棉签拨开肠管，暴露后腔静脉（图78.22）。

（2）使用注射器自后腔静脉顺向灌注肝素生理盐水约50 μL（图78.23），按压注射点半分钟，使肝素经过全身循环后，放开注射点。

（3）剪开横膈，暴露胸腔（图78.24），快速经胸廓两侧剪断肋骨，并用止血钳夹住剑突，将前胸壁翻向头端固定，撕去心包，去除胸腺（图78.25），充分暴露心脏。

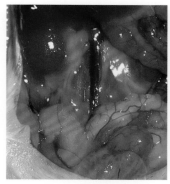
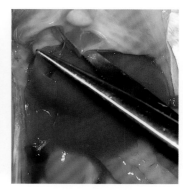

图 78.22　开腹并暴露后腔静脉　　图 78.23　后腔静脉灌注　　图 78.24　剪开横膈以暴露胸腔

（4）在心脏供体右前腔静脉预置结扎线，待灌注后结扎。随后用显微剪剪开右前腔静脉（图78.26），为下一步心脏供体灌洗预备液体流出通道。

（5）暴露供体胸主动脉（图78.27），并逆向灌注肝素生理盐水（图78.28），至心脏及主要冠状动脉血管变白，灌注液转清即可停止。最后用棉签轻柔挤压心脏供体，排净残血后，结扎右前腔静脉和后腔静脉。

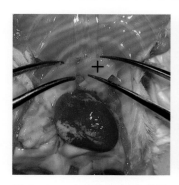
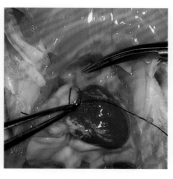
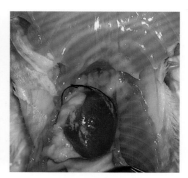

图 78.25　去除胸腺以充分暴　　图 78.26　预置结扎线后，剪　　图 78.27　游离胸主动脉
露心脏，十字符号示胸腺　　　　开右前腔静脉

（6）在供体升主动脉和肺动脉远心端剪断，（图 78.29、图 78.30），在心脏后方总束结扎其余血管（图 78.31），于结扎点后方剪切以分离心脏，获得心脏供体。立即行心脏移植。

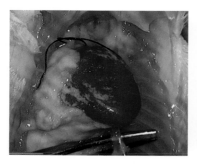

图 78.28　经胸主动脉灌注

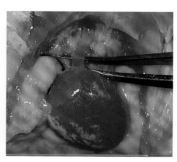

图 78.29　游离升主动脉

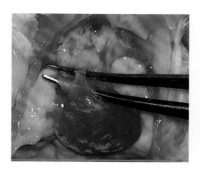

图 78.30　游离肺动脉

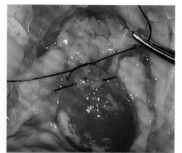

图 78.31　总束结扎供体心脏其
他血管

4. 供体心脏移植 ▶

（1）将受体小鼠颈外静脉套管插入供体心脏的肺动脉（图 78.32），用结扎线结扎。

（2）同样方法将供体心脏的升主动脉与受体颈总动脉相连接（图 78.33）。

（3）依次打开静脉血管夹、动脉血管夹。正常情况下可见供体心脏在 2 min 内均匀充血并逐渐恢复规律搏动。如有小血管出血和周边渗血，用温生理盐水清洗渗血后，用棉签适度按压渗血区域，直至完全没有渗血。

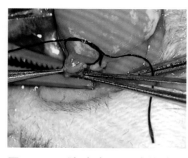

图 78.32　肺动脉 – 颈外静脉吻
合

图 78.33　升主动脉 – 颈总动
脉吻合

（4）常规缝合皮肤切口，常规消毒。

（5）将受体小鼠置于恒温电热毯复温并观察麻醉恢复情况。

五、模型评估

（1）触摸法判断排斥时间点：小鼠正常抓取固定后，在颈部移植区可见并触摸到明显的心脏搏动。根据实验需要，一般可 12 ～ 24h 监测 1 次，当肉眼可见搏动消失同时稍用力触摸 1 min 确认移植区完全无心脏搏动时，即可确定该时间点为供体心脏排斥时间点。一般正常 BALB/c–C57BL/6 小鼠的同种心脏移植，供体心脏在术后 7 ～ 9 天停跳。若观察期内受体死亡或供体心脏在移植后 3 天内停跳即认定为造模失败。

（2）病理评估：根据研究需要与正常对照组移植心脏或 naïve 鼠原位心脏比较，判断供体心脏排斥严重程度（图 78.34）。参考 ISHLT 分级标准进行分级 [1, 2]（表 78.1）。

表 78.1 ISHLT 分级标准

级　别	病理学特征
0	无明显病理损伤
1	间质水肿和散在灶状坏死
2	弥散性心肌细胞膨胀和坏死
3	心肌细胞坏死伴中性粒细胞浸润
4	心肌细胞广泛坏死伴中性粒细胞浸润和间质出血

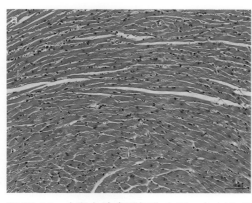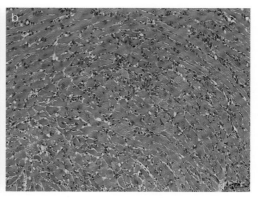

图 78.34 小鼠心脏病理切片（15×），H–E 染色。a. 正常 BALB/c 小鼠心脏；b. 移植后第 7 天 BALB/c 小鼠心脏

六、讨论

（1）移植后供体心脏血流如图 78.35 所示：受体血液经颈总动脉逆向流入供体升主动脉后，正向进入供体冠状动脉，经冠状动脉诸层分支—毛细血管，供给供体心肌后，汇入冠状静脉，经冠状窦进入右心房，正向通过右心室—肺动脉进入受体的颈外静脉。

（2）如条件允许，造模时推荐双人配合同时进行供体心脏采集和受体血管准备工作。若单人操作，为了尽量缩短供体心脏冷缺血时间，推荐先制备受体，后取供体心脏。

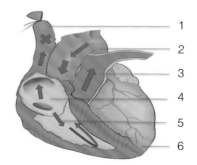

1. 右前腔静脉；2. 主动脉；3. 肺动脉；4. 右心房；5. 右心室；6. 左心室
图 78.35　供体心脏血流

（3）在"2. 受体制备""游离颈外静脉主干"的步骤中，当离断颈浅静脉并钝性分离颈外静脉主干右侧脂肪组织时，会暴露颌下腺静脉。电凝离断颌下腺静脉后，可以在断端处再次电凝，以保证在后续操作中该断端不会渗血。

（4）二次灌注时可选择在供体心脏左后方游离胸主动脉，并逆向灌注肝素生理盐水。该处灌注的优点是能够较彻底地灌洗供体心脏冠状动脉血管，但灌注时应注意推液动作匀速轻缓，注意观察供体心脏状况，防止损伤供体心脏瓣膜和心肌。

（5）除必须使用尖镊的操作，其他操作尽量使用棉签和钝镊，例如，使用钝镊游离供体心脏主动脉及肺动脉，使用湿棉签进行稳定或翻转供体心脏等操作，以防止误伤受体或供体心脏关键组织器官。

（6）初学者进行受体套管和供体心脏血管吻合操作时，在肉眼能承受的范围内，尽量使用高倍视野，好处是可以在关注术区细节的同时，降低操作难度。

（7）为避免灌注时插针、拔针可能发生的气泡灌入，应从进针前至出针后，始终保持针头处于有一定压力的液体流出的状态。

（8）受体血管套管以及供体心脏－受体血管连接过程中，要始终注意不要使血管扭转。

（9）供体心脏复跳过程中，如遇不明原因小出血或出现供体心脏复跳较慢，可向心脏表面及血管吻合处适当滴洒温生理盐水，可帮助舒张冠状动脉，促进供体心脏再灌注，同时冲洗术区有助于寻找出血点。

（10）供体心脏复跳过程中，如见术区有大出血，应使用温生理盐水快速清理术区，寻找出血点，根据出血位置选择止血、更换供体心脏或受体。依笔者经验：如见搏动规律的鲜红色大出血，应考虑受体颈总动脉套管内侧部位血管破裂、供体心脏升主动脉根部破裂；如见弥漫性非鲜红色大出血，应考虑心耳内侧破裂（常由钝性分离供体心脏肺动脉时误伤引起）、受体颈外静脉套管内侧部位或根部血管破裂、供体心脏肺动脉破裂。

（11）供体心脏复跳过程中，如见供体心脏在正常跳动一段时间后，心肌颜色逐渐变苍白，心脏搏动无力（可用指尖轻触测试），供体心脏主动脉吻合处不充盈甚至血液颜色变暗，应考虑可能出现动脉吻合处阻塞。此时应重新阻断出入心脏血流后，解开动脉吻合处观察。如见受体动脉套管口产生大量白色絮状物，则可能是在动脉套管操作过程中过度损伤血管内膜。其解决方案首选重新制备受体；若时间条件不允许，也可尝试将受体动脉套管及血管堵塞段（镜下可见血管红白相杂，与未堵塞段区别明显）整体剪除，重新套管并接续供体心脏。

（12）缝合术区皮肤时，注意不要误伤血管吻合处；同时应时刻注意供体心脏的摆位，防止因牵拉缝合线导致心脏位置改变，造成血管吻合处扭转。

七、参考文献

1. WANG H, DEVRIES ME, DENG S, et al. The axis of interleukin 12 and gamma interferon regulates acute vascular xenogeneic rejection[J]. Nat med, 2000, 6(5):549-555.

2. YASUURA K. Simplified mouse cervical heart transplantation using a cuff technique[J]. Transplantation, 1991, 51(4): 896-897.

3. LI Y, XIE B, ZHU M, et al. A highly reproducible cervical cuff technique for rat-to-mouse heterotopic heart xenotransplantation[J]. Xenotransplantation, 2017, 24(6): e12331.

4. MA Y, XIE B, DAI H, et al. Optimization of the cuff technique for murine heart transplantation[J]. JoVE (Journal of visualized experiments), 2020 (160): e61103.

第79章

肾移植^①

王成稷

一、模型应用

小鼠肾移植模型广泛用于研究免疫系统对异体器官移植的反应，用于评估新的免疫抑制药物、免疫调节剂以及其他治疗方法的效果和安全性。这有助于筛选潜在的治疗候选物，并了解其在器官移植中的应用前景。

小鼠肾移植的基本术式在《Perry 小鼠实验手术操作》"第 42 章　肾移植"中有详细介绍。本章进一步介绍这个模型。

二、解剖学基础

小鼠的肾位于腹腔内，左、右各一。左肾较右肾偏后，开腹后更容易暴露。所以在可以选择单肾手术的情况下，多选择左肾。

1. 肾膜

小鼠的肾有两层膜。外层是包裹肾的脏腹膜，称为肾浆膜，又名肾包膜。图 79.1 显示了夹起的肾浆膜。肾移植时，保留供体肾浆膜，更有利于保护肾。剥除肾浆膜后，可观察到肾光滑的外表，即为肾纤维膜（图 79.2）。纤维膜非常致密，内面紧贴肾皮质。

2. 肾和肾周血管

肾血供来自肾动脉。肾动脉（图 79.3）发自腹主动脉，从腹膜外间隙进入腹腔。有同名静脉伴行。

---

① 共同作者：刘彭轩。

图 79.1　小鼠肾浆膜。图示夹起的肾浆膜

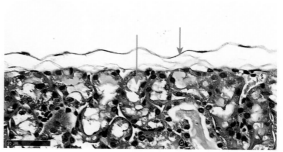

图 79.2　小鼠肾组织切片。红色箭头示肾纤维膜；绿色箭头示肾组织

肾前腺位于肾前方，与肾不相连。肾前腺后静脉汇入肾静脉，肾前腺后动脉多有变异，大多数小鼠没有这条动脉。多支细小的肾前腺动脉直接发自腹主动脉。左髂腰动静脉常有变异，多与左肾动静脉相连通（图 79.4，图 79.5），也有在肾后方直接发自腹主动脉。

图 79.3　肾血管解剖。蓝色箭头示肾静脉；红色箭头示肾动脉

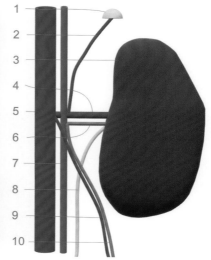

1. 左肾前腺；2. 左肾前腺后静脉；3. 左肾；4. 左肾静脉；5. 后腔静脉；6. 左肾动脉；7. 腹主动脉；8. 输尿管；9. 左髂腰静脉；10. 左髂腰动脉

图 79.4　左肾解剖示意

3. 腰动静脉

从腹主动脉的左肾动脉发出点到其远心端，向背侧发出数支腰动脉，并有同名静脉伴行，但是多不紧贴走行（图 79.6）。小鼠仰卧时，需要提起后腔静脉和腹主动脉才能暴露腰动静脉。在受体的腹主动脉和后腔静脉上做肾移植时，需要先截断腰动静脉的血流，以

免术中出血。

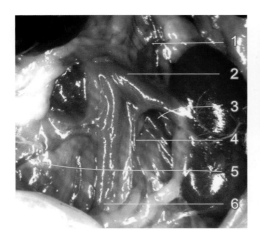

1. 左肾前腺后静脉；2. 左肾静脉；3. 左髂腰静脉；
4. 左生殖静脉；5. 右生殖静脉；6. 后腔静脉
图 79.5　左肾解剖静脉灌注

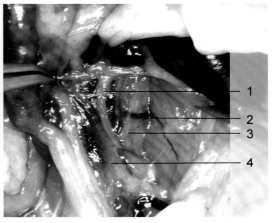

1. 腹主动脉；2. 腰静脉；3. 腰动脉；4. 后腔静脉
图 79.6　小鼠腹部血管染料灌注

4. 输尿管

输尿管（图 79.7）左、右各一。从肾盂发出，走行于腹膜后间隙的脂肪垫中，在接近膀胱时进入腹腔，最终连接膀胱。

图 79.7　伊文思蓝灌注肾盂，展示输尿管全长走行。白色箭头示左肾；蓝色箭头示腹壁后脂肪垫；绿色箭头示走行于腹膜后间隙的输尿管；红色箭头示进入腹腔的输尿管；黑色箭头示被灌注伊文思蓝的膀胱

三、器械材料与实验动物

（1）设备器械：手术显微镜，显微剪，显微镊，开睑器（临床眼科使用的开睑器，可用于撑开小鼠的腹腔）。

（2）材料：碎冰（包裹纱布），100 U/mL 肝素生理盐水，11-0 缝合线，无菌纱布，无菌棉球（吸液棉），输尿管连接管（硅胶管外径 0.3 mm，长 10 mm）。

（3）实验动物：C57 雌鼠，8 周龄。

四、手术流程

肾移植手术由三个部分组成：供体肾采集手术、受体移植准备手术和肾移植手术。为使新鲜的供体肾尽快植入受体，可由两名术者同时分别进行供体和受体手术，以期供体肾准备完成时，受体移植准备手术也同步完成。如果单人操作，需要先做受体移植准备手术，再行供体手术，最后做移植手术。宁可受体等待供体，不可供体等待受体。

具体手术操作在《Perry 小鼠实验手术操作》"第42章　肾移植"中有详细介绍，本章仅就肾的采集和移植流程重点给予简约介绍，用手术示意图以更清晰表达。

1. 供体肾采集

供体肾采集流程示意如图 79.8 ～图 79.16 所示。

手术效果要求：① 肾完整；② 血管系统清洗干净；③ 手术操作时间短；④ 肾于低温下采集。

2. 供体肾移植

肾移植手术示意如图 79.17 ～图 79.29 所示。

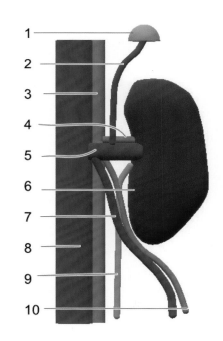

1.肾前腺；2.肾前腺后静脉；3.腹主动脉；4.肾动脉；5.肾静脉；6.肾；7.髂腰静脉；8.后腔静脉；9.输尿管；10.髂腰动脉

图 79.8　暴露左肾

图 79.9 切断髂腰动静脉

图 79.10 切断肾前腺后静脉

图 79.11 在靠近膀胱处剪断
输尿管

图 79.12 结扎腹主动脉

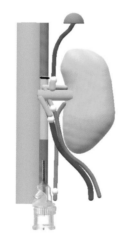

图 79.13 灌洗左肾

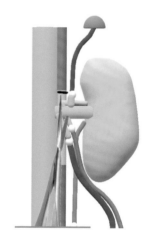

图 79.14 剪断肾静脉

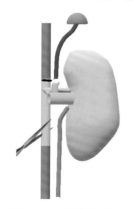

图 79.15 剪断腹主动脉

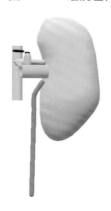

图 79.16 完成受体肾采集

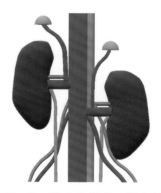

图 79.17 手术暴露肾、肾血管、
肾前腺、输尿管

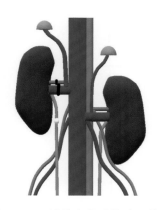

图 79.18 结扎右肾动静脉和输尿管

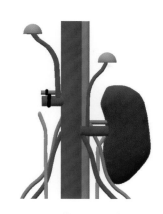

图 79.19 剪断肾动静脉和输尿管，摘除右肾

图 79.20 结扎腹主动脉和后腔静脉

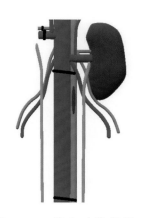

图 79.21 腹主动脉做纵向切口

图 79.22 冲洗腹主动脉

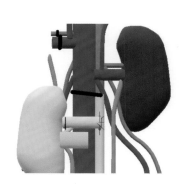

图 79.23 左侧端侧吻合供体肾动脉与受体腹主动脉

图 79.24 将供体肾翻向左侧，完成右侧端侧吻合

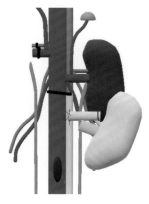

图 79.25 后腔静脉纵向剪开

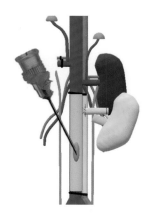

图 79.26 冲洗后腔静脉管腔

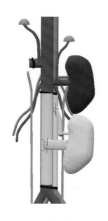

图 79.27 完成肾静脉与
后腔静脉右侧的端侧吻合

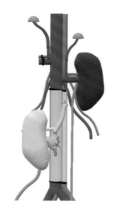

图 79.28 完成肾静脉与
后腔静脉左侧的端侧吻合

图 79.29 撤除腹主动脉
和后腔静脉前、后结扎线，
恢复血流

五、模型评估

　　小鼠肾移植模型通常用于研究器官移植、免疫排斥、移植耐受以及移植后并发症等方面的生物学和医学问题。小鼠肾移植模型常见的评估内容如下：

　　（1）移植成活率和手术成功率：评估移植后，肾是否成功连接到受体小鼠的血管和尿管系统。

　　（2）移植后生存率：监测受体小鼠在移植后的生存率，以评估移植是否对其整体健康产生了不良影响。

　　（3）肾功能指标：测量尿液中的肌酐、尿素氮等指标，以评估移植后肾功能是否恢复正常。

　　（4）免疫排斥反应：监测移植后是否出现免疫排斥反应，包括测量抗体水平、T 细胞和 B 细胞的免疫反应等。

　　（5）病理学评估：通过对移植肾进行组织切片，使用组织染色技术（如 H-E 染色、免疫组织化学染色等）评估移植肾的病理学变化，例如，炎症、坏死、纤维化等。

　　（6）免疫组织化学分析：使用免疫组织化学技术，评估移植肾中不同细胞类型的分布和表达情况，以了解免疫细胞浸润、细胞因子表达等。

　　（7）移植抗原受体匹配性：如果使用了不同小鼠品系的肾，需要评估供、受体之间的移植抗原匹配性，这在研究免疫应答时非常重要。

六、讨论

（1）受体手术时使用恒温手术台，可有效降低小鼠死亡率。

（2）手术后小鼠必须置于保温垫上，直至完全清醒，能自由活动后送返笼中。

（3）在受体腹主动脉及后腔静脉开口时需注意，腹主动脉开口应尽量靠前，后腔静脉开口应尽量靠后，前后错开方便血管吻合，如图 79.30 所示。

（4）受体移植时，将供体左肾移植到受体右侧，其原因是取供体肾时会将肾静脉在与后腔静脉交汇处剪断，而供体肾动脉由于其直径较小，取肾时保留一段供体的腹主动脉，这样供体肾的动脉长于静脉，而受体的后腔静脉位于腹主动脉的右侧，故在移植时会将供体的左肾移至受体的右侧。

图 79.30　血管开口位置示意。动静脉开口位置尽量错开

（5）保留受体小鼠左肾，可有效提高小鼠术后的生存率。供体肾的状态可通过小动物超声仪、肾滤过功能检测器等设备监测其肾功能来评估。

（6）在血管吻合时需定时喷洒冰生理盐水，降低供体肾温度，以减少损伤。

（7）在取供体肾时保留肾浆膜，可以给供体肾提供一个类似原来的生存环境。

（8）在游离供体肾之前，将包裹碎冰的纱布袋贴肾放置，使肾维持在低温的状态。

（9）为了尽量缩短供体肾冷缺血时间：① 如同在手术流程中所提及的，应根据术者人数，选择正确的肾采集和受体移植准备手术的顺序；② 血管吻合操作应控制在 20 min 内完成。

（10）如果有适宜的微管连接供体和受体的输尿管，可以避免受体膀胱损伤。

第 80 章

角膜移植[①]

王成稷

一、模型应用

角膜移植模型常用于：

（1）免疫学研究：角膜是一个免疫特异性较低的组织，但在移植过程中仍可能发生排斥反应。通过小鼠角膜移植模型，研究人员可以很好地了解免疫系统如何响应角膜移植，探索免疫耐受和排斥反应的机制。

（2）新治疗方法的评估：该模型可以用于评估新的角膜移植治疗方法。研究人员可以测试各种免疫抑制剂、再生医学技术以及其他治疗策略的有效性，从而为未来开发新的治疗手段提供参考。

（3）生物材料研究：角膜移植涉及不同的生物材料，如移植角膜片或人工角膜的使用。通过小鼠角膜移植模型，可以评估这些生物材料的生物相容性、稳定性以及对宿主组织的影响。

由于小鼠角膜小，手术难度大，需要谨慎设计手术方案，尤其是如何避免和应对手术中常出现的问题。

二、解剖学基础

有关角膜解剖参见"第 68 章　角膜新生血管"。小鼠角膜厚约 0.1 mm，几乎占据眼球表面的 1/2，与眼球同曲率。角膜缘有角膜血管，向心性生长，长度不超过角膜直径的 1/5。

晶状体占了眼内体积的大部分，前顶虹膜，以致虹膜向前膨隆，前房非常浅（图 80.1），角膜移植手术中，虹膜非常容易被损伤而大量出血。

---

① 共同作者：刘彭轩。

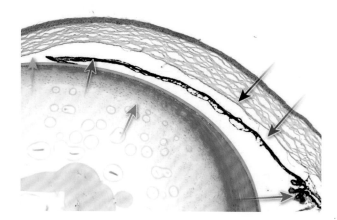

图 80.1　小鼠眼前房组织切片，H–E 染色。浅蓝色箭头示瞳孔区；紫色箭头示虹膜；红色箭头示晶状体；黑色箭头示角膜内皮层；蓝色箭头示前房；绿色箭头示睫状体。图示小鼠前房极浅，虹膜膨隆

三、器械材料与实验动物

（1）设备器械材料：冷光源显微镜，显微尖镊，维纳斯剪，持针器，11-0 缝合线，直径 2 mm 和 1.5 mm 的环钻各一，34 G 钝针头，Hanks 液，透明质酸钠。

（2）实验动物：ICR 小鼠，6 ～ 8 周龄，雄性。

四、手术流程

以右眼为例介绍造模方法。

1. 供体角膜采集

（1）小鼠常规注射麻醉。左侧卧，头部下方垫高，胶带固定。调整右眼朝正上方。

（2）剪除术侧胡须。角膜滴注阿托品，遮光覆盖眼球。

（3）待瞳孔扩张后，使用 2 mm 环钻于角膜表面做一个环形压痕标记（图 80.2a）。

（4）使用维纳斯剪于角膜环钻标记处刺入前房，使用 34 G 钝针头于穿刺口处插入前房，注射透明质酸钠，加深前房约 0.5 mm（图 80.2b）。

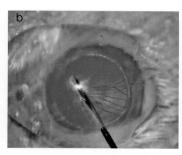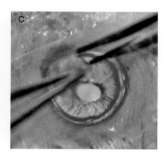

图 80.2　供体角膜采集。a. 做压痕标记；b. 注射透明质酸钠加深前房；c. 剪下角膜

（5）沿环钻标记剪下角膜（图 80.2c），临时存放于冰 Hanks 液中。

2. 受体准备

（1）准备步骤同 "1. 供体角膜采集" 步骤（1）和（2）。

（2）待瞳孔扩张后，使用 1.5 mm 环钻于角膜表面做一个环形压痕标记。

（3）使用 34 G 钝针头于受体角膜边缘与虹膜间注射 Hanks 液，将受体角膜边缘与虹膜充分分离（图 80.3）。然后沿环钻标记将受体角膜剪下，并在前房滴 Hanks 液。

3. 供体角膜移植

（1）将供体角膜从 Hanks 液中取出，平铺于受体眼球上（图 80.4a），确认供体角膜与受体角膜吻合密接。

（2）于 9 点位置缝合供体角膜与受体角膜边缘（图 80.4b），打结。

（3）顺时针连续缝合供体角膜与受体角膜（图 80.4c），共 8 针。

（4）使用 34 G 秃针头于最后一针与第一针之间的空隙进针，注入适量空气以加深前房（图 80.4d）。

（5）仔细调整缝合线，均匀松紧度。

（6）将最后一针的线头与第一针的线头打结，完成移植（图 80.4e）。

（7）术后在术眼球上涂抹抗生素眼药膏，将小鼠置于保温垫上保温，待其恢复自主活动后，放归笼中饲养。术后 7 天拆除角膜缝合线。

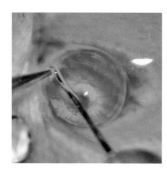

图 80.3　充分分离受体角膜边缘与虹膜

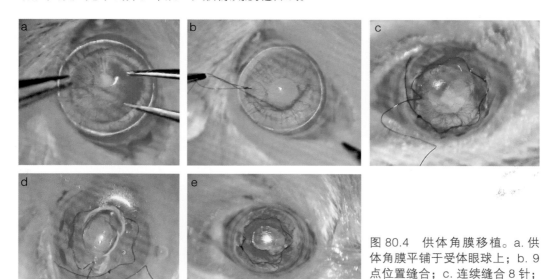

图 80.4　供体角膜移植。a. 供体角膜平铺于受体眼球上；b. 9 点位置缝合；c. 连续缝合 8 针；d. 注入空气加深前房；e. 移植完成

五、模型评估

（1）眼球检查：术后观察术侧眼球情况，是否出现白内障（晶状体浑浊）（图80.5）、前房积血（前房内有血液）、前房深度不正确、角膜浑浊等问题。

（2）角膜血管新生：对角膜血管新生情况进行评分，评分时将眼球分为4个象限，观察每个象限内的血管数量，无血管为0分、大量血管为2分，总计1～8分。

图 80.5　术后白内障（晶状体浑浊）

六、讨论

（1）前房加深：前房加深在角膜移植手术中是十分有必要的，由于小鼠角膜与虹膜十分接近，通过加深前房可有效避免角膜与虹膜粘连，在术中可避免虹膜出血，术后可防止供体角膜与晶状体粘连。愈后，前房会自动恢复正常。

（2）虹膜出血：在角膜缝合时非常容易发生虹膜出血（图80.6），在遇到该状况时务必先止血再继续手术，以避免术后虹膜再度出血，造成前房积血，继发青光眼，导致移植失败。

（3）角膜直径：受体角膜缺损区直径1.5 mm，供体角膜直径2 mm。目的是依靠角膜弹性，将供体角膜嵌入受体的角膜缺损区，且造成极微小拱起，有利于加深前房，避免误触虹膜发生出血。

（4）散瞳令瞳孔扩张，虹膜聚集到前房角，避开了手术区域，避免角膜缝合时因误触虹膜而致出血。

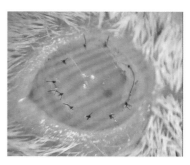

图 80.6　术后眼球虹膜出血

第81章
异体共生[①]

李维

一、模型应用

异体共生（heterochronic parabiosis）是通过外科手术将两只动物的血液循环系统连接起来，构建共享互通循环系统。这类模型具有独特而悠久的历史，通过外科手术的方式来实现异体共生，从而证明了两只动物的循环系统能够联通并能形成新的血管。异体共生模型在医学研究领域，尤其是在衰老、干细胞研究以及神经科学、免疫学和再生医学领域得到广泛应用。目前此模型被广泛地应用于小鼠。

二、解剖学基础

将两只小鼠缝合固定，达到血液相通，需要去除皮肤，肌肉对肌肉缝合，这要求肌肉厚实且动度小。侧腹部主要是腹肌，没有较厚的肌肉，不适宜缝合固定；四肢远端肌肉的动度较大，也不适宜缝合固定。小鼠肩胛部有多块肌肉（图81.1），表面有大面积的背阔肌，深层主要为菱形肌和冈前肌等。后肢外侧以股二头肌和臀大肌为主。这些肌肉都较厚且动度小，可以用来缝合固定两只小鼠。

图81.1 小鼠解剖。红色箭头示股外侧肌肉；绿色箭头示膝关节；蓝色箭头示肩胛肌肉；紫色箭头示肘关节

---

① 共同作者：刘彭轩。

三、器械材料与实验动物

（1）设备：保温垫，血糖仪，吸入麻醉系统，超净工作台。

（2）器械材料（图 81.2）：手术尖剪，皮肤镊，持针器，尖头手术刀片，缝合针，棉签，镇痛剂（100 μL 盐酸布比卡因，0.1 mg/kg）。

（3）实验动物：C57BL/6J 小鼠，雄性，月龄 2 个月和 18 个月，血型匹配合格。

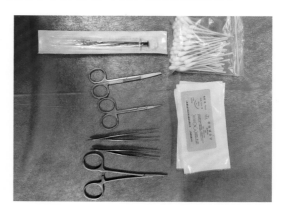

图 81.2　器械与耗材。左列从上至下依次为 1 mL 注射器、手术剪、眼科剪、齿镊（2 把）、持针器；右列为棉签和 4-0 带线缝合针

四、手术流程

（1）在手术前，将两只小鼠（A 和 B）皮下注射镇痛剂。

（2）将两只小鼠同时放入吸入麻醉诱导盒内麻醉，麻醉满意后分别使用单独吸入麻醉面罩。

（3）用甘油涂抹角膜。

（4）本步骤至步骤（6）分别在 A 鼠右侧和 B 鼠左侧进行。小鼠备皮，区域为上肢肘部至下肢膝关节处（图 81.3）。

（5）备皮区常规消毒。

（6）用尖剪在侧腹部靠后的皮肤上剪一个小口，然后沿着侧腹部切除皮肤，从膝关节近心端到肘部近心端，形成的手术切口宽度约 1 cm，暴露侧胸壁和侧腹壁（图 81.4）。

（7）清除浅筋膜，用手术刀片在肩胛肌、股外侧肌和股直肌部位的肌肉表面沿着肌纤维的方向轻划几道，划开

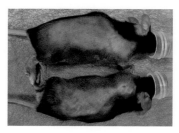

图 81.3　小鼠备皮区域。两只鼠左右对称

肌外膜（图 81.5，图 81.6）。

图 81.4　切除皮肤，暴露躯干　　图 81.5　划开肩胛肌表面　　　图 81.6　划开大腿外侧肌和股
侧壁　　　　　　　　　　　　　　　　　　　　　　　　　　　　　　　　直肌表面

（8）摆正小鼠位置（图 81.7a），使用 4-0 缝合线将两只小鼠对应部位的肌肉缝合，肩
胛骨位置间断缝合 2～3 针（图 81.7b），然后沿着侧胸壁和侧腹壁肌肉连续缝合 7～9 针，
缝合线不穿透腹壁和肋骨，从侧腹壁的肌肉层穿过（图 81.7c）。调整摆正位置，检查小鼠
体侧缝合是否紧密（图 81.7d）。最后将小鼠的股外侧肌和股直肌一起做 3～4 针肌肉间断
缝合（图 81.7e）。全部肌肉缝合完毕（图 81.7f），检查是否有缝合不紧密的部位，如有可
补针缝合。

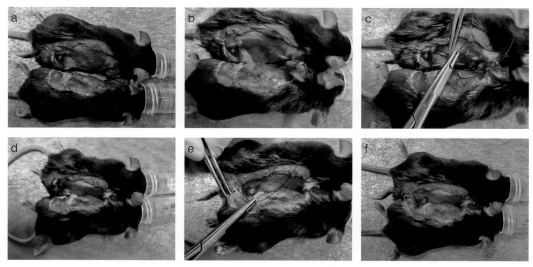

图 81.7　小鼠肌肉缝合。a. 调整配对小鼠；b. 肩胛骨部位缝合；c. 肩胛骨到股骨体侧部位缝合；
d. 调整摆正位置，检查小鼠体侧缝合是否紧密；e. 缝合股骨部位肌肉；f. 全部肌肉缝合完毕

（9）摆正小鼠位置，检查是否有异常出血或残留物，若无异常则进行皮肤缝合。

（10）将两只小鼠对应部位皮肤的对应切口进行间断缝合，保持缝合接口的平整。

（11）在肩胛骨位置和臀部位置加强缝合数针（图 81.8）。

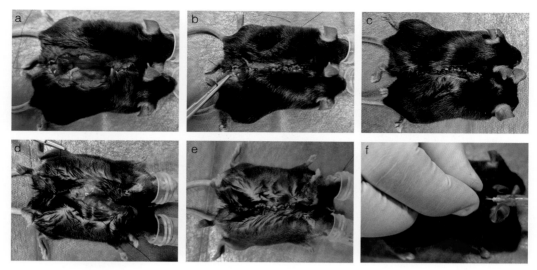

图 81.8　小鼠皮肤缝合。a. 摆正小鼠位置，对应皮肤切口，由肩胛骨上端开始进行皮肤缝合；b. 背部皮肤缝合的终点在股骨下端；c. 完成背部皮肤缝合后进行缝合平整性和紧密性检查；d. 摆正小鼠位置，对应皮肤切口，腹部皮肤的缝合从股骨下端开始；e. 腹部皮肤的缝合到肩胛骨上端，与最开始皮肤缝合的位置重叠；f. 完成小鼠皮肤的全部缝合，皮下注射止疼药

（12）检查缝合后的部位，确保没有遗漏和缝合不严的状况。常规消毒伤口，皮下注射镇痛剂。

（13）将小鼠轻放在 37 ℃恒温加热垫上，使其在无菌环境中苏醒。

（14）将小鼠放回 IVC 饲养笼内，常规饮食。每天观察小鼠身体状况。

（15）术后连续 3 天腹腔注射 0.25 mg/L 甲磺酸左氧氟沙星 200 μL。

五、模型评估

1. 手术评估

（1）术后状态观察（图 81.9）：一般术后第二天小鼠就能恢复自由活动，在此期间要密切观察两只小鼠的配合程度，是否能够自由地觅食和饮水，若否，则将饲料暂时放入笼内垫料上，避免发生意外。

（2）血管连通情况：判断手术是否成功的关键在于两只小鼠的血管是否真正相通。图 81.10 是在取材时采集的图像，能

图 81.9　小鼠术后状态

看到两只小鼠的新生血管成功连通，如红圈所示。

（3）体重变化（图 81.11）：术后第一周小鼠体重会显著下降，第二周有所回升，之后 3 ～ 6 周体重趋于平稳。

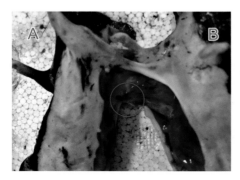

图 81.10　两只小鼠血管连通

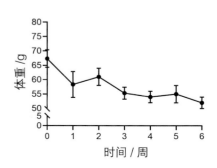

图 81.11　模型小鼠体重变化

2. 效果评估

在进行效果评估时，将模型分为两组，分别为年龄差异组和对照组。其中，年龄差异组为年轻小鼠与老年小鼠异体共生手术组（Het-O），对照组为老年小鼠与老年小鼠异体共生手术组（Iso-O）。

（1）毛囊数增加：对异体共生后 7 周的小鼠的背部皮肤取材进行 H-E 染色，发现 Het-O 组老年小鼠皮肤内的毛囊数显著高于 Iso-O 组老年小鼠，如图 81.12a 中箭头所示。单因素方差分析 (one-way ANOVA) 发现，其差异具有统计学意义（图 81.12b）。所以可推测老年小鼠的血液与年轻小鼠的血液相通后，可能会促进老年小鼠毛发的再生。

（2）肌肉纤维变粗：对异体共生后 7 周的小鼠的股四头肌取材，进行 H-E 染色，发现

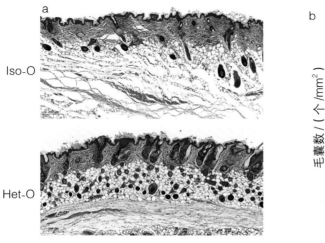

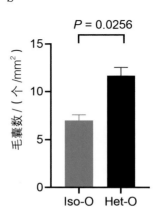

图 81.12　异体共生小鼠毛囊的变化。a. 组织切片（H-E 染色）；b. 毛囊数的变化

随着年龄的增加，老年小鼠肌纤维萎缩变细，老年小鼠血液与年轻小鼠血液互通后，可有效增加老年小鼠肌肉纤维横截面积，如图 81.13 中黑色虚线圈所示。单因素方差分析发现，其差异具有统计学意义（图 81.13b）。可能因为异体共生手术后，老年小鼠被迫增加运动导致肌纤维增粗。

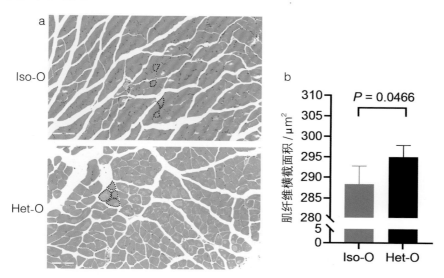

图 81.13　异体共生小鼠肌纤维的变化。a. 组织切片（H–E 染色）；b. 肌纤维横截面积的变化

（3）脾纤维化：脾病理切片经单因素方差分析证明，Het-O 组老年小鼠的脾组织纤维化程度与 Iso-O 组老年小鼠相比显著降低（如图 81.14 中箭头所示）。

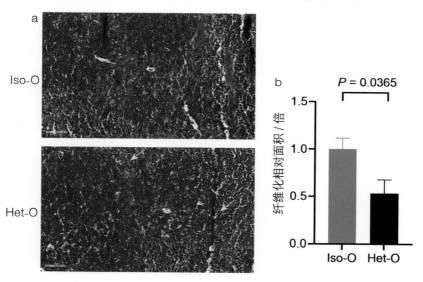

图 81.14　异体共生小鼠脾纤维化的变化。a. 组织切片（H–E 染色），箭头示纤维组织；b. 纤维化面积的变化

六、讨论

（1）异体共生模型虽然在各科研领域应用广泛，但也有其自身的局限性：① 时间短。比如异体共生术后小鼠存活时间短，对于慢性病较多的衰老领域的研究或神经科学领域的研究会有一定的影响。② 可能存在感染和免疫排斥。异体共生模型的小鼠在较大伤口的基础上进行异体连接手术，可能存在感染和免疫排斥的问题，影响实验结果的判读。③ 伤口易撕裂。尽管在准备手术前做了小鼠品系的选择，也做了预饲养，但在术后不能保证两只小鼠在笼内的移动是一致的，以致有的小鼠在共生手术后会存在撕咬争斗，导致伤口撕裂。④ 某些评估项目受限。异体共生手术改变了小鼠原本的生活习惯，也改变了小鼠的行为和心理，所以该模型在相关领域研究的应用会受限。⑤ 血容量比例不同。通常来讲，这个模型中，年龄大的小鼠体重较大，血容量较大，故对体重和年龄不相同的小鼠进行异体共生手术后，需要考虑血容量的差异对实验结果的影响。对于相同体重和年龄的小鼠差异较小。

（2）小鼠的选择很重要。应选择遗传稳定、表型一致、背景资料清晰且广泛使用的近交系小鼠进行该模型的构建。血型必须匹配。这个模型的死亡率高达 20%，特别是在术后第 2、3 天，死亡率较高，术后一定要注意观察。在年轻和年老小鼠异体共生组里，一般年轻的容易先死亡，这可能与年轻小鼠体重和大小有关，所以在选择年轻小鼠的时候可以选择 8 周龄中体重相对大的小鼠来进行适应和手术。

（3）手术前需要将准备配对进行异体共生手术的小鼠合笼饲养至少 2 周。在这 2 周内需要密切观察小鼠的状态，淘汰攻击性强、活跃度过高的小鼠。

（4）手术过程要在无菌环境中进行。本模型是在无菌生物安全柜中进行的，使用前用紫外线杀菌 30 min，手术时停止通风。

（5）小鼠选择吸入麻醉，尽可能使两只小鼠在适当麻醉后肌肉同时松弛。不建议使用腹腔麻醉，因小鼠醒来的时间不一致的可能性比较大，增加手术失败的可能性。在手术缝合时要注意观察小鼠的体温和其他生理状态，主要看眼睛，是否有晶状体浑浊现象发生，如果有，需要暂停麻醉，直到小鼠有苏醒迹象，再恢复吸入麻醉。

（6）术后观察很重要。手术完成后，即刻停止吸入麻醉，将其保持在保温垫上，改俯卧姿势待苏醒，一般 3～5 min 后，小鼠会努力站起来走动，当其走动无明显障碍后，放回鼠笼，于 IVC 系统饲养。

（7）使用干净的垫料，水瓶内的水要足够。手术后的小鼠过了麻醉期会疼，不容易爬起来，饲料应放在小鼠方便取到的位置，有助于降低术后小鼠的死亡率。

（8）笼内垫料不宜过厚，要保证术后小鼠的 8 条腿尽可能可以稳定、独立、自由地着地，防止体重轻的小鼠被离地悬吊而增加死亡风险。

（9）在术前和术后都要注射镇痛剂，盐酸布比卡因剂量是 0.1 mg/kg，注射次数是一天一次，每天上午固定时间给药，连续注射 3 天。

七、参考文献

1. BERT P. Experiences et considerations sur la greffe animal[J]. Journal de l'Anatomie et de la Physiologie，1864, 1: 69-87.

2. CONBOY I M, CONBOY M J, WAGERS A J, et al. Rejuvenation of aged progenitor cells by exposure to a young systemic environment[J]. Nature, 2005, 433(7027): 760-764.

3. MA S, WANG S, YE Y, et al. Heterochronic parabiosis induces stem cell revitalization and systemic rejuvenation across aged tissues[J]. Cell stem cell, 2022, 29(6): 990-1005. e10.

4. AJAMI B, BENNETT J L, KRIEGER C, et al. Local self-renewal can sustain CNS microglia maintenance and function throughout adult life[J]. Nature neuroscience, 2007, 10(12): 1538-1543.

5. MIDDELDORP J, LEHALLIER B, VILLEDA S A, et al. Preclinical assessment of young blood plasma for Alzheimer disease[J]. JAMA neurology, 2016, 73(11): 1325-1333.

6. ROSSI F M V, CORBEL S Y, MERZABAN J S, et al. Recruitment of adult thymic progenitors is regulated by P-selectin and its ligand PSGL-1[J]. Nature immunology, 2005, 6(6): 626-634.

7. WALKER D G. Osteopetrosis cured by temporary parabiosis[J]. Science, 1973, 180(4088): 875.

8. RINKEVICH Y, LINDAU P, UENO H, et al. Germ-layer and lineage-restricted stem/progenitors regenerate the mouse digit tip[J]. Nature, 2011, 476(7361): 409-413.

第 82 章
皮肤缺损^①

李维

一、模型应用

一般来说，皮肤是动物机体最大的器官。临床上对于皮肤损伤的治疗和祛瘢痕都亟待更有效的方法。本模型可用于皮肤组织再生机制以及干细胞、小分子、生物膜等促进皮肤修复和再生的研究。

皮肤缺损有急性和慢性之分。急性皮肤缺损主要包括锐器切割、化学烧伤和物理烧伤。皮肤缺损深度包括中厚度皮肤缺损、全层皮肤缺损、药物诱导皮肤溃疡式缺损等。小鼠皮肤极薄，适于制作全层皮肤缺损模型。

小鼠皮肤急性切割缺损自然修复是以收缩 – 无瘢痕方式进行的，这与人类不同。目前大多数啮齿类动物皮肤全层缺损修复研究重点放在干细胞、生物膜、组织工程材料研发上，以模仿人类肉芽皮化修复过程。

本模型根据小鼠皮肤再生机理，选择构建边长为 2 cm 的正方形全层皮肤缺损，可有效避免小鼠短期自愈带来的困扰。

二、解剖学基础

参见《Perry 实验小鼠实用解剖》"第 13 章 皮肤及皮下组织"。

---

① 共同作者：刘彭轩。

三、器械材料与实验动物

（1）设备器械：保温手术垫，手术刀，尺子，剪子。

（2）材料：防酒精记号笔，边长为 2 cm 的正方形无菌模具，覆盖膜。

　　覆盖膜：将边长 3 cm 的正方形无菌甘油纱布贴于无菌手术膜上。

（3）实验动物：C57BL/6J 小鼠，8 ～ 10 周龄，雄性。

四、手术流程

（1）小鼠常规腹腔注射麻醉。剃除后背部体毛（图 82.1a），用脱毛膏脱毛（图 82.1b）。

（2）俯卧于保温手术垫上，备皮区皮肤消毒。用记号笔沿正方形无菌模具边缘描线（图 82.1c、d）。

（3）备皮区二次消毒。从侧腹腔注射美洛昔康注射液止疼。

（4）沿着描线剪开一个 0.5 mm 的口，将剪子深入浅筋膜层进行钝性分离，然后再沿着描线将全层皮肤全部切除（图 82.1e）。

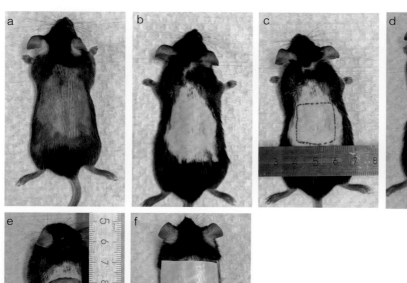

图 82.1　皮肤缺损切口位置。a. 剃毛；b. 脱毛；c，d. 描正方形框线；e. 切除全层皮肤；f. 贴覆盖膜

（5）立即将覆盖膜贴敷在皮肤缺损区，手术膜面向上，甘油纱布面向下，贴靠创面。沿着顺时针方向贴紧皮肤（图 82.1f）。

（6）小鼠在保温手术垫上苏醒后，放回 IVC 笼内。单笼饲养，正常饮食。

（7）术后第二天去掉覆盖膜。每日行大体观察、拍照，记录手术创面长达 4 周。

五、模型评估

1. 伤口的大体观察

术后每天对伤口进行拍照，拍照结果如图 82.2 所示。第 2 天去掉覆盖膜，能看到皮下的伤口渗出液较少；第 7 天，伤口表面干固，创面收缩；第 14 天，伤口创面进一步收缩，表面变厚；第 21 天，创面基本愈合，新生体毛覆盖备皮区域；第 28 天皮肤缺损表面完全修复，无瘢痕，仅中央不足 4 mm² 区域体毛尚未长出。

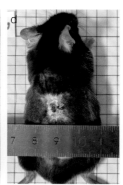
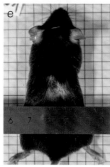

图 82.2　皮肤缺损自我修复的大体观察结果。a. 第 2 天；b. 第 7 天；c. 第 14 天；d. 第 21 天；e. 第 28 天

后背部缺损皮肤自我修复面积统计结果如图 82.3 所示。第一周修复约 1/4，第二周修复约 1/2，第三周修复约 80%，第 4 周基本恢复。

2. 石蜡病理切片，H–E 染色

术后第 28 天在伤口修复位置取材，石蜡包埋切片做 H-E 染色，切片显示伤口部位表

皮修复完整，明显厚于正常表皮。修复中的皮肤组织真皮层和真皮下层缺如（图 82.4，图 82.5），这与大体所见无体毛状态相符。经病理证实，其原因在于真皮层和真皮下层尚未生成，仅以新生结缔组织填充。

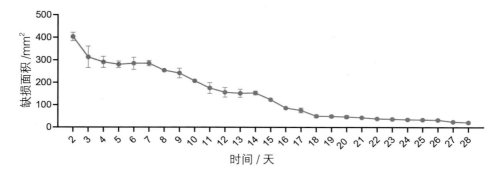

图 82.3　后背部缺损皮肤自我修复面积统计结果（ $n=6$ ）

图 82.4　后背部修复的缺损皮肤病理切片，H–E 染色。右侧为已经修复正常的皮肤组织，左侧为修复中的皮肤组织

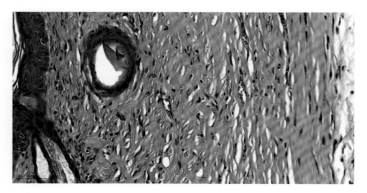

图 82.5　图 82.4 局部放大。可见表皮下完全为结缔组织，无真皮层和真皮下层结构

六、讨论

（1）小鼠皮肤缺损的修复过程与人类的不同，表面无瘢痕不等于完全修复，只有体毛完全长出才是修复完全。

（2）本模型位置在背部，真皮下有皮肌层，手术中连同皮肌层一起切除，这与临床的皮肤全层缺损不同。缺损边缘在修复过程中向心性收缩，与皮肌再生是同步进行的。皮肌的营养血管比真皮层和真皮下层丰富得多。小鼠之所以能够以向心性收缩皮缘的方式达到无瘢痕修复，与皮肌向新生皮肤提供血运有着密切的关系。期望本模型的研究，给临床皮损无瘢痕修复提供有力的借鉴。

（3）在进行全层皮肤切除时，要用剪子划开而非剪开背部皮肤，避免多次剪切使皮肤出现锯齿状边缘。

（4）在贴覆盖膜时，甘油纱布要完全覆盖伤口，避免无菌手术膜与伤口直接接触。

（5）小鼠皮肤全层缺损模型通常采用专用皮肤打孔器切除皮肤全层来构建，圆孔直径为 4 mm。由于人与动物之间的差别以及复杂的发病机制，构建不同类型的动物模型对皮肤缺损修复的研究具有十分重要的意义。

七、参考文献

1. MASCHARAK S, TALBOTT H E, JANUSZYK M, et al. Multi-omic analysis reveals divergent molecular events in scarring and regenerative wound healing[J]. Cell stem cell, 2022, 29(2): 315-327. e6.

2. JOOST S, JACOB T, SUN X, et al. Single-cell transcriptomics of traced epidermal and hair follicle stem cells reveals rapid adaptations during wound healing[J]. Cell reports, 2018, 25(3): 585-597. e7.

3. DEMYANENKO I A, POPOVA E N, ZAKHAROVA V V, et al. Mitochondria-targeted antioxidant SkQ1 improves impaired dermal wound healing in old mice[J]. Aging (Albany NY), 2015, 7(7): 475-485.

肿瘤模型：概论

第十四篇

第 83 章

肿瘤模型概论①

徐桂利

一、概述

众所周知，癌症是威胁人类生命的主要疾病之一。小鼠肿瘤模型研发对癌症的发病机制、诊断和治疗的医学研究有重要作用。

1. 肿瘤模型的分类

根据肿瘤发生的人为诱导造模方式，肿瘤模型主要分为三类[1]：

（1）基因修饰诱发肿瘤模型：借助基因工程技术，诱导小鼠肿瘤发生。

（2）条件性诱发肿瘤模型：借助特殊外界条件（即物理、化学、生物因素）诱导小鼠肿瘤发生。

（3）移植性肿瘤模型：借助外在技术方式，将肿瘤组织块或细胞移植到小鼠体内。这是本书重点介绍的内容。

2. 移植性肿瘤模型的分类

移植性肿瘤模型根据肿瘤发生部位分为两类[2]：

（1）原位移植性肿瘤模型：将某种肿瘤组织块或细胞种植到该肿瘤发生的部位而构建的肿瘤模型。

（2）异位移植性肿瘤模型：将某种肿瘤组织块或细胞种植到该肿瘤发生的其他部位而构建的肿瘤模型，如皮下移植瘤、骨转移瘤、肺转移瘤等。

3. 移植肿瘤的分类

移植肿瘤根据其来源分为肿瘤细胞和肿瘤组织块两类。

（1）肿瘤细胞：指人、鼠或其他种属（如犬、猴）来源的肿瘤细胞系（株）和原代肿瘤细胞。

---

① 共同作者：刘彭轩。

（2）肿瘤组织块：指临床患者（人）的肿瘤组织标本、鼠或其他种属（如犬、猴）癌变的肿瘤组织和植入小鼠体内的肿瘤组织。

二、肿瘤植入的基本技术

（一）肿瘤细胞

1. 皮下移植

为了保证肿瘤建模成功，且建模成功后肿瘤生长规则，避免瘤体出现长棒状、卫星灶样等不规则形状，移植模型构建的关键条件或技术要求如下：

（1）肿瘤细胞活力高：① 肿瘤细胞复苏后培养并传代 3 代以上（目的在于使细胞恢复至冻存前的状态）；② 肿瘤细胞无污染（无细菌、真菌、支原体等污染）；③ 肿瘤细胞处于对数生长期；④ 推荐初始细胞的活力至少达到 95%；⑤ 种植过程中使细胞一直处于低温状态（2 ～ 8 ℃）（目的在于使细胞处于低代谢状态）等。

（2）肿瘤细胞种植于皮肌下的浅筋膜层内。否则：① 若种植过浅，易植入真皮、真皮下层，肿瘤生长过程中易发生破溃；② 若种植过深，易植入肌肉，不易测量肿瘤大小。

（3）注射操作：① 注射体积控制在 200 μL 以内；② 注射时应匀速且保持针头不动；③ 注射后以棉签压迫隆起部的后缘拔针。

（4）移植部位：移植部位的不同会造成肿瘤建模结果存在显著差异，如成瘤与否、成瘤后肿瘤的生长速度、肿瘤转移率等。有文献报道，腋下和腹股沟皮下移植的肿瘤成瘤时间、成瘤率等均优于脚垫皮下 [3,4]。为了方便测量肿瘤大小，通常将肿瘤接种至右前肢（如肩胛处）或右后肢部位。

总之，种植良好的皮下肿瘤主要表现为：① 若解剖种植部位可以看到，刚种植的细胞悬液会在浅筋膜层形成水滴状、不扩散的液滴；② 肿瘤瘤体规则，且无破溃；③ 方便测量肿瘤大小；④ 实验终点时，由于肿瘤在浅筋膜层内，极易被剥离等。

对于一些皮下成瘤性比较差的肿瘤，建模时可以尝试如下方法：① 肿瘤细胞与基质胶（matrigel）混匀后种植到皮下 [5]；② 肿瘤细胞先种植到 3D 载体上，然后再种植到皮下 [6]；③ 肿瘤细胞接种到中空纤维细胞移植管（膜），然后再连同中空纤维细胞移植管（膜）一起种植到皮下 [7]；④ 将肿瘤细胞先种植到免疫缺陷小鼠进行成瘤驯化（至少 3 代以上），然后再在目标品系小鼠上建模 [8]；⑤ 建立原位肿瘤，后续以瘤接瘤等。

2. 靶器官移植

靶器官移植常用的方式有直接注射和间接注射。① 直接注射：把肿瘤细胞直接移植至靶器官内部或器官浆膜下，如本书介绍的原位肝癌模型的构建，即采用了肝直接注射和浆膜下注射的造模方法。小鼠体型小，为了避免相对严重的机体伤害，能够做器官浆膜下种植者，就避免做器官内种植。② 间接注射：在与靶器官关联的器官（源器官）注射肿瘤细胞，通过体液途径转移到靶器官，如构建肝癌模型时，通过脾或门静脉注射后，肿瘤细胞转移到肝部。

为了保证肿瘤建模成功，避免肿瘤在接种过程中外溢，移植模型构建的关键条件或技术如下：

（1）肿瘤细胞活力高：要求同皮下移植。

（2）注射体积：① 原位直接注射。不同原位部位所容纳的注射体积不同，所以具体注射体积需要根据原位移植部位确定，但注射体积不宜超过 100 μL。如脑原位移植瘤模型，通常注射体积约为 5 μL[9]；而肝原位移植瘤模型，通常注射体积约为 20 μL[10]。② 通过血管或相关器官注射。肿瘤细胞注射体积与药物注射体积相当。

（3）注射操作：具体操作过程根据靶器官、建模方式确定。如脑原位移植瘤模型，通常需要借助脑立体定位仪等仪器设备辅助。

（4）关键技术：对于靶器官植入，构建肿瘤模型时，不同靶器官建模技术各有不同，关键在于熟知靶器官及与其关联的器官（源器官）的解剖结构。除此之外，源器官操作后的处理也同样不可忽视。① 远端的源器官注射，如静脉注射肿瘤细胞，良好的操作技术使注射后有源源不断的血流冲洗，进针点不会形成肿瘤，无须处理；反之，操作后形成静脉严重损伤，血流中断，最后，肿瘤细胞会在血管中长大。例如，小鼠尾静脉注射肿瘤细胞构建肺转移癌。② 邻近的源器官注射，需要保证源器官部位没有肿瘤生长，以免与靶器官肿瘤相混淆。例如，脾注射形成肝转移癌，细胞转移至肝后，通常需要切除脾，以防有靶器官之外的肿瘤生长。这种方法对小鼠的损伤极大。目前可以根据小鼠的脾存在两极供血的解剖特点，在脾的一极注射，保留另一极不被切除，以减少对小鼠的损伤。甚至完全可以用门静脉注射的方法来取代。具体的操作关键点会在后面的相关章节进行详细介绍。

3. 转移性移植

转移性移植常用的方式包括直接注射和间接注射。

（1）直接注射：将肿瘤细胞直接移植至转移器官内或其表面，如在乳腺癌骨转移模型中，将乳腺癌细胞直接注入骨髓腔内[11]。

（2）间接注射：在与转移部位关联的器官注射肿瘤细胞，通过体液途径使肿瘤细胞转移到移植部位，如在乳腺癌骨转移模型中，将乳腺癌细胞通过左心室注射，使其转移至骨髓腔内[11]。

移植模型构建的关键条件或技术参考皮下移植和靶器官移植。

（二）肿瘤组织块

肿瘤组织块植入技术（以瘤接瘤）：将肿瘤组织块切成小块（边长 1 ～ 2 mm 的正方体

小块），然后移植到小鼠体内。

用套管针植入肿瘤组织块是最常用的方法，该方法优势为操作简便、对靶器官损伤小、术后并发症轻（如肠粘连、腹腔内转移）[12]。操作关键技巧：一是套管针针头进入靶器官的指定部位后，固定针芯，后退针头 2 mm，再将针芯、针头一并退出，以保证肿瘤组织不被针芯挤压造成损失。二是保证肿瘤组织块在体内不从接种部位漏出。

三、常用的肿瘤模型评估手段

1. 肿瘤

生长良好的肿瘤具有以下一种或多种形态：肿瘤体积（如皮下移植瘤）或肿瘤细胞（如血液瘤）随时间递增而逐渐增大，无生长破溃（除了某些特殊肿瘤外），肿瘤呈鲜红的肉色（除黑色素瘤等特殊肿瘤外），肿瘤呈球状。

评估肿瘤的手段通常有以下几种：

（1）直接测量肿瘤长短径，然后计算肿瘤体积，粗略的肿瘤体积计算公式为[13]：

$$V=(A \cdot B^2)/2$$

V，肿瘤体积；A，肿瘤长径；B，肿瘤短径。该方法仅适用于浅表移植实体瘤（包括非实体瘤实体化后的肿瘤）。优点是方便、造价低、可活体追踪测量；缺点是要求肿瘤生长规则。

（2）肿瘤质量：处死小鼠，解剖肿瘤，然后称取瘤体质量，据此评价肿瘤大小。该方法仅适用于实体瘤（包括非实体瘤实体化后的肿瘤）。优点是结果精确，缺点是仅为一次性结果，不能追踪测量。

（3）影像学设备测定肿瘤：该方法适用于所有类型的肿瘤。优点是无损伤、实时示踪肿瘤（尤其是易发生扩散转移的实体瘤和非实体瘤）；缺点是成本高。所用设备包括小动物活体成像仪（生物自发光、荧光）、B 型超声仪、磁共振成像（MRI）、微计算机断层扫描（Micro-CT）、X 线透视仪、3D 成像仪等。

（4）病理诊断：通过肿瘤的病理切片和染色来评价肿瘤生长，如通过 TUNEL 法检测肿瘤组织内肿瘤细胞的凋亡、通过 Ki-67 染色检测肿瘤组织内肿瘤细胞的增殖等。

2. 生存期

除间接建立的肿瘤模型（如基于载体建立的肿瘤模型）外，其他肿瘤模型均可采用生存期作为评价肿瘤生长的方式之一。小鼠的生存期获取方式包括：① 对于无法测量肿瘤大小或考察肿瘤状态的肿瘤模型（包括血液瘤、腹水瘤、转移瘤、原位瘤等），记录小鼠具体死亡时间，从而获得小鼠的存活时间（时长）；② 对于可测量肿瘤大小的浅表肿瘤模型，肿瘤超过实验动物伦理规定的指标值时，默认小鼠死亡，此时记为小鼠死亡时间，从而获得小鼠的存活时间（时长）。

3. 体重

对于某些肿瘤模型，小鼠体重也可以作为评价肿瘤生长的手段，如腹水瘤。这个方法必须考虑到小鼠因病消瘦减少的体重。

4. 肿瘤细胞计数

小鼠安乐死，取出植入体内的负载肿瘤细胞的 3D 载体或中空纤维细胞移植管（膜）等载体，然后对载体上负载的肿瘤细胞计数，根据肿瘤细胞数目评估肿瘤大小（仅适用于把肿瘤细胞负载到载体上建模的肿瘤）。

四、基于肿瘤模型的抗肿瘤药物药理药效评价的给药设计

1. 给药方式

给药方式是影响抗肿瘤药物药理、药效的重要因素之一，因为给药方式的不同导致了药物在体内的 ADMET，即吸收（absorption）、分布（distribution）、代谢（metabolism）、外排（excretion）和毒性（toxicity））的不同，从而造成药物的生物利用度和副作用不同。合理给药方式的确定可考虑以下几个因素：① 参考人体临床给药方式；② 参考对照品给药方式；③ 药物治疗疾病类型，例如，治疗呼吸道疾病，可采用吸入方式给药；④ 药效和药性本身的限制，如必须直接进入血液循环的药物，可以采用静脉注射方式给药；⑤ 药剂形式，例如，不可溶药物，不宜于静脉给药；⑥ 小鼠操作技术的可行性，例如，股静脉皮支局部血循环给药方法，需要一定水平的小静脉注射技术。

2. 给药时机

通常根据药物作用机制和药物起效时间确定给药时机，例如，① 药物是肿瘤疫苗时，可以先给予药物，再构建肿瘤模型；② 药物是免疫治疗类的大分子物质时，由于给药后发挥作用需要 7 天左右，因此可以在肿瘤相对较小时给药；③ 药物预期治疗效果很强时，可以在肿瘤较大时给药等。一般避免在肿瘤内部液化坏死后给药。

五、参考文献

1. 梁朝霞，谢幸，叶大风 . 小鼠肿瘤模型的研究进展 [J]. 环境卫生学杂志，2004，31(004):212-216.

2. 步星耀，章翔，LAUG W E. 裸鼠原位和异位脑肿瘤生物发光信号成像实验研究

[J]. 中华神经外科疾病研究杂志，2006，5(3):5.

3. 马雪曼，于明薇，张甘霖，等. 小鼠 Lewis 肺癌不同部位皮下移植瘤模型的比较 [J]. 中国实验动物学报，2017，25(4):386-390.

4. 邱小华，童波，蒋建红，等. 不同部位皮下裸小鼠移植瘤特点比较 [J]. 南昌大学学报：医学版，2003，43(006):151-151.

5. YEN T H，LEE G D，CHAI J W，et al. Characterization of a murine xenograft model for contrast agent development in breast lesion malignancy assessment[J]. J biomed sci，2016，23：46-59.

6. 毕研贞. 基于 microcarrier 6 人胃癌正常免疫小鼠模型的建立及病理特征探讨 [D]. 济南：山东大学，2017.

7. 杨金波，张斌. 一种人癌组织移植瘤中空纤维测试法小鼠模型的建立方法：CN201911027732.9[P]. CN110663648A[2024-01-08].

8. 胡斌权，陈城明，张同弟，等. 人体肿瘤 PDX 移植模型的优与劣 [J]. 实验动物科学，2015(5):4.

9. 王艳华，奚苗苗，文爱东，等. 人 U87-MG 脑胶质瘤细胞裸鼠原位移植模型的建立 [J]. 中国药理学通报，2018，34(5):735-739.

10. 贾小飞，闫博，张熠杰，等. 肝原位移植瘤裸鼠模型的建立及活体荧光成像检测 [J]. 细胞与分子免疫学杂志，2013，29(4):426-429.

11. 蒋爱梅，邢海霞，普萍，等. 三种乳腺癌骨转移模型复制方法比较研究 [J]. 昆明医科大学学报，2007，28(1):14-18.

12. 李凌云，张斌豪，张必翔. 套管针技术在肝原位移植瘤模型的应用 [J]. 腹部外科，2015(6):4.

13. TOMAYKO M M，REYNOLDS C P. Determination of subcutaneous tumor size in athymic (nude) mice[J]. Cancer chemotherapy & pharmacology，1989，24(3):148-154.

14. SUN Y，HUANG Y，HUANG F，et al. 3'-epi-12β-hydroxyfroside, a new cardenolide, induces cytoprotective autophagy via blocking the Hsp90/Akt/mTOR axis in lung cancer cells[J]. Theranostics，2018，8(7):2044-2060.

15. XIE C Y，XU Y P，ZHAO H B，et al. A novel and simple hollow-fiber assay for invivo evaluation of nonpeptidyl thrombopoietin receptor agonists[J]. Experimental hematology，2012，40(5):386-392.

肿瘤模型：消化道肿瘤

第十五篇

第 84 章

胃癌：组织块包埋^①

陆炜晟

一、模型应用

近年来胃癌发病呈上升趋势，在全球范围内，其发病率在恶性肿瘤发病率中占第二位，有关胃癌的发病及治疗相关研究成为热门方向。建立胃癌原位模型不但有助于开展胃癌发病机制、预防和治疗等方面的研究，而且对胃癌的药物筛选有很大的促进作用。

胃癌模型的建立通常使用原位注射肿瘤细胞的方式进行。但是，此方式肿瘤生长均一性差，失去原发肿瘤细胞生存环境；且由于胃壁可注射的位置较薄，容易被穿透，导致肿瘤细胞液流入腹腔而使得造模失败。相比较而言，本章介绍的胃癌组织块包埋建模避免了细胞注射的缺陷。

二、解剖学基础

小鼠胃（图 84.1）位于前部腹腔，偏于左侧。其前部为皮区，壁薄；后部为腺区，壁厚；右侧为胃小弯；左侧为胃大弯。本模型手术将肿瘤组织块移植在胃大弯部分。

胃由脏腹膜（胃浆膜）包裹。胃壁外层为平滑肌，内层为黏膜。本模型手术缝合进针深度至平滑肌层（图 84.2）。平滑肌表面的胃浆膜局部撕开，以使肿瘤块能够与胃壁直接接触。

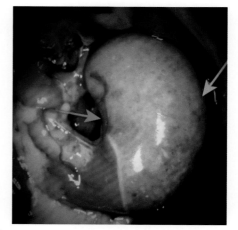

图 84.1　小鼠胃解剖。绿色箭头示胃小弯；蓝色箭头示胃大弯；黄色部分为皮区；紫色部分为腺区

---

① 共同作者：刘彭轩；协助：王珏。

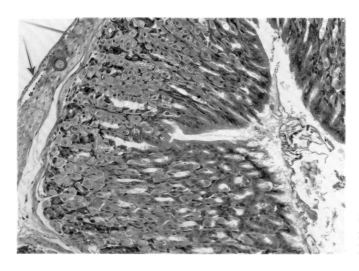

图 84.2 小鼠胃病理切片，H-E
染色。圈示肿瘤块固定缝合时的
进针深度；绿色箭头示胃平滑肌；
蓝色箭头示胃浆膜（徐桂利供图）

三、器械材料与实验动物

（1）设备：小动物活体成像仪。

（2）器械材料：皮肤剪，平齿镊，显微尖镊，5-0 丝线（缝合手术切口），8-0 显微缝
合线（缝合固定肿瘤块），无菌温湿纱布孔巾。

（3）组织材料：将 MC38-LUC 细胞以 5×10^6 个 /100 μL 的剂量接入 C57BL6 小鼠皮
下，待肿瘤生长至 $800 \sim 1000$ mm³ 时，术前取出瘤块，选择活力好的瘤组织浸入无血清
培养基中，剔除周围结缔组织，取肿瘤生长旺盛的组织，剪成 2 mm × 2 mm × 2 mm 小块，
置于冰上待用。待用时间限制在 60 min 之内。

（4）实验动物：C57BL/6 小鼠。

四、手术流程

（1）小鼠常规腹腔注射麻醉，腹部备皮。

（2）仰卧于手术台上，四肢固定，术区消毒。

（3）于前部腹中线向左 1 cm 处开腹（图 84.3）。

（4）将无菌温湿纱布孔巾铺于切口上，切开腹部肌肉，用湿棉签暴露胃大弯（图
84.4），并用生理盐水润湿。

（5）用显微尖镊轻轻划破胃大弯浆膜 2 mm（图 84.5）。

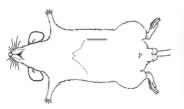 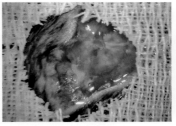 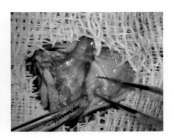

图 84.3　手术开腹位置示意　　图 84.4　暴露胃大弯　　图 84.5　划破胃大弯浆膜

（6）使用 8-0 缝合线穿过肿瘤块正中间，将肿瘤块缝合于划伤的胃表面（图 84.6），将缝合针在肿瘤组织块的 12 点、3 点、6 点和 9 点 4 个方位分别做穿过胃大弯肌层的间断缝合。

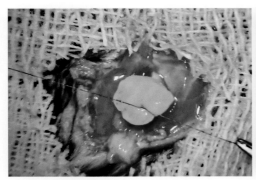 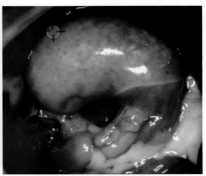

图 84.6　将肿瘤组织块与胃表面缝合。a. 缝到胃大弯表面；b. 缝合位置示意

（7）滴生理盐水润湿胃表面，用棉签将其还纳腹腔。

（8）腹壁和皮肤手术切口用 5-0 丝线分层缝合关闭。常规消毒切口。

（9）小鼠保温苏醒后返笼。

五、模型评估

（1）活体影像观察：每周两次给小鼠腹腔注射 0.015 g/mL D- 荧光素钾盐，使用小动物活体成像仪比较胃部荧光强度，追踪肿瘤转移（图 84.7）。

（2）大体观察和病理分析：手术终点取出肿瘤（图 84.8），称重，做病理检查。

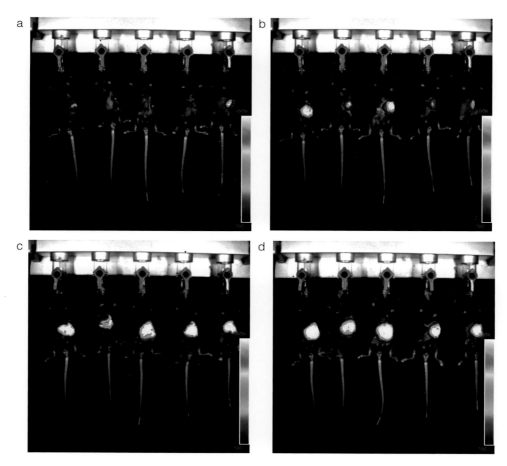

图 84.7　小鼠胃部成像，荧光显示肿瘤位置。a. 术后第 1 天；b. 术后第 3 天；c. 术后第 6 天；d. 术后第 12 天

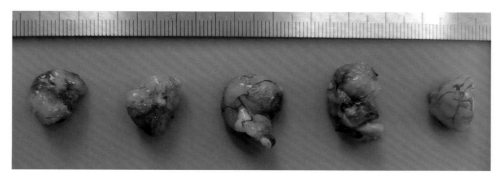

图 84.8　肿瘤标本采集

六、讨论

（1）建模关键为选出活力较好的肿瘤，缝合时需要确认缝合牢固。

（2）术中间断在内脏暴露区滴加生理盐水湿润脏器，以避免术区长时间暴露导致干燥损伤。

（3）划开胃浆膜，可以使肿瘤组织块直接与胃壁紧贴。

（4）组织块缝合使用 8-0 缝合线，进针到胃大弯肌层，避免缝穿胃壁引发胃穿孔，导致腹腔感染、腹膜炎。

（5）切口使用生物胶水黏合代替缝合虽更安全，但肿瘤生长速度较慢，成瘤率略低。建议熟练的术者首选缝合方法。新手无法控制缝针深度，可以选择用组织胶水黏合代替手术缝合。

（6）胃皮区薄，但韧性足，可支撑缝合，且表面血管走行浅，有利于瘤块生长。

第 85 章

胃癌：细胞种植

刘金鹏

一、模型应用

　　胃癌是最常见的恶性肿瘤之一，但胃癌的发病机制至今仍不完全清楚。小鼠胃癌模型是研究胃癌发生、发展机制和治疗新途径，评价治疗方法以及寻找个性化治疗方案的重要工具。

　　常用于肿瘤模型的免疫缺陷动物几乎都是小鼠，如常用的 BALB/c 裸鼠、NOD/SCID 小鼠。近年来，比较常用的重度免疫缺陷鼠包括 NOG、NSG、NYG 小鼠等。

　　小鼠胃癌模型不仅可以提供研究所用的临床样本，还可以用于抗胃癌药物的筛选。

二、解剖学基础

　　小鼠胃（图 85.1）位于前部腹腔，偏于左侧。前面邻肝脏，左面邻脾脏，右面邻肠管，后面邻胰腺。胃从前至后分为皮区和腺区，前者壁薄，后者壁厚。有脾胰胃系膜与胰腺和脾脏相连。

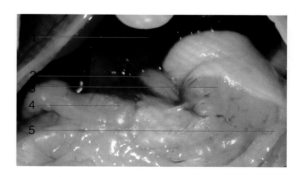

1. 肝；2. 食管；3. 胃；4. 十二指肠；5. 胃系膜
图 85.1　胃部解剖

---

① 共同作者：刘彭轩；协助：李海峰。

三、器械材料与实验动物

（1）器械：4-0 带线缝合针，29 G 针头 1 mL 胰岛素注射器，打结镊，眼科镊，眼科剪，如图 85.2 从左至右所示。

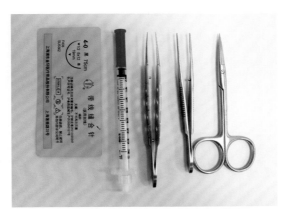

图 85.2　主要器械

（2）组织材料：MFC 细胞（小鼠源胃癌），用 29 G 针头胰岛素注射器吸取细胞溶液 100 μL，所含细胞数为 5×10^6 个。

（3）实验动物：裸鼠或者其他免疫缺陷小鼠。

四、手术流程

（1）小鼠常规麻醉，腹部备皮。取仰卧位（图 85.3），术区消毒。

（2）距左肋后缘 5 mm 处沿着肋后缘做约 8 mm 的皮肤、腹壁切口（图 85.4a），将胃按压至体外（图 85.4b）。

图 85.3　小鼠腹部备皮

（3）用胰岛素注射器以 0° 刺入腺区胃浆膜下，潜行约 5 mm（图 85.4c），缓慢注射细胞，可见胃壁隆起（图 85.4d），湿棉签压迫针孔缓慢退针，以防肿瘤细胞随拔针溢出。拔针后棉签持续按压针孔半分钟。

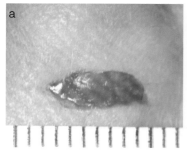
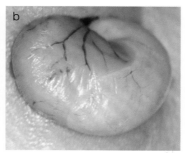
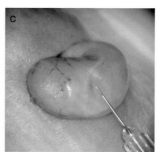
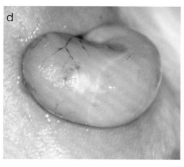

图 85.4　胃癌细胞种植。a. 切口；b. 胃挤压出腹腔；c. 针头刺入胃浆膜下；d. 注射细胞后可见局部隆起

（4）将胃复位，逐层缝合手术切口。常规消毒。

（5）保温苏醒，返笼常规饮食。3 周之后可以成模。

五、模型评估

（1）大体评估：造模过程和解剖结果（图 85.5）均肉眼可见。

（2）组织病理学评估：采用组织切片染色技术，对小鼠胃部组织进行病理学分析（图 85.6，图 85.7）。

（3）影像学评估：使用 X 线摄影、MRI、CT、PET等技术，配合放射性示踪剂、造影剂等，对小鼠胃癌的形态、大小、位置等进行影像学评估。注射荧光标记细胞后，定期用小动物活体成像仪检测，观察肿瘤形成情况。

图 85.5　胃部取材照

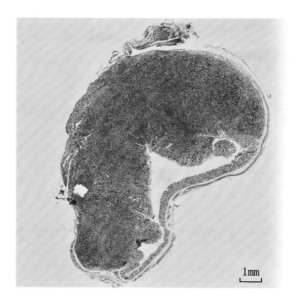

图 85.6　小鼠术后 3 周，胃部整体病理切片，
物镜倍数 0.57×

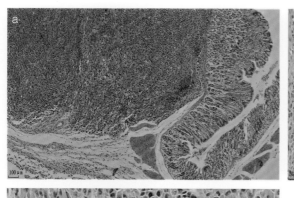

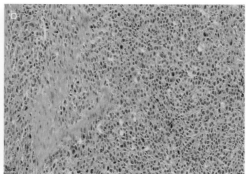

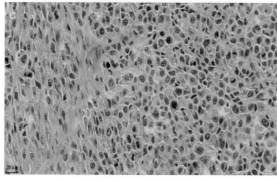

图 85.7　胃组织局部放大。a. 左侧大面积
为胃癌组织，右侧为正常胃黏膜组织，物镜
倍数 6.79×；b. 可见大面积癌组织，偶见
平滑肌纤维分布，倍数 20×；c. 可见癌细
胞排列密集，左侧有平滑肌纤维与癌细胞穿
插分布，倍数 40×

（4）免疫组织化学评估：通过免疫组织化学染色技术，检测小鼠胃癌组织中的分子标
记，例如，肿瘤抗原、细胞周期相关蛋白等，以评估癌细胞的增殖、凋亡和转移等过程。

（5）分子生物学评估：采用 PCR、蛋白印迹实验（Western blot）、基因芯片等技术，检测小鼠胃癌组织中的基因表达、蛋白质表达、DNA 甲基化等分子生物学指标，从而深入探究胃癌的发生机制和分子机理。

六、讨论

（1）胃壁原位注射细胞造模时，将细胞溶液混合等体积的基质胶，可以增加成模率，并防止细胞溶液沿着注射针孔溢出至胃壁外，但是注射体积不宜超过 100 μL。

（2）用免疫缺陷鼠做手术要严格消毒，以避免感染。

（3）人源胃癌细胞（BGC823、MGC803）以裸鼠或者其他免疫缺陷鼠为载体做肿瘤模型，成模率约为 80%，但是以正常小鼠作为载体，成模率很低，甚至不会形成肿瘤；小鼠源的胃癌细胞（MFC）以裸鼠或者其他免疫缺陷鼠为载体做肿瘤模型，成模率几乎为 100%，但是以正常小鼠为载体，成模率很低，或者肿瘤逐渐被吸收。

第 86 章

结肠癌：组织块包埋[①]

陆炜晟

一、模型应用

结肠癌为人类高发恶性肿瘤，近 20 年来发病率呈明显上升趋势，居胃肠道肿瘤发病率的第三位，有关结肠癌的发病机制以及相关抗癌药物的研发是目前的热门研究方向。

使用化学诱导或转基因诱导的方式制作结肠癌原位肿瘤模型，肿瘤生长均一性差，生长时间不固定，使得模型难以稳定、大量地获得。而利用结肠癌原位瘤块移植，成瘤率可达 100%，故结肠癌原位瘤块移植用于建立结肠癌原位肿瘤模型具有操作简单、快速、创伤小、术后饲养要求低的优点。

本方法适用于建立结肠癌原位肿瘤模型，可用于肿瘤药物的筛选，以及结肠癌发病机制、预防和治疗等方面的研究。

二、解剖学基础

小鼠结肠（图 86.1）位于腹腔中部，结肠近心端连接盲肠，远心端连接直肠。本模型将肿瘤组织块移植在结肠近心端，距盲肠 1 cm 处。

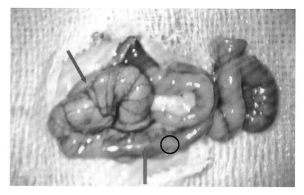

图 86.1　小鼠结肠解剖。红色箭头示盲肠；绿色箭头示结肠；圈示肿瘤组织块接种位置

---

① 共同作者：刘彭轩；协助：王珏。

195

三、器械材料与实验动物

（1）设备器械：小鼠活体成像仪，皮肤剪，平齿镊，显微尖镊。

（2）材料：27 G 针头注射器，无菌纱布孔巾，生理盐水湿棉签，*D*-荧光素钾盐，5-0 丝线（缝合手术切口），8-0 显微缝合线（缝合固定肿瘤块）。

（3）组织材料：肿瘤组织块为 HT29-LUC 细胞培养而成。将 HT29-LUC 细胞以 5×10^6 个 /100 μL 的剂量接入小鼠皮下，待肿瘤生长至 800～1000 mm³（约 6 周），无菌手术取出瘤块，选择活力好的瘤组织浸入无血清培养基中，剔除周围结缔组织，取肿瘤生长旺盛的组织，剪成 1.5 mm × 1.5 mm × 1.5 mm 小块，置于冰上待用。

（4）实验动物：BALB/c NUDE 小鼠。

四、手术流程 ▶

（1）常规腹腔注射麻醉小鼠，腹部备皮。

（2）小鼠仰卧位，四肢固定于手术台上。腰部垫高，术区消毒。

（3）铺无菌纱布孔巾。沿腹中线分层划开皮肤和腹壁（参见《Perry 小鼠实验手术操作》"第 17 章　开腹"）

（4）用两根棉签挤出盲肠与结肠，放置于湿纱布上，间断滴生理盐水使其保持润湿状态（图 86.2）。

（5）在盲肠后 1 cm 的结肠处，用显微尖镊轻轻划开结肠浆膜面 2 mm（图 86.3）。

（6）使用 8-0 缝合线穿过肿瘤块正中间，将肿瘤块缝合于划伤的结肠表面（图 86.4，图 86.5），用 2 根线在肿瘤块的 12 点和 6 点、3 点和 9 点穿过肠平滑肌层进行十字缝合。

（7）滴生理盐水润湿肠表面，用棉签将其还纳腹腔。

（8）腹壁和皮肤切口用 5-0 丝线分层缝合关闭。常规消毒切口。

（9）小鼠保温苏醒后返笼。

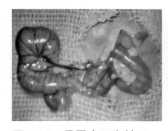

图 86.2　暴露盲肠和结肠

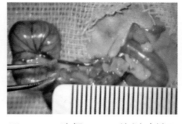

图 86.3　选择 1 cm 处划破结肠浆膜

图 86.4　将肿瘤块缝到结肠表面

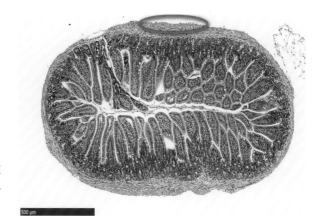

图 86.5　小鼠肠截面病理片，H-E 染色。圈示缝合深度，不可缝透肌层

五、模型评估

（1）影像学评估：使用影像学技术如生物自发光成像、荧光成像或超声等观察和定量肿瘤的大小、位置和分布情况。图 86.6 显示在小鼠腹腔注射 0.015 g/mL *D-* 荧光素钾盐溶液后，使用小动物活体成像仪观察到的结肠处荧光强度变化。

（2）肿瘤体积测量（图 86.7，图 86.8）：定期终止实验，采集肿瘤，测量肿瘤体积，可以此作为肿瘤生长的指标。

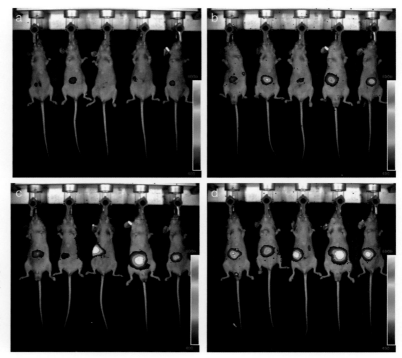

图 86.6　小鼠腹腔成像，荧光显示肿瘤位置。a. 术后第 10 天；b. 术后第 18 天；c. 术后第 26 天；d. 术后第 36 天

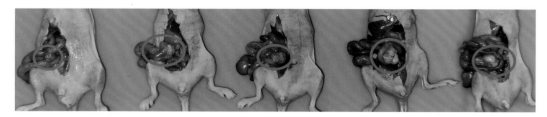

图 86.7　肿瘤标本采集

图 86.8　肿瘤体积测量

（3）组织病理学分析：取肿瘤组织进行病理学处理和染色，观察肿瘤的组织学特征、细胞形态学和增殖情况。

（4）免疫组织化学染色：使用免疫组织化学染色技术检测肿瘤标记物的表达，以评估肿瘤的增殖活性和血管生成情况。

（5）流式细胞术：通过流式细胞仪分析肿瘤组织中的细胞亚群和细胞周期分布等，以评估肿瘤的细胞组成和增殖状态。

（6）分子生物学分析：使用 PCR、蛋白印迹实验等检测肿瘤相关基因的表达水平、蛋白质水平或突变情况，以研究肿瘤的分子机制。

（7）免疫疗效评估：通过检测肿瘤组织中的免疫细胞浸润情况、细胞因子水平等，评估免疫治疗对肿瘤的疗效。

六、讨论

（1）建模关键为选出活力较好的肿瘤，并需要确认肿瘤缝合是否牢固。

（2）术后以及肿瘤长大后，小鼠可能对固体食物消化困难，可以放置果冻等软食帮助恢复体力。

（3）在手术中保持内脏湿润，避免干燥造成的损伤。

（4）划伤肠壁的目的是使肿瘤组织块更容易与肠壁长合在一起。

（5）在将肿瘤组织块与肠壁缝合在一起时，使用 8-0 缝合线且只缝合结肠肌层，避免粪便漏出引发脓毒症。使用生物胶水黏合代替缝合更安全，但是肿瘤生长速度较慢，成瘤率略低。

第 87 章

盲肠癌：组织块包埋[①]

于乐兴

一、模型应用

结直肠癌是发病率很高的恶性肿瘤，起病隐匿，治疗方法有限，预后较差。应用结直肠癌动物模型寻找潜在的防治靶点是常用的研究手段。目前常用的模型包括皮下接种肿瘤模型、化学药物诱导模型和转基因小鼠模型等。

皮下接种模型虽然操作简便，但无法模拟真实的结直肠微环境；化学诱导模型和转基因小鼠模型所需时间较长，且无法对肿瘤细胞内特定的细胞信号转导通路进行有效的干预。

结直肠原位接种肿瘤则可结合前几种模型的优点，克服它们的缺点：肿瘤直接接种于肠壁（多选择盲肠），模拟了结直肠癌的原位生长环境；肿瘤细胞可来源于肿瘤细胞系，或者分离自化学诱导模型和转基因小鼠模型的肿瘤，接种之前可方便干预相关细胞信号转导通路；模型重复性好。若细胞系具有高转移性，该模型可复制结直肠癌肝转移的全过程。

二、解剖学基础

盲肠位于中腹部，前接回肠，后接结肠，另一端形成较大盲袋。盲肠表面有脏腹膜（盲肠浆膜）包裹，延伸形成肠系膜盲肠部，内有盲肠动静脉和肠系膜淋巴结（图 87.1）。

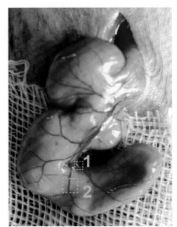

1. 盲肠动静脉；2. 盲肠动静脉分支

图 87.1 盲肠血供。其中盲肠动静脉走行于肠系膜内，其分支则走行于盲肠浆膜下

---

① 共同作者：刘彭轩。

三、器械材料

（1）器械材料：组织胶水，显微镊，尖手术刀片，无菌生理盐水湿纱布。

（2）组织材料：肿瘤细胞系（结直肠癌肿瘤细胞系 MC38）。

四、手术流程

（1）结直肠癌肿瘤细胞接种于同基因型小鼠皮下，待生长至直径 0.5 cm 时，取下肿瘤块，去除包膜、缺血性坏死及出血区域，取白色鱼肉状组织于冷的无血清培养基中剪碎为 1 mm×1 mm×1 mm 小块，置于冰上备用。

（2）小鼠常规麻醉，中后腹部备皮。

（3）仰卧固定于手术板上，垫高腰部，剃毛区常规消毒。

（4）做中后腹部 1～2 cm 腹正中皮肤－腹壁切口（参见《Perry 小鼠实验手术操作》"第 17 章　开腹"）。

（5）▶在切口处放置湿纱布，将盲肠拉出放于其上，确定接种部位为盲肠近盲端系膜一侧（图 87.2）。

（6）左手用湿棉签固定盲肠，右手持尖手术刀片将接种部位的浆膜轻刮数下，范围大致为 5 mm × 5 mm，可见刮后黏膜变得粗糙，或有小出血点（图 87.3）。

（7）用湿棉签将此处肠壁向肠腔按压，形成凹槽（图 87.4）。

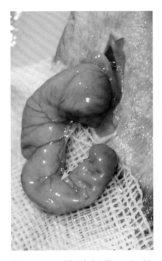 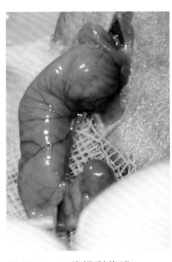 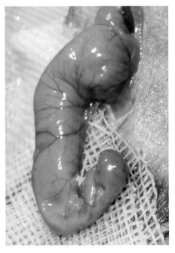

图 87.2　接种部位，如箭　　图 87.3　刀片轻刮浆膜　　图 87.4　压出的凹槽，如箭头
头所示　　　　　　　　　　　　　　　　　　　　　　　　所示

（8）将 1 块肿瘤块放入此凹槽内（图 87.5）。

（9）用胰岛素针滴组织胶水封闭凹槽（图 87.6）。

（10）待胶水凝固（约 1 min）后将盲肠还纳腹腔。逐层关腹，伤口消毒。

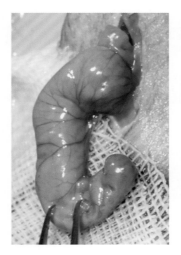 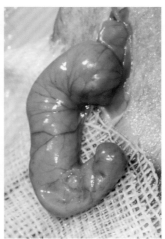

图 87.5 肿瘤组织块安置于凹槽内　　图 87.6 肿瘤组织块被封闭在凹槽内

五、模型评估

（1）大体形态：观察荷瘤肠道的在体形态和取出后的形态（图 87.7）。

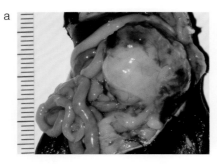 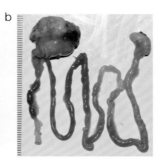

图 87.7 荷瘤 10 天后肠道肿瘤形态。a. 在体形态；b. 将肠道取出后的形态

（2）生物自发光活体成像：将肿瘤细胞系 MC38 标记荧光素酶（luciferase）报告基因，可以通过小动物活体成像仪检测生物发光（图 87.8）。

（3）病理检查：取肿瘤及附近的肠组织行 H-E 染色，观察肿瘤导致的组织变化（图 87.9）。

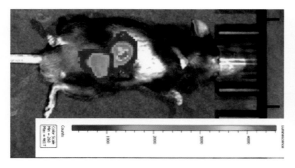

图 87.8 活体成像检测盲肠肿瘤负荷。盲肠原位接种表达荧光素酶的 MC38 组织块 10 天后，通过生物发光检测肿瘤生长情况

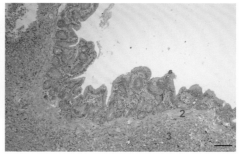

1. 黏膜；2. 黏膜下层；3. 肿瘤组织

图 87.9 盲肠原位接种肿瘤组织切片，H-E 染色。肿瘤接种 14 天后，可见肿瘤组织由浆膜面向黏膜层浸润

六、讨论

（1）结直肠原位肿瘤种植模型的建立方法一般包括盲肠壁注射、将组织块采用荷包缝合法缝合到盲肠壁、肠系膜三角区注射、直视下直肠黏膜下注射及肠镜下直肠黏膜下注射等。

① 由于小鼠的结直肠壁菲薄，直视下注射肠壁较易穿透肠腔，模型成功率低。

② 荷包缝合法将组织块缝合到盲肠壁，由于针仅穿过而不穿透肠壁，操作难度大，穿透肠壁易造成感染，故模型成功率也较低。

③ 肠系膜三角区的肠壁无肠系膜覆盖，是较理想的注射区域，但由于腹膜很薄，该区域狭小，需要一定的操作技术。

④ 本章介绍的模型应用组织胶水将组织块粘到肠浆膜层，操作难度低，成功率高。应用类似的原理也可将肿瘤组织块粘到直肠黏膜层，模拟肿瘤的黏膜浸润。

（2）在移植组织前，应先将移植部位的浆膜破坏，以方便组织定植。

（3）移植部位的选择：考虑到后期肿瘤生长速度快，可能会压迫肠腔形成肠梗阻，可将组织块移植于盲肠的盲端。

（4）在用手术刀片刮浆膜时，用尖端轻刮数下，肉眼看到浆膜变粗糙即可。刮的范围不要太大，防止损伤部位有大量肠系膜覆盖。

（5）很稀的组织胶水与组织接触后会迅速扩散，难以控制凝固面积。可将胶水吸到胰岛素注射器内，精准滴加到肿瘤接种部位，滴加量大约为 10 μL（1 滴）。

（6）待植肿瘤块存放在冰上时间尽量缩短，以避免肿瘤活性降低。一般存放时间不要超过 60 min。

16

肿瘤模型：肝癌

第十六篇

肝癌手术造模概论 [①]

于乐兴

一、模型应用

  肝癌是指发生于肝的恶性肿瘤，按照其组织学来源可分为原发性肝癌（primary liver cancer，PLC）和继发性肝癌（或称转移性肝癌）。原发性肝癌包括肝细胞癌（hepatocellar carcinoma，HCC）、胆管细胞癌（cholangiocarcinoma）等。肝是肝外器官肿瘤（如胰腺癌、结直肠癌、肺癌等）最常见的转移部位之一，这些肿瘤转移到肝形成继发性肝癌。肝癌发病率居各类肿瘤发病率前列。临床医学对肝癌的发病机制和治疗方法的研究在不断深入，实验动物肝癌模型的构建是必不可少的一环。

  目前用于构建肝癌模型的动物以小鼠为多，原因主要是小鼠与人类生物学相似性高、可操作性强、遗传工具丰富、造价相对低廉等。随着小鼠专业操作技术的不断进步，越来越多的造模方法用于肝癌研究。常用造模方法包括转基因小鼠、化学诱导及同种异体/异种移植等。本篇主要介绍了九种通过手术方式进行同种异体/异种移植的造模方法，以及一种虽然属于诱导类，但是操作很有特点、类似一种特殊手术的造模方法。本篇概述了这九种方法的优势及不足之处。

二、造模方法分类

  各种小鼠肝癌造模方法总结如图 88.1 所示。

  原发性肝癌的造模方法分为两种：① 肝原位诱导法，即直接诱导肝细胞（或其前体细胞）发生基因突变成为肝癌，如化学药物（如二乙基亚硝胺）诱导小鼠肝细胞基因突

---

① 共同作者：刘彭轩。

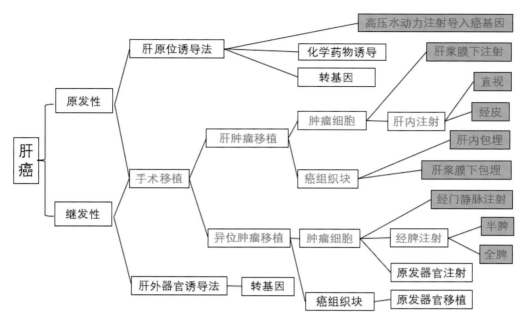

图 88.1　小鼠肝癌造模方法一览。绿色部分为本篇述及内容

变、肝细胞导入癌基因（高压水动力注射导入癌基因或利用转基因小鼠在肝细胞内特异性表达癌基因或相关基因）等；② 手术移植，即同种异体或异种移植（肿瘤移植模型），将已建立的肝癌细胞系或肝癌组织块种植到小鼠肝内，形成移植性肿瘤。其中，根据细胞系/肝癌组织的物种来源，肿瘤移植模型又可以分为鼠源细胞系在小鼠体内的移植瘤模型（syngeneic model，主要进行免疫治疗药物的筛选和评估）、人源肿瘤细胞系异种移植模型（cell-derived xenograft，CDX）。这几种造模方法均需注意动物品系和细胞系的选择。

　　继发性肝癌（或称肝转移）是发生于肝外器官的肿瘤中具有高侵袭性能力的肿瘤细胞经血液循环到达肝微血管，穿出血管后定植于肝实质内并生长形成的肿瘤。造模方法包括肝外器官诱导法和手术移植。肝外器官诱导法是在肝外器官诱导肿瘤并形成肝转移。

　　手术移植构建肝转移模型又可分为：① 自发性肝转移模型，即将肿瘤细胞或组织块接种于原发器官或者皮下，由肿瘤自发转移至肝；② "实验性"肝转移模型，即将肿瘤细胞注射于小鼠的门静脉系统或者直接接种于肝组织内，形成肝内肿瘤灶。肝外器官原位诱导肿瘤和自发性肝转移模型最终形成的肝肿瘤模拟了临床肿瘤肝转移的全过程，但需时较长，且只有很少的转基因小鼠肿瘤模型或细胞系能够形成自发性肝转移。经小鼠门静脉系统接种肿瘤细胞形成肝肿瘤的造模方法仅涉及临床肿瘤肝转移的部分过程，但该方法成瘤快，可重复性强。在肝内接种肿瘤细胞或组织块基本不涉及肿瘤转移过程。

三、手术造模方法

肿瘤移植依据是否将肿瘤细胞或组织块直接种植到肝分为肝肿瘤移植和异位肿瘤移植。

（一）肝肿瘤移植

肝肿瘤移植分为两类：肿瘤细胞注射（图 88.2）和组织块包埋。具体方法有以下五种。

1. 直视下肝内注射

直视下肝内注射是目前使用最普遍的方法。其历史最悠久，使用者最多。但由于对小鼠损伤大，其前景并不被看好。与其他肝肿瘤移植方法相比，该法优点是技术要求低，种植位置准确，入肝细胞量精确；缺点是对小鼠损伤较严重，需要做开腹手术和将针刺入肝内。

另一种精准在肝局部诱导肝癌的方法为肝局部注射编码癌基因质粒的溶液后行电穿孔[1]。

1. 门静脉注射；2. 半脾注射；3. 全脾注射；4. 肝浆膜下注射；5. 肝脏内注射
图 88.2 肿瘤细胞注射方法示意。红色示肝；黄色示胃；棕色示脾；粉紫色示胰腺；蓝色示静脉

2. 经皮肝内注射

在精确了解小鼠局部解剖的前提下，术者无须开腹，可以直接将注射器针头穿皮通过腹壁刺入肝。从解剖位置和注射器针头的规格上来看，该技术完全可行，关键是术者的技术是否熟练。该方法最大的优点是对小鼠损伤小，造模速度快；缺点是对肝有针刺损伤，技术要求高；另外，可能存在细胞泄露至腹腔及不易止血的问题。

3. 肝浆膜下注射

这是近年来发展普及最快的方法。操作过程与直视下肝内注射类似，也需要麻醉、开腹，但是对肝损伤小。操作方法是在显微镜下，将肿瘤细胞注射到肝浆膜下。缺点是技术要求高，小鼠同样受到开腹的手术损伤。

4. 肝内包埋

将肝癌组织块包埋入肝，该造模方法可以维持原始肿瘤组织的特性，但是对小鼠机体损伤较大，尤其是术中出血较多。

5. 肝浆膜下包埋

将肝癌组织块包埋入肝浆膜下。此方法对小鼠损伤小，还可以维持原始肿瘤组织的特性。虽然尚未普及，但很值得推荐。

（二）异位肿瘤移植

异位肿瘤移植方法有四种，在本篇中介绍三种。

1. 全脾注射肝肿瘤细胞

该法历史悠久，其最初设计目的是构建肝转移模型，通过注射使肿瘤细胞在脾内生长，然后通过血管转移至肝。但是在实际操作中发现，脾组织致密，注射少量液体就会立即通过门静脉转移至肝。肿瘤细胞经脾注射后可穿过肝的微血管在肝内定植形成肝肿瘤。在完成肿瘤细胞注射后需将脾切除，以免肿瘤在其内生长影响结果。该法操作较为简单，重复性好，应用较为广泛，但是脾切除对小鼠的免疫系统会产生较大影响，且该法只能模拟肿瘤肝转移的部分过程。

2. 半脾注射肝肿瘤细胞

该法是建立在全脾切除模型上，根据脾为长条形的解剖特点及其组织致密的生理特点，开发出的造模后保留半脾的方法。主要操作是按照供血将脾分为脾头、脾尾两个区域，从中间切断。在脾尾完成肿瘤细胞注射后切除，保留脾头部分在术后发挥其生理功能。但需注意的是：防止细胞在注射时从脾的断端渗漏；推注细胞时速度不可过快，防止细胞进入脾头；注射前需临时阻断脾头静脉。

3. 门静脉注射肿瘤细胞

经门静脉注射肿瘤细胞与经脾注射肿瘤细胞相比，肿瘤细胞入肝的路径大致相同，但可精准控制入门静脉系统的细胞量及避免对脾的损伤。随着门静脉注射和止血技术的提高，这个方法逐渐被接受。其优点是肝、脾都没有受到手术损伤，注射后门静脉针孔可以很快愈合，对小鼠仅有开腹手术损伤。其缺点是所有移植方法所共有的：无法控制肿瘤细胞在肝内的分布；术者尤其需要熟练掌握门静脉注射止血技术。

4. 在肝外原发器官注射肿瘤细胞或移植癌组织块（具体操作不在本篇讨论范围）

在肝外原发器官移植相应的肿瘤细胞系或癌组织块，偶尔可在肝内形成肿瘤转移灶。据文献报道，在小鼠胰腺接种 KPC1199 细胞，可形成肝转移灶；在 NOD/SCID 品系小鼠的直肠黏膜下接种特殊类器官细胞系，可在肝内形成肿瘤。这两种方法模拟了临床肿瘤肝转移的全过程，但只有很少的已建立的肿瘤细胞系具有形成自发性肝转移的能力。

四、 水动力癌基因诱发肝癌

该法虽然属于诱发造模，但是操作手法特殊，类似一种特殊手术，所以也收录于本书中。

该法最大的特点是无须开腹，而是通过尾静脉快速注射（5～8 s）大体积（小鼠体重的 10%）的含编码癌基因质粒的溶液，诱导肝原位肿瘤。优点是方法简单，无须麻醉和手术，技术要求低，操作器械仅是一支注射器，建模造价极低。缺点是无法将肿瘤在肝上定位。

比较而言，在九种方法中，该方法是最经济快速的。实验中需选用特殊的基因递送系统，保证导入的癌基因在肝细胞内长期表达。目前常用的递送系统为转座子系统（如 Sleeping Beauty Transposon/Transponsase 或者 Piggybac Transposon/Transponsase 系统）。使用该方法时还应注意小鼠品系的选择，不同品系的小鼠对诱癌基因的敏感性差别较大。

五、临床前肿瘤研究常用的人源肿瘤细胞系异种移植模型（CDX）和人源肿瘤组织异种移植模型（PDX）的比较

1. CDX 模型

肿瘤细胞经过体外筛选和传代培养后建立稳定细胞系，再注射到免疫缺陷小鼠肝内或肝浆膜下建立模型。

（1）优点：① 细胞系获取容易，且生物学特性均一；② 细胞系便于在基因水平上操作，可根据研究需求提供定制化服务；③ 有大量已发表的关于其基因组学、细胞功能学及药效反应的文献数据可供参考；④ 造模操作相对简单，成功率较高，适用于大规模实验和高通量筛选。

（2）缺点：① 此类模型缺乏肿瘤特异性和肿瘤生长环境，丧失了原始肿瘤组织的结构和细胞间相互作用，可能无法完全模拟人类肝癌的复杂生物学特性；② 肿瘤细胞系经长期体外培养后，其肿瘤细胞生物学行为及基因谱表达水平、肿瘤异质性都与原始肿瘤组织存在较大差异，从而在预测临床药效方面不甚理想；③ 与临床病人缺乏相关性；④ 只包含肿瘤细胞，缺乏原始肿瘤组织的异质性。

2. PDX 模型

将新鲜肿瘤组织经过修剪（去除肿瘤表面连带的组织、肿瘤外膜及肿瘤内坏死部分）后放置于培养液中，处理成大小均匀的小块后接种到免疫缺陷小鼠上。

（1）优点：① 移植所用标本直接来源于肿瘤组织，稳定地保留了肿瘤的遗传特性、组织学和表型特征，即肿瘤异质性；② 模型的肿瘤与患者的肿瘤相似性高，达到90% 以上，包含多种细胞类型和组织结构，有助于研究肿瘤微环境和肿瘤 – 宿主相互作用；③ 原代肿瘤可保存，为后续应用研究提供了便利；④ 能够反映不同肿瘤来源的样本差异。

（2）缺点：① 操作较复杂，技术要求较高；② 成功率较低，可能因为免疫排斥而影响移植物的存活。

综合来看，PDX 更接近真实肿瘤的生物学特性，适合研究肿瘤微环境和肿瘤 – 宿主相互作用。肿瘤细胞移植则更加简便且适用于大规模实验。研究人员通常根据研究目的和实验需求来选择适合的移植方法。

六、与解剖相关的操作特色

1. 肝叶选择

肝分为 5 叶，左外叶最大，小鼠仰卧开腹，可见未被左中叶遮盖的左外叶后半部分，方便操作（图 88.3）。

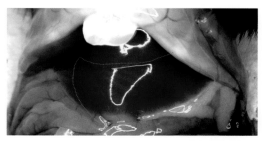

图 88.3　小鼠开腹可见肝。绿色虚线区域示肝左外叶

2. 肝的操作

肝的生理解剖特点是"质脆"多血，接触中稍有不慎就会受损伤形成包膜下血肿或出血。因此，肝移动不用金属或塑料工具，而采用湿棉签。

做肝注射时需要将其固定，避免针尖刺入时发生移位。其做法是在肝下方垫上干滤纸，滤纸与湿润的肝牢固地粘贴在一起。只要固定滤纸，肝则不会移位。当需要去除滤纸时，向二者滴加生理盐水，滤纸被浸湿后，就可以轻松无损伤地与肝分开。详见"第95章　肝癌：组织块浆膜下包埋"。

若要使肝叶之间分开一定的距离，可以将干棉球放在肝叶之间做支撑，既不会伤肝，又不会滑脱移位，非常安全可靠。详见《Perry 小鼠实验手术造模 I》"第23章　肝热缺血再灌注"。

3. 肝浆膜操作

肝浆膜（图 88.4）紧贴肝的表面，在小鼠肿瘤模型中非常重要（图 88.4）。做肝浆膜下注射时，针头斜面向下，在浆膜下水平进针，可以避免针尖对肝的损伤。用湿棉签轻触针孔拔针，并且棉签贴触针孔维持 1 min，即可有效止血。

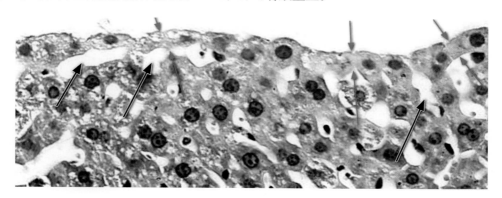

图 88.4　小鼠肝组织病理切片，H–E 染色。红色箭头之间为肝浆膜；黑色箭头示肝窦。浆膜为单层细胞组成，覆盖在肝窦表面

肝浆膜的韧度，完全可以承受适量的细胞注射而不会被撑破。因为注入的大量肿瘤细胞会在肝浆膜下不断进入肝窦，堆积的肿瘤细胞张力会不断减小。

4. 脾注射

脾静脉分为 2 支——脾头静脉和脾尾静脉（图 88.5）。有的脾头静脉汇合脾胃静脉进入门静脉，脾尾静脉汇入脾胰静脉后再汇入门静脉，而后门静脉入肝。将脾从中间截断，脾头、脾尾分开，在脾尾注射肿瘤细胞，即为半脾注射。

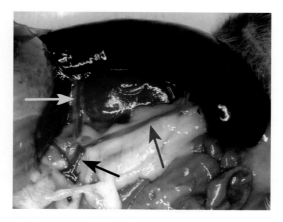

图 88.5　小鼠脾静脉解剖。黑色箭头示脾静脉；蓝色箭头示脾尾静脉；黄色箭头示脾头静脉

5. 门静脉注射

除了经脾注射肿瘤细胞之外，还可以经门静脉注射而不伤脾。此方法更精确控制入肝肿瘤细胞数量。在门静脉注射中，一个关键操作是进针技巧。由于门静脉走行于肝十二指

肠系膜内，移行性很大，注射时必须拉紧静脉做对抗牵引，方可掌控进针。另一个关键操作是拔针止血的方法。用自身脂肪块止血是首选的有效方法。具体操作参见《Perry 小鼠实验给药技术》"第41章　门静脉注射"。由于门静脉较大，血管损伤影响的范围大，因此，也可以采用较小的上游血管——盲肠静脉注射来代替（参见《Perry 小鼠实验给药技术》"第42章　盲肠静脉注射"）。

七、参考文献

MARCO S，HEINZMANN F，D'ARTISTA L，et al. Necroptosis microenvironment directs lineage commitment in liver cancer[J]. Nature，562（7725）：69–75.

第 89 章

肝癌：水动力法诱导 [①]

李斌

一、模型应用

原发性肝癌是全球发病率和死亡率极高的恶性肿瘤，临床急需有效的治疗药物。抗肝癌药物的临床前药效研究常用肿瘤模型包括裸鼠移植瘤模型、患者来源肿瘤异种移植模型、化合物诱导肝癌模型、转基因小鼠肿瘤模型。

本章介绍水动力法造癌基因诱导的小鼠肝癌模型，该模型通过尾侧静脉快速注射大量质粒溶液，质粒进入肝后，通过囊泡内吞或通过细胞膜孔进入细胞内，然后通过核孔进入细胞核 [1]。质粒溶液中包含一个睡美人（Sleeping Beauty）转座酶质粒和携带癌基因转座酶的质粒，转座酶表达后将癌基因插入染色体中实现长期表达，最终诱导肝癌的发生。将不同癌基因组合通过该方法注射到小鼠体内，可以得到肝细胞癌、肝内胆管癌（intrahepatic cholangiocarcinoma，ICC）、肝母细胞瘤（hepatoblastoma，HB）或者混合型肝癌。在癌基因后面连接荧光素酶报告基因，该模型就可以用活体成像的方法动态监测肝癌的生长和转移状况。

该模型可用于肝癌新药研发，肝癌发生、发展机制，以及影像学、肿瘤代谢、肿瘤免疫等方面的研究，具有成本低、操作简单以及便于同时研究多个基因、多个信号通路相互作用的优势。

---

① 共同作者：刘彭轩。

二、解剖学基础

小鼠常规尾侧静脉注射药物进入肝脏的路径是：尾侧静脉—臀下静脉—髂内静脉—后腔静脉—右心—肺动脉—肺循环—肺静脉—左心—主动脉—肝动脉。

在有大量液体瞬间进入后腔静脉时，右心瓣膜可以有效阻止液体过量进入心脏。肾脏质地致密，血管细小盘曲，长且结构复杂，难以容许大量液体瞬间进入。而小鼠的肝巨大而柔软，有特殊的肝窦结构，可以瞬间容纳大量液体（图89.1）。在后腔静脉高压状态下，静脉血会从后腔静脉反流入肝静脉，进而充斥肝窦。小鼠尾侧静脉大剂量快速注射药

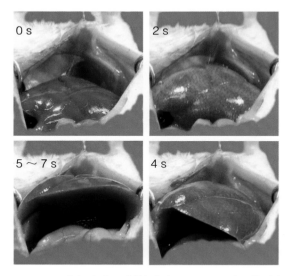

图 89.1　在经小鼠尾侧静脉注入 0.1 mL/（g 体重）溶液时，7 s 内肝脏逐渐充盈

物的入肝路径是：尾侧静脉—臀下静脉—髂内静脉—后腔静脉—肝静脉（反流）—肝细胞▶。

当肝窦处于高压状态时，质粒从肝细胞外进入肝细胞内。这一点在本模型中有着非常重要的作用。在图 89.2 中，蓝色染料注射实验证实绝大部分溶液进入了肝内▶。

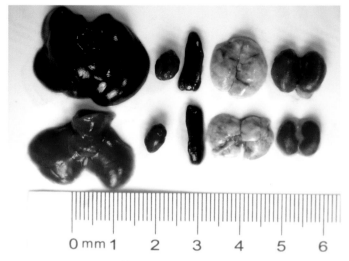

图 89.2　大量蓝色染料快速经尾侧静脉注射后，立即采集标本，显示蓝染状况。从左至右为肝、心脏、脾、肺、肾，可见肝蓝染明显

三、器械材料

（1）设备：静脉可视小鼠尾静脉注射固定器（简称"固定器"）（图 89.3）。

（2）器械：2.5 mL 注射器，26 G 针头。

（3）质粒溶液：以一定比例配制质粒溶液（例如，三种质粒以 pT3-c-Myc : pCaggs-NRasV12 : pCMV-SB = 15 : 15 : 2 混合，取 32 μg 加入 2 mL 生理盐水），按 0.1 mL/g 吸入注射器内，37 ℃水浴保存备用。

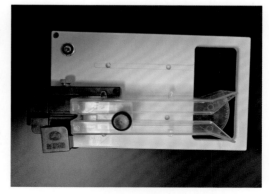

图 89.3　静脉可视小鼠尾静脉注射固定器

四、手术流程

（1）小鼠无须麻醉，置于固定器内（图 89.4）。适当垫高固定器头位。

（2）开启透照灯，拉紧并将鼠尾旋转 80°，显示一侧尾侧静脉影像。

（3）用酒精棉片消毒尾部注射位置，充盈尾侧静脉。

（4）将注射器针头斜面向上，水平刺入尾侧静脉 0.5 cm（图 89.5）。

图 89.4　小鼠固定

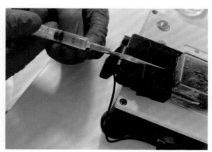

图 89.5　注射器针头刺入尾侧静脉

（5）平稳、快速地将质粒溶液全部注入小鼠体内，时间控制在 5 ～ 8 s。

（6）注射完毕，将小鼠放入笼内继续饲养，等待肿瘤形成。

五、模型评估

（1）活体影像追踪：用小动物活体成像仪或者 B 型超声仪检测（图 89.6）。

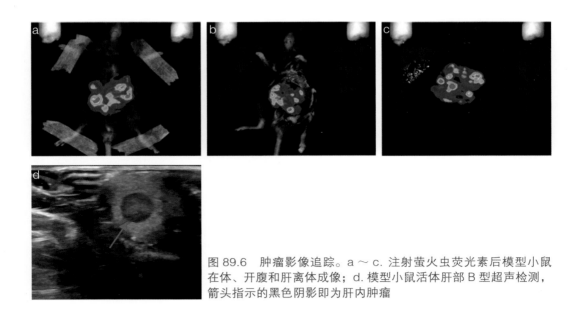

图 89.6　肿瘤影像追踪。a～c. 注射萤火虫荧光素后模型小鼠在体、开腹和肝离体成像；d. 模型小鼠活体肝部 B 型超声检测，箭头指示的黑色阴影即为肝内肿瘤

（2）取材：解剖小鼠后，取肝称重，肿瘤计数，测量最大肿瘤体积（图 89.7）。

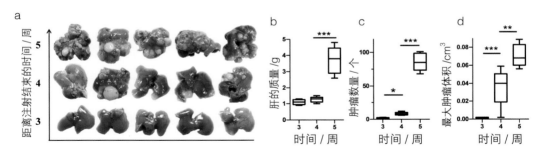

图 89.7　C57BL/6J 小鼠注射 c–Myc/N–ras 质粒组合后，不同时间取材的肝的照片（a）、肝的质量（b）、肿瘤数量（c）和最大肿瘤体积（d），$n = 5$

（3）病理：收集肝样本后做 H-E 染色和免疫组织化学染色以辨别肿瘤种类（图 89.8）。

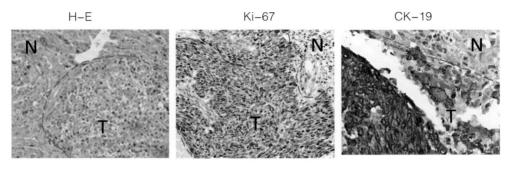

N. 正常肝组织；T. 肝内肿瘤

图 89.8　C57BL/6J 小鼠注射 c–Myc/NICD 质粒组合 5 周后肝病理染色片

六、讨论

（1）质粒需要用无内毒素质粒提取试剂盒提取。

（2）注射质粒后，小鼠会出现晕厥，持续时间数分钟，但发生率低于 20%。可将晕厥小鼠置于加热垫上，大部分小鼠数分钟内可以苏醒，恢复正常活动，偶有死亡发生。

分析其原因有助于避免和减少此类现象的发生。小鼠昏厥或死亡可能是多因素综合影响的结果，其主要原因包括：① 瞬间形成颅内高压；② 血液瞬间被稀释，造成瞬间缺氧。针对第一个因素，采用小鼠头高位，在一定程度上可以缓解颅压增高。

（3）不同癌基因组合的配制比例不同，成瘤时间也不同，需要进行条件摸索。一般肿瘤生成时间为 14 ～ 60 天，比如，Akt/c-Myc 组合 2 ～ 3 周成瘤，N-Ras/β-catenin 组合 5 ～ 6 周成瘤。不同癌基因组合的成瘤率也不同，比如，Akt/NICD 组合成瘤率接近 100%，Yap/β-catenin 组合成瘤率约 80%。

（4）除了已介绍的质粒的构建外，还可以将其他癌基因构建到质粒中，探究其对肝癌发生、发展的作用。

（5）针头刺入尾侧静脉后，先轻轻推动注射器底端，感受阻力是否较小，以确保针头位于血管内。

（6）将质粒溶液先于 37 ℃水浴后再注射，避免引起小鼠体温骤降。

七、参考文献

1. WOLFF J A，BUDKER V. The mechanism of naked DNA uptake and expression[J]. Adv genet，2005，54:3-20.

2. LI B，CHEN Y，WANG F，et al. Bmi1 drives hepatocarcinogenesis by repressing the TGFβ2/SMAD signalling axis[J]. Oncogene，2020，39(5):1063-1079.

3. WU H，CHEN Y，LI B，et al. Targeting ROCK1/2 blocks cell division and induces mitotic catastrophe in hepatocellular carcinoma[J]. Biochem pharmacol，2021，184:114353.

4. YANG C J，LI B，ZHANG Z J，et al. Design，synthesis and antineoplastic activity of novel 20(S)-acylthiourea derivatives of camptothecin[J]. Eur j med chem，2020，187:111971.

5. YANG T，CHEN Y，ZHAO P，et al. Enhancing the therapeutic effect via elimination of hepatocellular carcinoma stem cells using Bmi1 siRNA delivered by cationic cisplatin nanocapsules[J]. Nanomedicine，2018，14(7):2009-2021.

第 90 章

肝癌：原位注射^①

于乐兴

一、模型应用

肝恶性肿瘤包括原发性肝癌和继发性肝癌（转移性肝癌），前者包括肝细胞癌、胆管细胞癌等，后者多来源于肝外器官的恶性肿瘤，如消化道、肺等。由于肝肿瘤的高发病率及不良预后，寻找有效的靶点对其防治至关重要。

在小鼠皮下接种肝癌细胞系，通过检测肿瘤生长情况，进而评估相关治疗方法的效果是目前常用的研究方法。但该方法忽略了肝的微环境，其中包含多种细胞成分及非细胞成分，对肝肿瘤的发生、发展及治疗反应等都有重要影响。

肝原位注射肿瘤细胞是将肿瘤细胞直接注射到肝内，模拟了肿瘤细胞进入肝实质后在肝内生长的过程，后期可应用影像学方法评估肿瘤的生长情况。此模型可用于研究肝的微环境对肿瘤生长的影响，综合评价肝癌治疗方法的疗效。

在小鼠开腹状态下，将注射器针头直视下刺入肝，对小鼠损伤严重，影响实验结果。随着操作技术的发展，近年来采用肝浆膜下注射的方法，针头对肝基本没有机械损伤，有逐步代替肝内注射的趋势。

二、解剖学基础

肝（图 90.1）是小鼠最大的消化腺，位于前腹部，紧贴横膈之后。按血管分布可分为五叶：左外叶、左中叶、中叶、右叶和尾状叶。按空间位置（仰卧位），左中叶及中叶位于最上层，其下一层为左外叶。左外叶上层、左中叶及中叶紧贴肋弓及前腹壁脏层，经腹

---

① 共同作者：刘彭轩。

中线开腹后可方便暴露。左中叶及中叶由肝膈系膜与膈相连，左外叶有系膜与尾状叶和胃相连，活动度较大。掀起剑突及前面的三块肝叶，可暴露后方的右叶及尾状叶。

肝被一层脏腹膜即肝浆膜包裹，此膜与肝细胞紧贴。肝的质地柔软，具有一定韧性，血供丰富，损伤时不易止血。

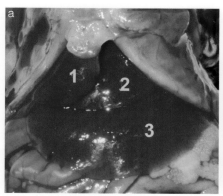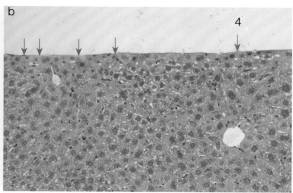

1. 中叶；2. 左中叶；3. 左外叶；4. 脏腹膜（肝浆膜）

图 90.1　肝的位置及组织学结构。a. 剪开前腹壁后显露肝的解剖位置；b. 肝组织切片照。肝表面为脏腹膜包裹（4 所示），形成肝浆膜。H–E 染色可见此膜与肝细胞紧贴（箭头所示）

三、器械材料

（1）设备：小动物活体成像仪，小动物超声成像系统。

（2）器械材料：眼科剪，眼科镊，5-0 丝线，持针器，29 G 针头胰岛素注射器，棉签等。

（3）组织材料：肿瘤细胞系（如肝癌细胞系 Hepa1-6、H22 及结肠癌细胞 MC38 等，本章选用 MC38）；基质胶（重悬液浓度为 50%）。

四、手术流程

1. 细胞处理

（1）将基质胶从 –20 ℃取出，放于冰上融化。

（2）将重悬细胞用的移液器枪头、1.5 mL 离心管、注射器等放于 –20 ℃ 预冷 30 min。

（3）将对数生长期的肿瘤细胞用胰酶消化，过 70 μm 滤网去除细胞团块，计数，用冰上预冷的 PBS 缓冲液按照 4×10^7 个 /mL 重悬。

（4）用预冷的移液器枪头吸取相同体积的基质胶与细胞悬液，于预冷的 1.5 mL 离心

管内，混匀后，吸到 1 mL 的注射器内待用。

2. 手术操作

（1）小鼠常规麻醉，腹部备皮。取仰卧位，固定四肢。

（2）备皮区常规消毒。沿腹正中线剑突后 1 cm，分层划开皮肤和腹壁（图 90.2），开口约 1 cm（参见《Perry 小鼠实验手术操作》"第 17 章　开腹"）。

（3）轻压剑突，从切口处将肝左外叶挤出，放于生理盐水湿纱布上（图 90.3），用湿棉签展平。

（4）用胰岛素注射器吸取 25 μL 基质胶 /PBS 缓冲液重悬的肿瘤细胞。

（5）左手用一根湿棉签固定肝左外叶远心端，右手持注射器，针头斜面向下，从肝远心端进针，针头穿过肝浆膜（图 90.4），进针肝实质内约 1 cm。

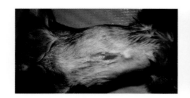

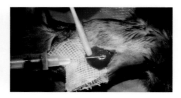

图 90.2　开腹位置　　　　图 90.3　肝左外叶放于腹腔外　图 90.4　针头刺入肝内
　　　　　　　　　　　　　　　　　湿纱布上

（6）缓慢注射肿瘤细胞，可观察到肝的注射部位变白膨大（图 90.5）。

（7）等待 1 min 左右待基质胶凝固后拔出注射器，用棉签按压针孔 1 min 止血，撤除纱布。将肝还纳腹中（图 90.6）。

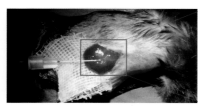
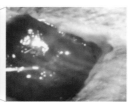

图 90.5　注射肿瘤细胞，可见局部隆起。小图为放大的注　图 90.6　肝还纳腹腔
射区域

（8）逐层关腹，常规消毒皮肤伤口。

五、模型评估

（1）大体观察：可测肿瘤质量、分布状态等（图 90.7）。

（2）活体成像（生物自发光）：该模型中肝原位接种了过表达 GFP/Luciferase 的肿瘤细胞。7 天后，行活体成像检测，可见肿瘤的生物自发光（图 90.8）。通过计算单位面积、单位时间内的光子通量，可判断肿瘤负荷。

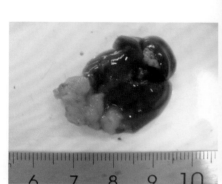

图 90.7　肝肿瘤的形态　　　　　　　图 90.8　生物自发光检测肝肿瘤负荷

（3）用小动物超声成像系统检测（图 90.9）。

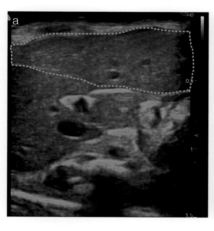

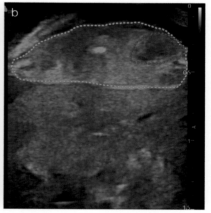

图 90.9　肝肿瘤的 B 型超声影像。a. 正常肝影像；b. 荷瘤肝影像。蓝色线内示肝；红色线内示肝肿瘤灶

（4）病理检查：将组织切片进行 H-E 染色，观察肿瘤组织形态（图 90.10）。

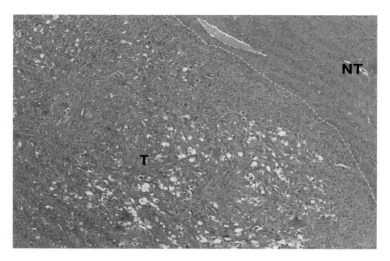

T. 肿瘤组织；NT. 非肿瘤组织

图 90.10　肝肿瘤行 H–E 染色。可见肿瘤将肝组织推挤到一侧，肿瘤与肝实质分界不清，无明显包膜，呈浸润性生长

六、讨论

（1）细胞系的选择：根据细胞系的成瘤能力选择合适的注射细胞数量及合适品系的小鼠。

（2）为了防止细胞从注射部位漏出，用较高浓度的基质胶重悬细胞（>50%）。基质胶在常温下较为黏稠，在低温下呈液态，为了避免基质胶因黏稠而容易附着于管壁造成细胞损失，可将用于吸取基质胶的枪头等物品预冷处理，重悬细胞吸入注射器后放于冰上待用。

（3）该模型模拟了肿瘤细胞进入肝内定植生长的过程，目标位置在肝组织中。注射后可见注射部位发白。如果进针过浅，可形成肝包膜下透明水泡，则属于肝浆膜下注射，参见"第94章　浆膜下注射"。

（4）进针、退针时需要确定细胞没有漏至肝外。

（5）注射需一次成功，减小对肝的损伤。

（6）进行生物自发光检测时，做正侧位，便于三维定位。

第 91 章

肝癌：经皮注射①

蔡铎

一、模型应用

肝细胞癌是癌症相关死亡率的第三大常见原因，虽然有很多研究已经确定了肝癌早期患者可行的手术方法和治疗目标，但中晚期患者的预后仍然很差。因此，建立一种能够模拟疾病临床特征的动物模型对研究肝癌的早期发生、中期发展和晚期治疗等都具有十分重要的意义。本方法不需要开腹以及缝合等步骤，只需要了解小鼠的解剖知识，掌握保定和特定器官注射的要点，单人操作即可，为小鼠肝原位癌模型构建提供了一种便捷、损伤性低且高效的方法。

二、解剖学基础

浅色小鼠或裸鼠在仰卧状态下，肋骨后缘后方的部分肝于体表的深色投影可用肉眼明显观察到（图 91.1，图 91.2），肝左中叶的小部分和左外叶的大部分自体表向体内部分重叠于左侧肋骨后，这明显的体表标志物能很好地帮助我们确定注射位置。选择注射位置为肝左外叶的原因：体表可见，方便定位；整体体积偏大，对操作与后续实验观察十分有利；给肿瘤提供的生长空间较大。

---

① 共同作者：刘彭轩。

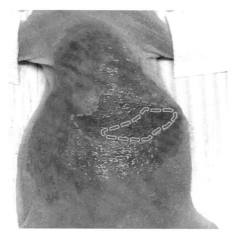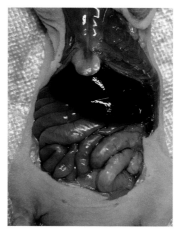

图 91.1　可在裸鼠体表观察到肝的位置，如绿色虚线所示。红色虚线所示区域大致为肝左外叶的位置

图 91.2　开腹后可以印证在体表观察的肝左外叶位置，以及小鼠肝与肋缘的相对位置关系

三、器械材料

（1）仪器：吸入麻醉系统，小动物活体成像仪。

（2）材料：如图 91.3 所示为自制载鼠台。如图 91.4 所示，从左至右依次为 29 G 针头胰岛素注射器、齿镊、碘伏棉签、普通棉签、纱布、医用胶带、自制载鼠台。

图91.3　自制载鼠台。
a. 正面观；b. 侧面观

图 91.4　材料

四、手术流程

（1）小鼠常规吸入麻醉。取仰卧位，右侧紧靠载鼠台倾斜边缘，四肢固定于载鼠台上。腹部皮肤常规消毒。

（2）将小鼠腹部皮肤拉向右侧（图 91.5），左手持纱布压住松弛的皮肤，将小鼠腹腔脏器向左挤压，使整个腹部保持紧绷状态（图 91.6）。

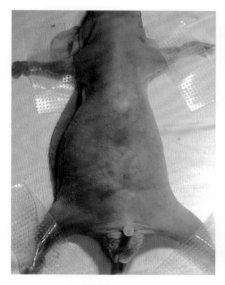

图 91.5　腹部皮肤拉向右侧

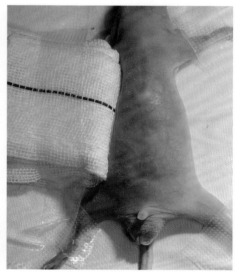

图 91.6　脏器向左挤压

（3）选定注射位置，在准备注射的肝区表面常规消毒。

（4）▶ 左手离开纱布，用齿镊夹起皮肤，右手持针，针尖斜口朝上刺入皮下（图 91.7）。

（5）左手食指再度压住纱布使小鼠腹部紧绷，中指轻轻压迫胸腔（图91.8），随后针在目标肝区刺入肝。

（6）停止进针，稳速注射。

图 91.7　针尖刺入皮下

（7）注射完毕，用棉签按压针尖入肝位置（注意，不是按压在刺入皮肤的针孔处），快速拔出针头。棉签保持压迫 40 s（图 91.9）。

（8）小鼠苏醒后返笼。正常饮食。

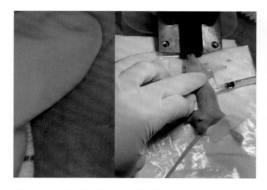 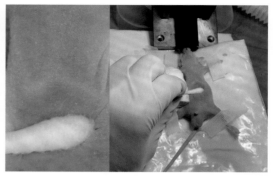

图 91.8　注射时，左手控鼠手法　　　　图 91.9　棉签压迫针尖入肝位置

五、模型评估

（1）本实验使用生物发光标记后的肿瘤细胞进行注射，图 91.10 显示了使用活体成像仪拍摄的同一只小鼠在注射后 7、14、21 天的仰卧位和侧卧位影像，可由此判断小鼠肝癌进展动态，帮助实验者针对小鼠整个疾病进展过程，选定合适的时间进行给药等处理。图 91.11 ～图 91.14 为造模后第 21 天的离体肝腹面观和背面观大体影像和荧光影像。

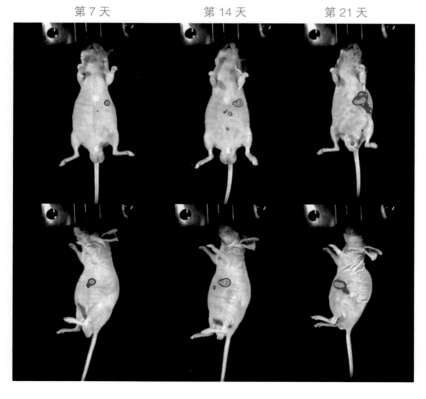

图 91.10　活体成像观察下的肝癌进展

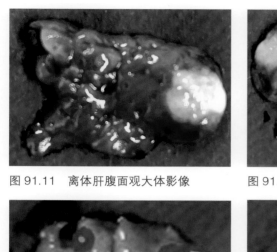

图 91.11　离体肝腹面观大体影像　　　　图 91.12　离体肝背面观大体影像

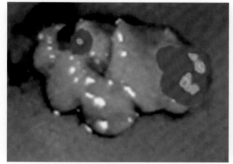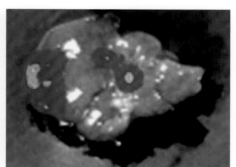

图 91.13　离体肝腹面观荧光影像　　　　图 91.14　离体肝背面观荧光影像

（2）正式实验前练习、确认注射技术的方法：用蓝色染料注射，注射完毕即安乐死小鼠，开腹检验肝蓝染状况（图 91.15）。

图 91.15　注 射 蓝 色 染料，即时开腹，肉眼可见肝内蓝色染料的位置

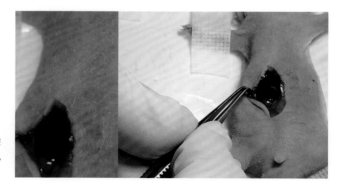

六、讨论

（1）小鼠保定在自制载鼠台后，其腹腔表面与小平台几乎平齐，使右手操作空间变大，有利于手持注射器的稳定，并辅助确定注射位置，减少操作误差。

（2）估算注射位置时要平衡针头与肝的相对位置，注射位置尽量远离肝边缘。刺入皮下时用齿镊夹起皮肤，在三角形凹陷处进针，可以避免因进针时皮肤凹陷而挤压肝使之位移。刺入皮下后，中指轻轻压迫胸腔，可使肝离开肋骨遮盖区域更多些。如徒手操作不熟练，可替换为窄胶带、皮筋、硅胶管等压迫胸腔，但在注射后要及时撤除压迫。

（3）针头进入体内为非直视操作，判断针尖位置是在肝内还是已经将肝扎穿的方法：

① 未注射前应在体表确定入针位置，仔细估算进针长度等细节，做到心中有数。

② 实际操作时尽量水平进针，逆着小鼠呼吸起伏方向轻轻小幅度抖动注射器，即可看到针在肝内有较长一段距离的停顿与形变，如果肝被扎穿则看到较短、靠近进针位置的停顿。

（4）注射细胞的体积不要太大、浓度不能太高，注射速度不能过快，体积过大容易漏出，浓度太高、速度过快有致肝破裂风险，会导致小鼠死亡。笔者选择的注射体积为 $15 \sim 50$ μL，浓度控制在 $10^4 \sim 10^5$ 个 /mL（仅供参考，具体浓度根据细胞特性与生长状态等因素酌情增减）。

（5）注射后需用棉签在针尖进入肝的位置处按压（不是在皮肤进针孔处按压），否则，虽然没有大出血，但肿瘤细胞会随血液漏出，可能在进针处生长，造成注射位置的腹膜与肝粘连。

（6）利用生物自发光检测肝肿瘤，需要拍摄仰卧位（或俯卧位）和侧卧位两个角度的影像，以避免二维误差。肝穿皮注射，如果没有拍摄侧卧位，很难鉴别肿瘤是在肝内，还是在腹膜腔内。因为肿瘤细胞从针孔溢出，在腹膜腔局部区域生长，仅通过仰卧位影像是鉴别不出来的，因此，侧卧位影像在本模型中至关重要。

第 92 章

肝癌：全脾注射[①]

于乐兴

一、模型应用

肝是肿瘤转移最为常见的靶器官之一，发生于肝外器官如胃肠道、胰腺、肺、皮肤、乳腺等的恶性肿瘤常见肝转移。转移性肝癌的发生率要远高于原发性肝癌，且肝转移的发生常预示着不良的预后。

经脾注射肿瘤细胞形成肝转移的模型的原理是将肿瘤细胞注射到小鼠脾内，由于脾包膜延展性较小，脾组织致密，肿瘤细胞将沿着脾静脉进入门脉系统，进而进入肝内定植、生长，形成转移灶。该模型模拟了肿瘤细胞进入血液后在血液中存活、穿过肝血窦内皮细胞层及在肝实质中定植及生长的过程，是研究肝的微环境与肿瘤细胞相互作用的较好的模型，在很长时期内有着广泛的应用。

本模型需要切除脾，对小鼠的生理影响很大，为此研发了半脾注射模型。

在本模型中，肿瘤细胞注入脾后通过门静脉系统入肝，但会有一部分细胞滞留于脾中，造成进入血液的细胞数量少于注射的细胞数量。为此，后来研发了从门静脉直接注射肿瘤细胞的模型，可替代脾注射模型。

二、解剖学基础

脾（图 92.1）位于小鼠的左前腹部，呈长扁平形，颜色暗红，质地较致密。脾头为肋弓遮挡，大致位于左肩胛线 9、10 肋间，经肋弓与腰大肌三角处向后腹部走行，脾尾大致位于左侧腋中线与腹部水平中线交界处。脾通过脾胰、脾胃系膜与胃、胰腺相连，有脾血管走行其间。脾的深面为肾及肾周脂肪囊。

---

① 共同作者：刘彭轩。

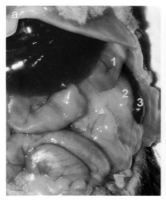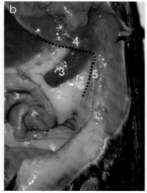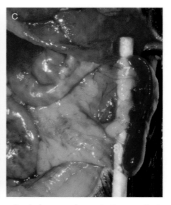

1. 胃；2. 胰腺；3. 脾；4. 肋弓后缘；5. 腰大肌外侧缘；6. 肾周脂肪囊；7. 脾胃系膜；8. 脾胰系膜

图 92.1　脾的解剖。a. 正面观；b. 左侧面观；c. 脾胰、脾胃系膜

　　脾的血供来自脾头动脉和脾尾动脉。脾尾动脉在近脾处分为两支入脾。这些动脉都有同名静脉伴行（图 92.2a）。经脾注射伊文思蓝溶液，可清楚看到脾头静脉和脾尾静脉（图 92.2b）。脾头静脉和脾尾静脉合并成为脾静脉注入门静脉（图 92.2c）。经脾中间部位压迫脾，可使注射液体仅通过脾尾静脉进入门脉系统。两处血管之间的系膜内无血管，行脾切除结扎血管时，可从此处穿两条线，分别向头、尾结扎两条血管。

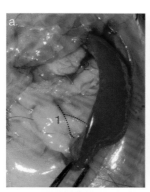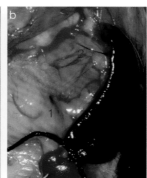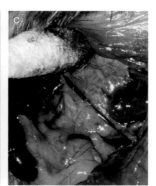

1. 脾尾静脉；2. 脾头静脉

图 92.2　脾静脉。a. 脾尾静脉和脾头静脉；b. 经脾尾注射伊文思蓝溶液，可观察到染色的脾头静脉和脾尾静脉；c. 将注射伊文思蓝溶液的脾向上翻起，可观察到脾头静脉和脾尾静脉的汇合处；d. 用线压迫脾中间部位，再从脾尾注射伊文思蓝溶液，可看到溶液仅在脾尾静脉流动

三、器械材料

（1）器械材料：眼科剪，眼科镊，针，3-0 丝线，5-0 缝合线，持针器，缝皮钉，29 G 针头胰岛素注射器，棉签，无菌生理盐水纱布。

（2）组织材料：结肠癌肿瘤细胞（来源于 C57BL/6 小鼠的结直肠癌细胞系 MC38），将处于对数生长期的肿瘤细胞消化、去除多细胞团、计数，浓度 5×10^6 个 /mL，应用 PBS 缓冲液重悬，置于冰上待用。

四、手术流程

（1）小鼠常规麻醉，左腹部备皮。取右侧卧位，备皮区皮肤常规消毒。

（2）▶触摸确定左侧肋弓与腰大肌外侧缘的位置（图 92.3），自两者交点处向腹中线（大致 45°）剪开皮肤及腹壁，开口约 1 cm。

（3）用湿棉签将脾从切口处拉出，放于生理盐水湿纱布上（图 92.4）。

（4）在脾头静脉与脾尾静脉间（脾中间位置）穿 3-0 丝线，并打 1 个结，拉紧线结至扎紧脾但又不破坏脾包膜。

（5）分离脾尾端处脾胰系膜，暴露脾尾静脉。

（6）在脾尾处打 1 个结，轻轻拉紧（图 92.5）。

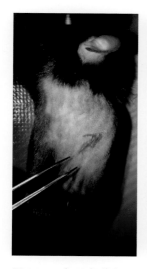  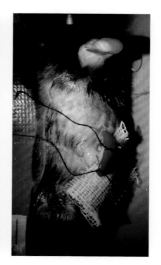

图 92.3　切口部位标记　　图 92.4　将脾拉出体外　　图 92.5　在脾上完成 2 个结

（7）用胰岛素注射器（预先吸取 100 μL 冷 PBS 缓冲液）缓慢吸取 100 μL 肿瘤细胞悬液，竖持注射器，保持针头向下。

（8）从脾尾线结中间处进针，针头不要刺破脾包膜或者刺穿脾中间的线结。

（9）缓慢注射（图 92.6），可看到脾尾静脉内细胞悬液流动（血管变透明）。

（10）轻轻拔出注射器，拉紧脾尾的线结以止血，注意力度，不要破坏脾包膜。

（11）1 min 后，从脾中间部位穿 5-0 线，向上绕至脾胃系膜处结扎脾头静脉，向下绕至脾尾结扎脾尾静脉（图 92.7）。

（12）用镊子将脾摘除（图 92.8），然后逐层关腹。手术切口常规消毒。

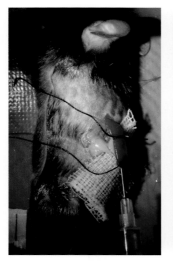 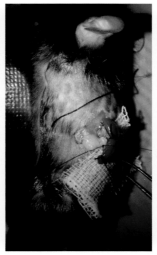 

图 92.6　注射细胞悬液　　　图 92.7　结扎脾血管　　　图 92.8　摘除脾

（13）小鼠保温苏醒后返笼。正常饮食。

五、模型评估

（1）大体观察：在预定日期，将小鼠安乐死，取肝，对肿瘤进行离体检查、称重（图 92.9）。

（2）活体成像：经脾接种荧光素酶标记的 MC38 细胞 12 天后行生物自发光检测，在肝的部位可见较强的生物发光信号（图 92.10）。通过对目标区域（ROI）光子量的定量检测，评估肿瘤负荷。小鼠其他部位未见明显生物发光信号。

（3）病理检查：经脾接种 MC38 细胞 12 天后，取肝组织做石蜡包埋切片，行常规 H-E

染色（图 92.11）。可见肝内蓝色深染的肿瘤灶与周围肝组织有明显的分界；肿瘤细胞排列紧密，形状不规则，核有明显的异型性。

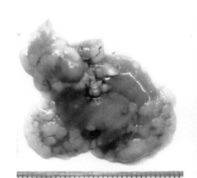

图 92.9　经脾接种 MC38 细胞 14 天后肝的大体照。可见多个肝叶密布灰白色鱼肉状肿瘤灶，一些肿瘤灶融合成片

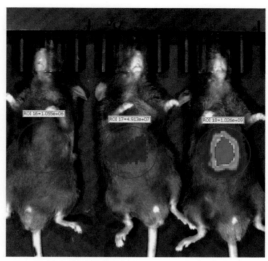

图 92.10　活体自发光影像

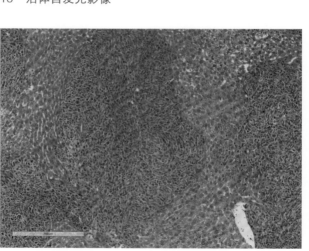

图 92.11　肝组织病理切片，H-E 染色。可见肿瘤灶

六、讨论

（1）细胞系的选择：根据细胞系的成瘤能力选择合适的细胞注射量及合适的小鼠品系，并需经预实验确认。

（2）脾体积较大，为防止注射时有较多细胞残存于脾内，采取了两种方法：① 注射器内预先吸取一定量的 PBS 缓冲液，之后再缓慢地吸取细胞悬液，预吸的 PBS 缓冲液可将脾内的肿瘤细胞尽量冲到血管内；② 脾头静脉和脾尾静脉间结扎，减小用于注射的脾体积，从而减少细胞在脾内的残留。

（3）本操作中预先做的两个脾结扎需注意力度，既要扎紧阻断液体流通，又不能过紧破坏脾包膜。

（4）脾内残存的肿瘤细胞常可形成肿瘤，影响最终结果，因此，该模型需将脾摘除。

（5）该模型的优点：① 建模所需时间短；② 操作相对简单，模型可复制性强；③ 可精确控制细胞数量或特性等；④ 该模型较少发生肝外其他部位的转移。

（6）该模型的缺点：① 细胞直接进入门静脉系统，不能模拟临床肿瘤肝转移的全过程；② 脾是机体重要的免疫器官，可能对肿瘤转移也有重要作用，该模型中脾被摘除，从而掩盖了这些作用。

（7）该模型的改进：为保留脾的部分功能，有报告使用了半脾注射，方法为在脾头、脾尾中间离断，从脾尾一端注射肿瘤细胞，之后将脾尾摘除，脾头一端放回原位。该方法确实可以保存部分脾功能，但由于脾较脆，离断处须严格保证脾包膜的完整性，否则易发生细胞渗漏，造成建模失败。如需保脾及精确控制进入血液的细胞量，可考虑行门静脉注射。

第 93 章

肝癌：半脾注射①

徐一丹

一、模型应用

经脾注射建立肝癌模型模拟癌细胞经血行性转移至肝，在肝内形成肿瘤的过程。该模型可用于肝癌形成相关机制研究及抗癌药物测试。

脾属于淋巴器官，参与机体免疫。目前常用的模型是脾切除肝转移模型，术后小鼠失去了脾的功能。

考虑到保留脾的功能，本章介绍半脾模型。先做脾的离断，再做细胞注射，注射完毕后切除注射端的脾，既可以达到肿瘤细胞肝转移的目的，又保留了脾的部分功能。操作简便，成模率高，死亡率低。

二、解剖学基础

小鼠的脾位于腹腔左侧，呈长条形，紧贴腹壁，从背左上向腹右下走行，通过脾胰胃系膜与胰和胃相连。详细描述参见《Perry 实验小鼠实用解剖》"第 8 章　消化系统"。

为了更清晰地了解小鼠脾的血管走行，以巨脾小鼠脾解剖标记脾血管（图93.1）。

---

① 共同作者：刘彭轩。

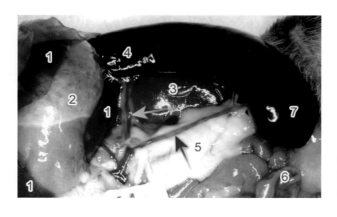

1. 肝；2. 胃；3. 左肾；4. 脾头；5. 胰腺；
6. 小肠；7. 脾尾
图 93.1 巨脾小鼠脾解剖。蓝色箭头
示脾尾静脉；黄色箭头示脾头静脉

三、器械材料与实验动物

（1）设备器械：眼科直剪，眼科直镊，平镊，30 G 针头胰岛素注射器，电烙刀，小鼠手术台，5-0 带线缝合针（1/2 弧圆针，用于缝合腹壁），5-0 带线缝合针（1/2 弧三角针，用于缝合皮肤），8-0 显微缝合线（用于结扎背侧脾静脉）。

（2）实验动物：C57BL/6 小鼠，雄性，8 周。

四、手术流程

（1）常规麻醉小鼠。

（2）左肋骨后 2 cm 区域备皮，半右侧卧于手术台（图 93.2），术区常规消毒。

（3）在选定区域剪开皮肤（图 93.3），暴露左侧腹壁，可透过腹壁看到脾。

（4）用镊子于脾尾投影处提起腹壁肌肉（脾不可夹起），剪开腹壁，暴露脾（图 93.4）。

（5）用平镊夹住脾尾下的脾系膜，将脾牵引出腹腔（图 93.5）。

（6）将镊子在脾头、脾尾血管之间探入脾下，从中部分离脾及深面组织（图 93.6）。

（7）选定位置后，将镊柄插于脾胰之间，作为电烙刀砧板（图 93.7）。

（8）用电烙刀于脾 1/2 处烙烫分割（图 93.8）。

（9）将脾从中间分割开，形成头、尾两半（图 93.9），检查保证无出血。

（10）将脾头静脉活扣结扎，还纳腹腔，于脾尾进行脾注射（图 93.10）。

（11）注射完毕后，烧断脾尾血管，切除脾尾。检查无出血后，将余下组织还纳腹腔。

（12）撤除脾头静脉结扎线。逐层缝合肌肉及皮肤，常规消毒。

（13）保温待小鼠清醒后返笼。正常饲喂。

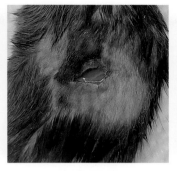

图 93.2　备皮区域和手术体位

图 93.3　皮肤切口位置

图 93.4　剪开腹壁，暴露脾

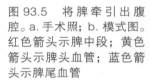

图 93.5　将脾牵引出腹腔。a. 手术照；b. 模式图。红色箭头示脾中段；黄色箭头示脾头血管；蓝色箭头示脾尾血管

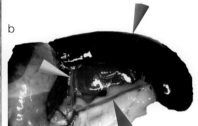

图 93.6　从中部分离脾。a. 手术照；b. 模式图

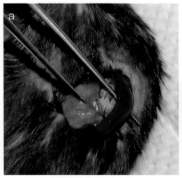

图 93.7　镊柄垫脾下作为电烙刀砧板。a. 手术照；b. 模式图

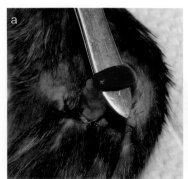

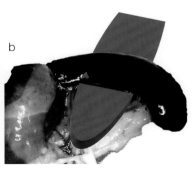

图 93.8　电烙刀烙烫分割脾。a. 手术照；b. 模式图

图 93.9　烙烫后脾头、脾尾分离，截面无出血。a. 手术照；b. 模式图

图 93.10　脾头还纳腹腔，脾尾注射肿瘤细胞。a. 手术照；b. 模式图

五、模型评估

（1）大体解剖：定期解剖，探查肿瘤生长状况，采集标本，记录肿瘤质量等数据（图 93.11～图 93.16）。

图 93.11　术后 2 周标本，上为肝，下为保留的脾头

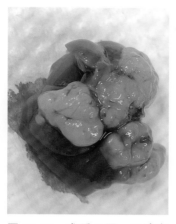

图 93.12　术后 2 周，肝肿瘤生长状况

图 93.13　术后 4 周，脾头存活良好

图 93.14　术后 4 周，肝肿瘤生长状况

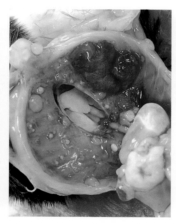

图 93.15　术后 4 周，肿瘤横膈膜转移

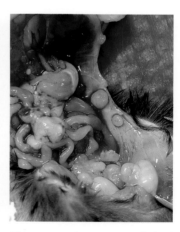

图 93.16　术后 4 周，肿瘤腹壁转移

（2）病理切片检查：将术后两周的肝病理切片进行 H-E 染色后，在低倍镜下可见多处存在大小不一的肿瘤细胞团块，无包膜，与周围组织边界不清，呈浸润性生长（图 93.17）；在高倍镜下可见增生的肿瘤细胞异型性大，多处有肝细胞坏死，并伴有中性粒细胞、淋巴细胞、库普弗细胞等炎症细胞浸润。

（3）生物自发光或活体荧光检测，实时监测观察肿瘤生长、转移情况。

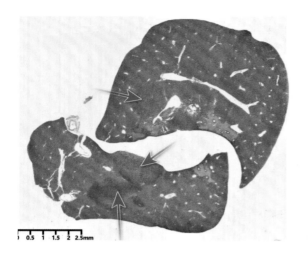

图 93.17　术后 2 周肝病理切片，H–E 染色。低倍镜下，可见多处大小不一的肿瘤细胞团块，无包膜，与周围组织边界不清，呈浸润性生长，肿瘤细胞排列杂乱，深入肝实质（箭头所示）；多处区域可见粉染坏死灶

六、讨论

（1）分离脾和胰腺时，避免损伤脾的动静脉血管。

（2）烙烫分割脾时，一烙到底，彻底闭合血管。稳住双手，避免位移，减少组织损伤。

（3）注射时要避免针头对穿脾。

（4）尽管 4 周后肿瘤转移到横膈膜和腹壁，但是脾头生存良好。本模型保留了脾的部分功能。

（5）使用电烙刀切除部分脾，可以避免脾出血。

（6）用镊子夹持脾系膜牵引脾出腹腔时，不可夹持血管，可以用棉签将脾托出来。

（7）在未结扎脾头静脉的实验中，肿瘤种植后 2 周，病理切片发现脾头有肿瘤细胞生长。所以注射肿瘤细胞前，需要将脾头静脉临时结扎，避免在静脉注射时，因速度过快，肿瘤细胞通过脾头静脉反流入脾头。

七、参考文献

1. NAITO S, VON ESCHENBACH A C, GIAVAZZI R, et al. Growth and metastasis of tumor cells isolated from a human renal cell carcinoma implanted into different organs of nude mice[J]. Cancer research, 1986, 46(8): 4109-4115.

2. KOZLOWSKI J M, FIDLER I J, CAMPBELL D, et al. Metastatic behavior of human tumor cell lines grown in the nude mouse[J]. Cancer research, 1984, 44(8): 3522-3529.

第 94 章

肝癌：浆膜下注射①

熊文静

一、模型应用

肝癌在我国人群中高发，且死亡率较高。目前针对肝癌的发病机制及评价治疗药物和手段的研究仍是热点，"对症"的肝癌模型为上述研究提供利器。肝癌模型的分类方法有多种，根据肿瘤发生机制一般分为三类：自发性模型（如 c-Myc 基因过表达小鼠）、诱发性模型（如四氯化碳诱导肝癌模型）和移植性模型（如 Hepal-6 皮下移植瘤模型）。自发性模型和诱发性模型一般用于肝癌发病机制的研究，移植性模型一般用于相关治疗药物和手段的评价。

流行的小鼠肝肿瘤移植模型多将肿瘤细胞或者肿瘤块移植到肝内。小鼠体型小，针头刺入肝内对小鼠造成的损伤相对较大。肝是均匀结构器官，主要由肝窦构成。将肿瘤细胞移植到肝浆膜下，就是将细胞注射到浆膜与肝窦之间。肿瘤细胞直接接触肝窦，可以直接进入肝窦生长，对肝没有机械性损伤。

用肝浆膜下注射肿瘤细胞取代流行多年的、简单模仿大动物的肝内注射，是走向小鼠实验专业操作的一大步。

二、解剖学基础

小鼠肝脏分为 5 叶，即右叶、中叶、左外叶、左中叶、尾状叶。其中左外叶叶面最大（图 94.1），且贴近腹面，是理想的手术操作部位。

---

① 共同作者：袁水桥、罗彦、刘彭轩。

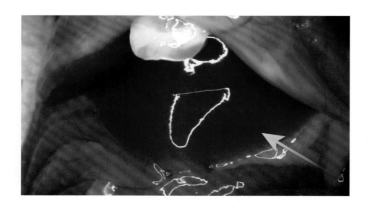

图 94.1　小鼠手术暴露部分肝。仰卧位开腹，左侧肋后缘暴露最大的肝叶即肝左外叶，如箭头所示

三、器械材料

（1）设备：磁共振仪，显微镜。

（2）器械：眼科直剪，眼科直镊，持针器，6-0 带线缝合针，29 G 针头胰岛素注射器，菌棉签。

（3）生物材料：Hepa1-6-Luciferase 细胞，表达荧光素酶的小鼠肝癌细胞，DMEM+10%FBS（胎牛血清）培养基。

四、手术流程

（1）小鼠常规麻醉，腹部备皮。置于显微镜下，仰卧位固定四肢，垫高腰部。

（2）术区皮肤常规消毒。在剑突正后方 0.5 cm、腹中线左 0.5～1 cm 处开腹（图 94.2）。

（3）找到肝左外叶，并轻轻将其挤出腹腔，腹面朝上暴露（图 94.3）。

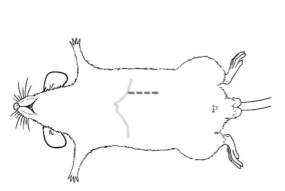

图 94.2　开腹部位示意

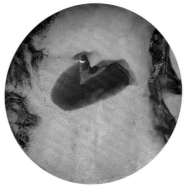

图 94.3　挤出的肝左外叶

（4）用湿棉签轻压肝叶远心端作为对抗固定，胰岛素注射器针头针孔向下，水平刺入肝左外叶浆膜下，于浆膜与肝表面之间潜行，潜行长度约为 0.5 cm（图 94.4）。

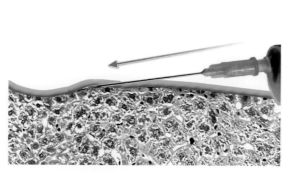

图 94.4　肿瘤细胞注射 I 。a. 进针模式图；b. 进针照。蓝色箭头示进针点；黄色箭头示终止点

（5）停针，匀速缓慢注射肿瘤细胞 20 μL（图 94.5）。

（6）用棉签压住针头刺入位置，匀速拔出针头；棉签保持压住针头刺入位置 30 s（图 94.6）。肿瘤种植完成（图 94.7）。

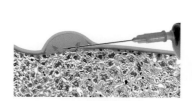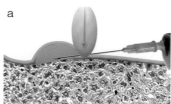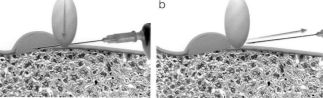

图 94.5　肿瘤细胞注射 II

图 94.6　肿瘤细胞注射 III 。a. 棉签压住刺入位置；b. 在棉签压迫状态下拔针

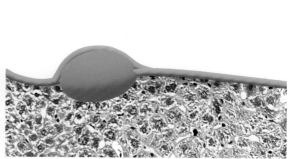

图 94.7　肿瘤注射完成。a. 手术照，箭头示注入肝浆膜下的肿瘤细胞；b. 模式图

（7）撤除棉签，肝左外叶表面滴生理盐水，用湿棉签将其小心还纳腹腔。

（8）分层缝合腹壁和皮肤切口。常规消毒手术切口。

（9）小鼠保温苏醒。苏醒后返笼，正常饮食。

五、模型评估

（1）活体影像检查：由于肿瘤细胞表达荧光素酶，可用小动物活体成像仪检测肿瘤大小；也可以用 Micro-CT 或荧光标定等影像设备随时做活体影像检查。图 94.8 为小鼠肝浆膜下注射肿瘤细胞 2 周后的磁共振影像。

（2）大体观察：解剖取肝（图 94.9），并称重。

（3）病理学分析：肝经福尔马林溶液固定后石蜡切片，H-E 染色（图 94.10），然后进行病理学检测。

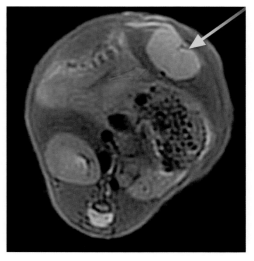

图 94.8　小鼠肝浆膜下注射肿瘤细胞 2 周后的磁共振影像。红色箭头示肝，前方高密度圆形区示肿瘤（黄色箭头所示）。可见肿瘤贴近腹壁，向肝内生长

六、讨论

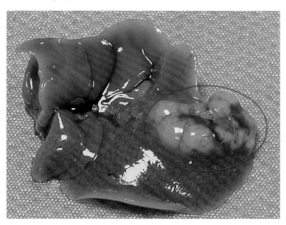

图 94.9　肿瘤种植 4 周的肝。圈内为肿瘤，紧贴浆膜向肝内生长

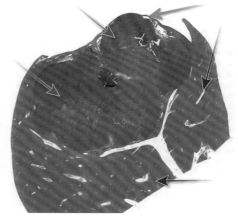

图 94.10　小鼠肝浆膜下肿瘤接种 4 周的病理切片，H-E 染色。可见肿瘤位于肝浆膜下，侵入肝内。红色箭头示肿瘤；蓝色箭头示肝的正常区域；绿色箭头示肝浆膜

（1）注射肿瘤细胞时，紧贴肝浆膜下进针，针头到达预定位置，缓慢匀速推注。推注过快，难以控制肿瘤细胞在肝内的分布。

（2）固定针头注射，多可以形成一个完整的形状较规范的肿瘤。

（3）注射器针头针孔向下，使肿瘤细胞出针头直接进入肝窦。反之，如果针孔向上，肿瘤细胞被推向肝浆膜，会出现绕过针头进入肝内的现象，结果容易产生形状不规则的肿瘤块。

（4）棉签压迫针孔拔针，可以避免肿瘤细胞在拔针之时沿着针道溢出，种植于腹腔，同时也可避免肿瘤在针道种植。

第 95 章

肝癌：组织块浆膜下包埋

聂艳艳

一、模型应用

男性原发性肝癌的发病率在肿瘤发病率中占第 5 位，女性的发病率占第 9 位。肝癌的研究和治疗一直是医学领域的热点和难点问题。动物模型为此研究提供了一个非常重要的平台，其中小鼠模型是最常用的动物模型。

小鼠肝癌模型有多种建立方法：化学诱导建模速度快，成本低，但化学致癌物对动物和人都有潜在的危害；基因工程小鼠肝癌模型建模周期长，成本较高；放射性诱导肝癌模型建模时间较长，且成功率较低；肝肿瘤移植模型的肿瘤生长情况和遗传特征可能发生改变，但仍可直接用于研究人体肝癌，而且建模速度快，成本低，是目前普遍使用的方法。

肝肿瘤移植模型具有实验周期短、个体差异小、致死性低、实验动物用量少等优点，已成为实验室最常用的肿瘤动物模型。手术移植肝肿瘤包括肿瘤细胞种植和组织块移植两类。后者可以避免肿瘤细胞从肝组织中溢漏，发生腹壁瘤、腹水等情况。流行的组织块移植方法是将组织块直接移植到肝内，对小鼠肝的损伤大。本章介绍的组织块肝浆膜包埋法避免肝实质的损伤，提高了小鼠成活率。

二、解剖学基础

肝解剖参见《Perry 实验小鼠实用解剖》"第 8 章　消化系统"肝部分。小鼠肝组织切片如图 95.1 所示。

---

① 共同作者：刘彭轩。

图 95.1　小鼠肝组织切片，H–E 染色。残破的肝组织更容易看到肝浆膜，如箭头所示（寿旗扬供图）

三、器材材料与实验动物

（1）设备：吸入麻醉系统，小动物 B 型超声仪，保温垫。

（2）器械：眼科剪，显微持针器，显微镊，20 号套管针（图 95.2）。

（3）材料：5-0 缝合线，止血棉片，灭菌干纸条，培养皿，胶带，异氟烷，DMEM 培养基，75% 医用酒精。

（4）实验动物：裸鼠，5 周龄，雄性。

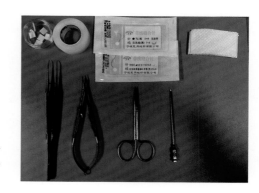

图 95.2　器械材料，从左至右，上排为止血棉片、胶带、带线缝合针、灭菌干纸条，下排为显微镊、显微持针器、眼科剪和套管针

四、手术流程

（1）将肿瘤组织剪成 2 mm×2 mm×2 mm 的小块，存放在盛有 DMEM 培养基的无菌培养皿中，常温可保存 30 min（图 95.3）。

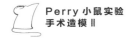

（2）小鼠常规吸入麻醉，仰卧于保温垫上，四肢用胶带固定。腹部备皮部位常规消毒。

（3）用眼科剪在剑突后缘右侧肋骨后 2 mm 处做 1 cm 横切口（图 95.4），皮肤和腹壁逐层剪开。

（4）切口后缘放置灭菌纸条（图 95.5），将肝左外叶挤出，安置在纸条上（图 95.6）。

图 95.3　剪好的组织块

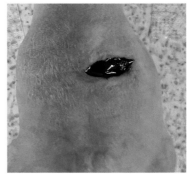
图 95.4　做横切口

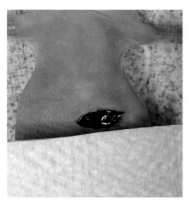
图 95.5　放置灭菌纸条

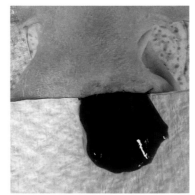
图 95.6　挤出肝左外叶

（5）将肿瘤块塞入套管针内（图 95.7），组织块前缘与针孔平齐。

（6）将带组织块的套管针从肝左外叶远心端行肝浆膜下穿刺，在浆膜下潜行 5 mm，将组织块种植在肝表面、浆膜之下（图 95.8）。

（7）保持针芯固定不动，仅将套管抽出不少于 2 mm，使肿瘤组织块完全脱离套管。在肝不移位的状态下，使组织块留在肝浆膜下（图 95.9），再轻轻顺着针道轨迹将针芯和套管一同从浆膜下抽出。

（8）抬起无菌纸条，将无菌生理盐水滴在肝表面，将其与下方的无菌纸条润湿。

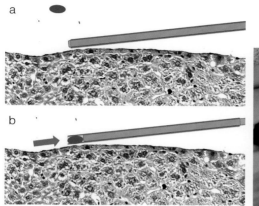

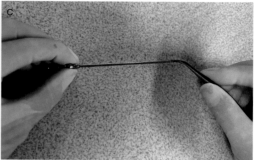

图 95.7　肿瘤块塞入套管针。a，b. 模式图；c. 操作照

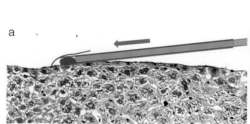

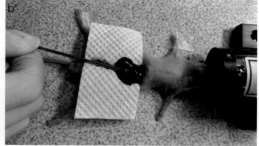

图 95.8　套管针在浆膜下潜行。a. 模式图；b. 操作照

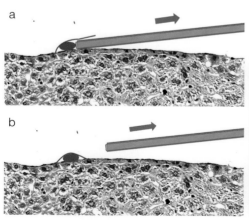

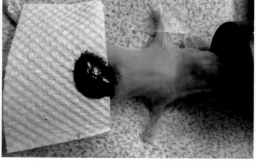

图 95.9　拔出套管针，将组织块留在肝表面。a，b. 模式图；c. 操作照

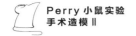
（9）用显微镊牵拉腹壁切口边缘，用湿棉签将肝叶还纳腹腔。

（10）用 5-0 缝合线逐层缝合腹壁和皮肤切口。常规皮肤切口消毒。

（11）撤掉麻醉面罩，待小鼠苏醒后返笼饲养。

五、模型评估

（1）B 型超声观察：利用 B 型超声仪可以随时活体观察肿瘤生长情况（图 95.10）。

（2）大体解剖：可以直视下观察、评估肿瘤体积、质量和形态（图 95.11）。

（3）病理切片：观察移植肿瘤块生长状况和对临近正常肝组织的影响（图 95.12）。

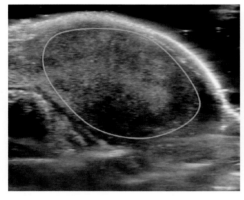

图 95.10　B 型超声下的肿瘤，如圈所示。造模 3 周后在 B 型超声下观察到小鼠活体肿瘤生长情况

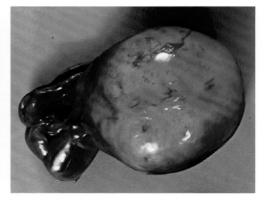

图 95.11　造模 3 周后的肝肿瘤

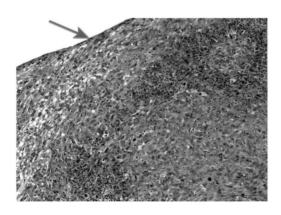

图 95.12　肿瘤病理切片，H-E 染色。箭头示肝浆膜。虚线右边为移植 3 周后的肿瘤组织，左边可见正常的肝组织

（4）生化指标测定：如测定血清中肝功能酶（ALT、AST 等）和癌标志物（AFP 等）的含量，可以判断小鼠肝癌的发展程度和预后。

（5）分子生物学检测：包括 PCR、蛋白印迹实验等技术，可以检测与小鼠肝癌相关的基因、蛋白质表达水平，以及细胞周期、细胞凋亡等信号通路的变化。

六、讨论

（1）待接种的肿瘤块大小一定要均一，可以用尺子在平皿下测量剪好的肿瘤块的大小，保证肿瘤块规格为 2 mm × 2 mm × 2 mm 。

（2）横切口在以下 3 点优于腹中线切口：① 切口小；② 明确折叠无菌干纸条位置在切口后缘；③ 不需要拉钩即可暴露全部肝左外叶。

（3）个人经验：将肝左外叶用灭菌干纸条固定，比用纱布固定更牢固，可以避免在注射肿瘤块时将肝挤入腹部。

（4）肝浆膜下植入肿瘤块，熟练操作对肝不会造成明显机械损伤。

（5）将肝还纳腹腔时，在肝表面滴生理盐水可以保持肝的润滑，便于肝的移动。浸湿无菌纸条可以降低纸条与肝之间的摩擦，避免干燥纸条摩擦对肝的损伤。滴生理盐水前先提起无菌纸条，是为了避免浸湿的无菌纸条接触其下面的手术伤口，减少污染的可能。

第96章
肝癌：组织块肝内包埋^①

聂艳艳

一、模型应用

原发性肝细胞癌是仅次于胃癌和肺癌的第三大恶性肿瘤。实验动物肿瘤模型是研究肿瘤发生、发展、浸润、转移及治疗的重要工具。

肿瘤移植动物模型是实验室最常用的肿瘤动物模型之一。组织块包埋法建立肝癌原位模型可以避免肝肿瘤细胞易从肝组织中溢漏的现象，避免了腹壁瘤、腹水等情况的发生，是目前常用的方法之一，但是有被肝浆膜下组织块移植的专业方法所替代的趋势。

二、解剖学基础

小鼠肝分为 5 叶，其中左外叶最大（图 96.1），开腹状态下最容易暴露，适宜作为肝肿瘤手术种植的首选叶。

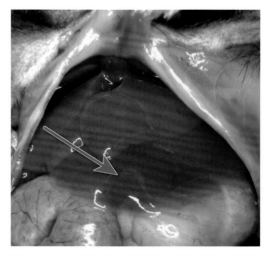

图 96.1　小鼠开腹，暴露肝。箭头示肝左外叶

—————————
① 共同作者：刘彭轩。

三、器械材料与实验动物

（1）设备：吸入麻醉系统，小动物 B 型超声仪，保温垫。

（2）器械：眼科剪，显微持针器，显微镊，20 号套管针。

（3）材料：5-0 缝合线，止血棉片，灭菌干纸条，培养皿，医用胶带，DMEM 培养基，75% 医用酒精。

（4）实验动物：裸鼠，成年，雄性。

四、手术流程

（1）肿瘤组织块准备、小鼠开腹、将肝左外叶挤出并固定在纸条上，方法同"第 95 章　肝癌：组织块浆膜下包埋"手术流程（1）～（4）。

（2）▶ 将肿瘤块塞入套管针内 2 mm，组织块前缘与针孔平齐。

（3）▶ 在肝左外叶后缘前方 3 mm 处水平进针（图 96.2），针头潜行于肝叶中央，进针 1 cm。

（4）固定针芯，仅将套管抽出少许（不少于 2 mm），使肿瘤块完全脱离针头留在肝内。

（5）湿棉签轻压肝表面针头投影部位，将套管针头连同针芯一起拔出。

（6）针孔用止血棉片按压 1 min 止血（图 96.3）。0.5 min 后撤除湿棉签，1 min 后撤除棉片，针孔处已无出血。

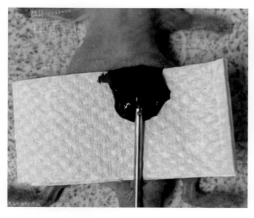

图 96.2　套管针水平进针

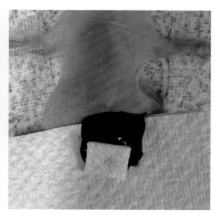

图 96.3　拔针后用止血棉片止血

（7）在肝表面及其下方的干纸条上滴生理盐水，充分润湿纸片。

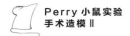

（8）将肝左外叶还纳腹腔后，分层缝合腹壁和皮肤切口。常规术后伤口消毒。

（9）撤掉麻醉面罩。待小鼠苏醒后返笼。

五、模型评估

（1）通过 B 型超声等活体影像观察肿瘤变化（图 96.4）。

（2）大体观察（图 96.5）。

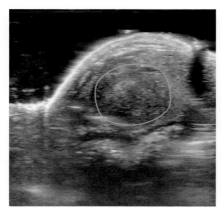

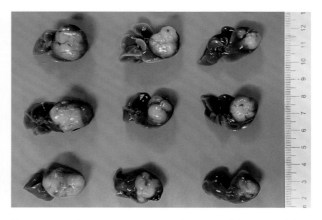

图 96.4　在 B 型超声下，可以观察到造模 2 周后小鼠活体肿瘤生长情况。圈示肿瘤影像

图 96.5　造模 3 周后解剖小鼠可观察到成瘤情况。可见肿瘤基本局限于肝左外叶内

（3）病理分析（图 96.6）。

（4）利用生化指标及分子生物学技术对肿瘤生长状况进行评估。

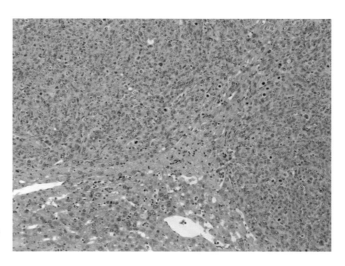

图 96.6　肿瘤病理切片，H–E 染色。上方为肿瘤，下方可见正常肝组织

六、讨论

（1）同组小鼠在肝的同一位置进针，并保证穿行深度和厚度一致，确保每只小鼠植入的组织块在肝的同一位置，避免肿瘤生长体积过度悬殊。

（2）用眼科镊牵拉腹壁切口两侧，让肝叶自由回落到腹腔，避免挤压造成的肝针孔出血甚至组织块掉落。

（3）鉴于肿瘤组织块脆弱易碎，需保证组织块在植入肝时不被针芯推挤损坏。避免常见的简单注射方式，用针芯将组织块推挤入肝（图 96.7B，▶）。推荐在针头到达设计位置时，固定针芯，将套管后退 2 mm，使组织块脱离针头，留在肝内。然后将针芯和套管一起拔出（图 96.7C）。

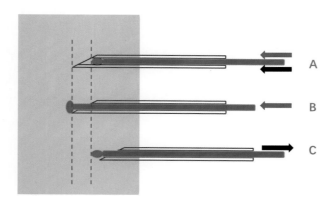

图 96.7　组织块推入和留置肝内对比示意。左面粉色为肝。A. 套管针含组织块进入肝内设计位置或 1 mm 处，停止。B. 常见注射方法示意，针芯将组织块推挤入肝，组织块变形，然后针芯和针头一起拔出。C. 留置方法示意。套管到达设计位置后，针芯固定，先将套管拔出 2 mm，然后将套管和针芯一起拔出，将组织块留在肝内。蓝色箭头示针芯运行方向；黑色箭头示套管运行方向

第 97 章

肝癌：门静脉注射[①]

刘仁发

一、模型应用

　　肝是多种肿瘤常见的转移部位，如结直肠癌、乳腺癌、胃癌、胰腺癌、黑色素瘤等，因此，研究肿瘤肝转移的发生机制、开发治疗方法具有重要意义。常见的小鼠肿瘤肝转移模型构建方法有心内注射和脾内注射。心内注射是将肿瘤细胞注射入小鼠的左心室，肿瘤细胞通过主动脉进入全身各处，肿瘤细胞会在骨骼、肺、脑、肝等发生转移，多器官转移的发生常会使得小鼠形成明显肝转移前就不得不被安乐死。脾内注射是将肿瘤细胞注射到脾内，肿瘤细胞经过脾静脉汇入门静脉，然后入肝，为了避免脾肿瘤的形成，需要对脾进行部分或全部切除，这种方法会损害小鼠的免疫功能，因此不利于进行肿瘤肝转移免疫相关研究。

　　通过门静脉注射肿瘤细胞，肿瘤细胞几乎只在肝内形成转移灶（图 97.1），避免了多器官转移的形成，而且避免了脾切除带来的不利影响，已经被用于乳腺癌、结直肠癌、黑色素瘤等多种肿瘤的肝转移模型的构建。

　　门静脉注射的关键点在于注射后的止血，在《Perry 小鼠实验给药技术》"第 41 章　门静脉注射"中介绍了脂肪块止血，在本章中将介绍用可吸收止血海绵止血的方法，

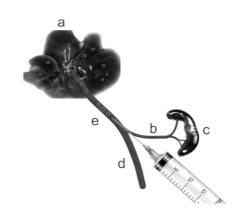

a. 肝；b. 脾静脉；c. 脾；d. 肠系膜上静脉；e. 门静脉

图 97.1　门静脉注射构建肿瘤肝转移模型示意

[①] 共同作者：刘彭轩。

该方法止血快速，操作简便，易上手，对小鼠的创伤小，熟练操作后可以在 10 min 内完成一个肿瘤模型的建立。

二、解剖学基础

门静脉汇集来自消化道、脾的静脉血入肝，其直径较大。开腹后，向左翻开十二指肠，将肝前翻即可充分暴露门静脉（图 97.2）。

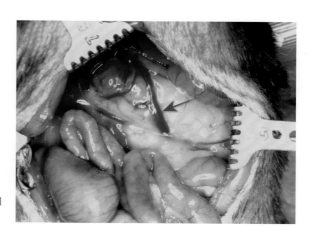

图 97.2　门静脉解剖。门静脉如箭头所示

三、器械材料

（1）器械材料：平镊，显微剪，29 G 针头胰岛素注射器，干湿棉签，纱布，止血海绵（剪成 2～5 mm 见方的小块）（图 97.3）。

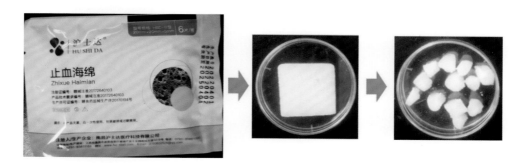

图 97.3　止血海绵修剪示意

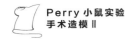
（2）肿瘤细胞：培养的 4T1 小鼠乳腺癌细胞按每只小鼠注射约 1×10^4 个细胞准备，细胞消化后，用 PBS 缓冲液离心洗 2 次后重悬，浓度约为 4×10^5 个 /mL，放于冰上备用。

四、手术流程

（1）小鼠常规麻醉，腹部备皮，仰卧固定四肢。

（2）在小鼠剑突后，沿腹中线做 1 cm 切口（图 97.4）（参见《Perry 小鼠实验手术操作》"第 17 章　开腹"）。

（3）在小鼠左侧放置湿无菌纱布块。用无菌棉签将肠管拨出，暴露门静脉（图 97.5）。

（4）将镊子垂直于门静脉轻压放置作为针头支撑，同时固定门静脉。以平行于门静脉的角度下压进针（图 97.6），匀速注入 25 μL 肿瘤细胞悬液。

（5）用镊子夹取一块止血海绵压在针眼处（图 97.7），拔出针头。

（6）换用干棉签压迫止血海绵块数秒钟（图 97.8）。

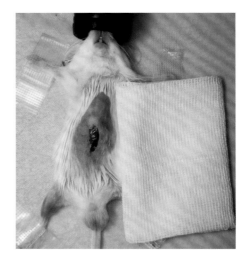

图 97.4　手术腹部备皮区域与切口位置

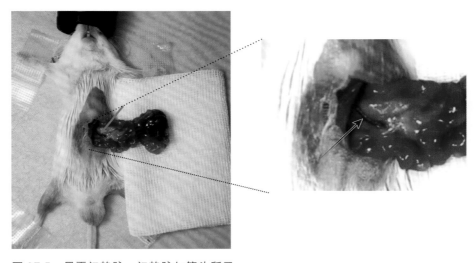

图 97.5　暴露门静脉。门静脉如箭头所示

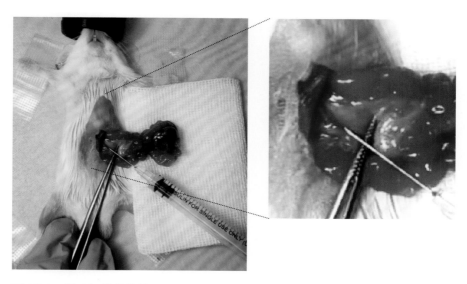

图 97.6　轻压门静脉进针

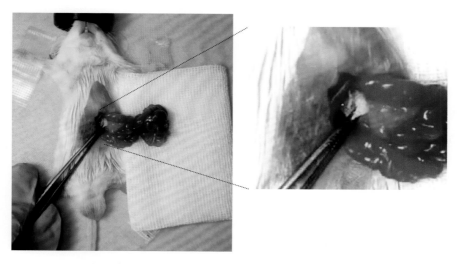

图 97.7　用止血海绵止血

（7）松开棉签后确认没有继续出血（图 97.9）。

（8）用湿棉签将止血海绵附近的肠管盖住止血海绵，用湿棉签将所有肠管拨回腹腔。

（9）向腹腔内滴入数滴生理盐水，分别缝合腹壁和皮肤，常规皮肤切口消毒。

（10）小鼠保温苏醒返笼，恢复正常饮食。

图 97.8　换用棉签压迫止血　　　　　　　图 97.9　取下棉签后，确认无血液渗出

五、模型评估

（1）在正式实验前，可进行预实验。通过门静脉注射墨水，观察注射前后肝的颜色变化，以判断门静脉注射成功与否（图 97.10）。

（2）一般注射 4T1 肿瘤细胞 2 ～ 3 周可形成明显的肝转移灶，可以利用表达荧光素酶报告基因的细胞系，通过生物自发光成像的方法对肿瘤的生长进行监控（图 97.11）。

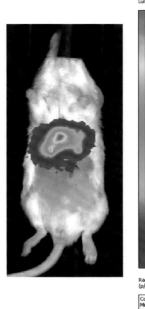

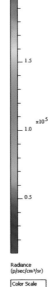

图 97.10　正常肝与门静脉注射墨水后的肝的对比。a. 未注射墨水；b. 注射墨水后

图 97.11　注射 4T1 肿瘤细胞 3 周后小鼠的生物自发光影像

六、讨论

（1）操作过程中应该避免用硬物翻动肝和肠管，使用湿棉签更为安全。

（2）将肠管放回腹腔时应注意先拨动靠近止血海绵附近的肠管，使其盖住海绵，然后再将其余肠管轻轻拨回腹腔。

（3）拨出腹腔的肠管，应安置在湿纱布上。湿纱布要足够大，以便折叠覆盖不影响手术操作的部分肠管，避免肠管的干燥损伤。

（4）注射时镊子的使用技巧：镊子作为针头的支撑，可以有效稳定针头；同时镊子平压下面的肠系膜、胰腺等软组织，可以固定门静脉，避免针头刺入时血管发生移位。

（5）无菌棉签需要用无菌生理盐水湿润，以避免接触肠管时损伤肠壁。在固定止血海绵时要用干棉签，有助于吸取止血海绵中的血液。所以需要准备干、湿两种棉签。

（6）手术结束，肠管还纳腹腔后，在腹腔内滴入数滴生理盐水，一方面起润滑作用，方便肠管自动复位，另一方面也部分弥补了手术造成的脱水。

（7）置于冰上的肿瘤细胞悬液需要尽快使用，长时间搁置会影响细胞活性。

七、参考文献

GODDARD E T，FISCHER J，SCHEDIN P. A portal vein injection model to study liver metastasis of breast cancer[J/OL]. JoVE，2016. [2024-01-15]. https://www.jove.com/cn/v/54903/a-portal-vein-injection-model-to-study-liver-metastasis-breast.

肿瘤模型：肺癌

第十七篇

第 98 章

肺癌种植方法概论 ①

刘彭轩

一、模型应用

肺癌发病率居各类肿瘤发病率前列，临床医学对肺癌发病机制和治疗方法的研究在不断深入。实验动物肺癌模型的构建是必不可少的一环。

目前用于构建肺癌模型的实验动物以小鼠为多。究其原因：一是小鼠在基因组等方面与人类的相似度较高，可以很好地模拟人类肺癌的发展过程和疾病特征；二是小鼠的养殖成本相对较低，适合大规模实验研究。

二、解剖学基础

小鼠左肺只有 1 叶，右肺有 4 叶。左肺大而单一，方便注射，因此，可将肿瘤细胞仅注入左肺，将右肺作为正常对照，右肺保持正常生理功能，可以延长小鼠术后生命，延长药效实验的窗口期。

肺表面有胸膜、胸壁和皮肤三层组织结构。由于小鼠体型小，针头非常容易穿过这三层组织，只要术者有控制针尖位置的技术，肿瘤细胞肺内注射就没有太大障碍了。

小鼠的各层组织相对薄，以致切开皮肤，可以透过胸壁看到肺的轮廓，对于操作技术欠佳者，若没有把握做穿皮注射，也可以切开皮肤，穿胸壁做肺内注射。

小鼠呼吸道从口、鼻，经喉头入气管，再分叉通过支气管入肺。若需要经口灌注肿瘤细胞，可选择灌胃针。针头长度可以比从小鼠口到左支气管末端长一些，外径小于主支气管内径。这样的灌胃针可以经口插入左支气管内，达到肺左叶，不会出现针头穿胸的损伤。

---

① 共同作者：夏洪鑫。

三、造模方法

1. 主要造模方法

目前小鼠原发肺癌造模方法主要有三种（图 98.1）。

图 98.1 小鼠肺癌造模方法概况。黄色部分为本篇介绍的内容

（1）诱导法：是一类使用化学物质诱导肺癌的方法。在一定的时间段内，通过灌胃、皮下注射或吸入等途径持续给予小鼠某些化学物质，诱导产生肺癌。

（2）手术法：也称为小鼠肺癌移植法，是将肺癌细胞或肿瘤组织移植到小鼠体内的方法。

（3）转基因法：选择特定的转基因小鼠品系或使用基因编辑技术导入特定的肺癌相关基因突变，产生肺癌小鼠的方法。

2. 主要植入部位

根据主要植入部位可以将小鼠肺癌模型分为以下四类。

（1）皮下移植（subcutaneous transplantation）：将肺癌细胞或肿瘤组织注射到小鼠的皮下组织，通常在小鼠背部或腹部。这种方法能够直观地观察和测量肿瘤的生长情况，并用于评估治疗方法的疗效。

（2）脾移植（splenectomy transplantation）：将肺癌细胞或肿瘤组织注射到脾或其血管中，然后切除脾。这种方法能够模拟肺癌的血液转移过程，并研究肺癌细胞在肝等远处器官的定植和生长过程。

（3）血管转移：将肺癌细胞注射到小鼠的血管中，如通过尾静脉注射。这种方法可以模拟临床的肺癌转移，即肺癌细胞进入血液循环、经过血液传播到其他器官的过程。

（4）肺部原位种植（lung transplantation）：将肺癌细胞直接移植到小鼠的肺部。这种方法能够更贴近原发肺癌的环境，有利于研究肺癌的生长、浸润和转移特点，操作简便，造模时间相对较短，成瘤较均一，是目前使用最广泛的方法。

四、肺癌原位种植方法

肺癌原位种植方法主要分为直接肺内注射和经口－气管灌注两类：

（一）直接肺内注射

直接肺内注射是指直接将肿瘤细胞用注射器注入肺，根据注射路径分为两种方法。

1. 经胸壁注射

这是目前使用最普遍的方法。与其他肺种植方法相比，优点是技术要求低，种植位置准确，入肺细胞量精确；缺点是小鼠损伤较严重，需要做皮肤切开手术。

2. 经皮注射

这是技术熟练的术者喜欢用的方法。无须做胸部皮肤切开，甚至无须麻醉，手持小鼠，将肿瘤细胞直接穿皮、穿胸壁注入肺中。其优点是费用低，速度快；缺点是技术要求高。

（二）经口－气管灌注

基本操作是将灌注针头或插管插入气管或支气管，将肿瘤细胞灌入肺中。经口－气管灌注不同于血管灌注：一个特点是可以用空气灌注配合，灌注细胞等成分后继续灌注空气，以便清理呼吸道中的灌注残留；另一个特点是要求操作迅速，以免灌注针头阻碍呼吸。

依照灌注针头的进入点，经口－气管灌注可以分为以下几类：

1. 气管切开灌注

该方法的基本操作：小鼠麻醉，颈部备皮，气管切开，将插管插入气管灌注肿瘤细胞，缝合皮肤切口。

特点：插管到达气管，不进入支气管，双侧肺灌注。该方法技术要求低是其最突出的优点。缺点是较难控制肿瘤在肺内的分布，手术需要麻醉，小鼠损伤较大。

2. 经口灌注

该方法又分为直视灌注和徒手灌注。

（1）直视灌注：基本操作是麻醉小鼠，使用喉镜，直视下用注射器经口插入气管，将肿瘤细胞灌注入气管。优点是技术要求低，没有手术损伤；缺点是需要麻醉和喉镜。

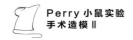
（2）徒手灌注：基本操作类似灌胃，无须麻醉动物，徒手保定小鼠，直接将灌胃针插入气管或支气管，迅速灌肺。优点是操作简捷，无手术损伤，可行单侧灌注；缺点是技术要求高。根据实验需要，此方法又分为双侧种植和单侧种植。

①双侧种植：基本操作为术者一只手控制清醒的小鼠，另一只手将灌胃针经口插入气管，迅速灌注肿瘤细胞。短时间结束操作。

双侧种植适用于大量采集肿瘤标本，研究肿瘤生长机制。其优点是操作技术要求低于单侧种植；缺点是小鼠生存率低于单侧种植。

②单侧种植：基本操作与双侧种植类似，不同之处在于进针深度。单侧种植要求将灌胃针插入左支气管内灌注。技术要求高于双侧种植。

单侧种植适用于药效实验。其优点是对小鼠造成的生理损伤比双侧种植小，小鼠种植肿瘤后生存率高，存活时间长，能获得较长的药效窗口期，且自身对侧肺可作为阴性对照。

五、操作技术训练

对于操作技术要求不高的方法，稍加培训即可掌握。以下主要讨论操作技术要求高的方法的训练原则。

1. 经皮穿刺技术训练

（1）熟悉小鼠相关实用解剖：① 左肺在体表的投影；② 左肺的三维形态。

（2）在新鲜尸体上训练，体会经皮穿刺技术的操作要点：① 根据掌握的实用解剖知识确定进针点和进针角度；② 根据掌握的实用解剖知识设计注射器针头的进针深度，可以用弯曲针头或针头套管的方法改造针头；③ 进行小鼠活体染料注射实验，通过调整进针角度、位点、深度和注射量，观察注射效果。

2. 经口灌注技术训练

（1）熟悉小鼠相关实用解剖：① 气管、支气管的长度；② 小鼠仰头或处于休息体位时上腭与气管、食道位置的变化；③ 胸椎弯曲角度与支气管－气管角度的变化。

（2）选择操作工具，在新鲜尸体上训练，体会经口灌注技术的操作要点：① 术者根据自身手的大小、手指长短，研究握持新鲜小鼠尸体的手法，注意小鼠胸椎弯曲部位和角度，使左支气管与气管成一条直线；② 选择外径适宜的灌注针头或确定导管的外径和长度，使其能够符合所用小鼠的左支气管的内径和长度；③ 运用在尸体上获得的数据和经验，进行小鼠活体染料灌注实验，成功后方可进入正式实验。

六、模型评估

（1）大体解剖：按照研究规定时间安乐死小鼠，采集肿瘤并测量其体积和质量。

（2）肿瘤生长监测：使用体积测量或肿瘤质量测量等方法定期监测肿瘤的生长速度和大小。

（3）生物影像学评估：通过体内成像技术，如荧光成像、生物自发光成像、计算机断层扫描（CT）或磁共振成像（MRI）等，观察和分析肿瘤的位置、大小、转移和代谢活性等。

（4）组织学分析：在研究设置的时间，将小鼠肺组织取出，进行病理学分析。使用组织切片染色、免疫组织化学染色、原位杂交等技术，观察肿瘤细胞形态、组织结构、增殖活性、凋亡情况等。

（5）分子生物学分析：使用 PCR、蛋白印迹实验、免疫组织化学染色、流式细胞术等技术，分析肿瘤组织或细胞中相关蛋白的表达水平、基因突变、信号通路活性等。

（6）药物治疗评估：对肺癌模型进行药物治疗，通过肿瘤生长抑制、体重变化、生存期变化等指标来评估药物的疗效。

七、讨论

1. 肺原位癌手术造模方法的选择

造模方法的选择需要根据实验目的和实验条件来决定。

（1）如果实验要求自身健侧肺做对照，或者需要小鼠造模后存活时间长久一些，应选择单侧肺造模。使用直接肺内注射和左肺灌注都可以。

（2）如果实验室条件不允许麻醉小鼠，可以用徒手灌注的方法。

（3）如果需要迅速完成操作，而且术者技术很专业，亦可选择徒手灌注的方法。

徒手灌注具有以下三个优势：① 在动物福利方面，徒手灌注对小鼠的损伤最小；② 需要设备、耗材最少，实验造价最低；③ 操作速度最快。该技术专业化水平最高。

目前该技术尚存在操作瓶颈，需要专门练习。掌握了该技术，大多数肺癌手术造模方法会被其替代。

2. 经口灌肺操作的常见问题和措施

（1）呛液：常见于徒手灌注。原因是灌注量过大，灌注速度过慢。

解决措施：减少灌注量，加快灌注速度和插管速度。

（2）呼吸道残留：肿瘤细胞同时在气管内和肺内生长。这不是肺肿瘤转移，而是灌注时气管内残留的肿瘤细胞造成的。

解决措施：灌注时，注射器内提前吸入 100 μL 空气，当注射器内的细胞灌注完毕后，将空气继续灌入肺中，其作用是将气管、支气管内的肿瘤细胞冲洗入肺，使已经入肺的细胞进一步深入。如果肿瘤细胞浓度过高，导致灌注液黏稠，可以将其适当稀释。

（3）灌注时小鼠强烈挣扎：灌注时小鼠挣扎是正常现象，也反映针头进入了气管而非食管。过度强烈的挣扎是小鼠过长时间呼吸困难所致。

解决措施：加快操作速度，从针头进入气管到拔出的时间不要超过 5 s。

（4）灌注时动物不挣扎：说明针头进入食管。这是新手最常见的失误，原因是针头插入前，小鼠头后仰不足。

解决措施：针头进入口腔，利用针杆先将小鼠头后仰，使上腭与声门成一条直线，再顺着上腭进针，针头到达喉部，稍向小鼠腹侧进针。

如果针头已经进入食管，不要反复将针头拔出口腔重新插入，以避免引起小鼠恐惧。要将针头贴向腹侧向外缓慢拔针，当针头触及甲状软骨时，会有触及硬物的感觉。此时针头已经出了食管，再次将小鼠头后仰，针头偏向腹侧再度插入气管即可。

（5）单侧种植操作出现双侧阳性。

① 右肺有大量灌注液的原因：针头插入深度不够，仅入气管。

解决措施：用适当长度的针头，在针头相应的长度位置做标记，当针头插到标记处并且无法继续深入时即可。

② 右肺有少量灌注液的原因：小鼠发生呛咳。参见前述的呛液原因与解决措施。

（6）灌注后小鼠萎靡，甚至隔日死亡：其原因是气管被刺穿，细胞注入纵隔。

第 99 章
肺癌：经胸壁注射[①]

夏洪鑫

一、模型应用

直视下经胸壁向肺内注射肿瘤细胞是目前肺原位癌手术造模常用的方法。小鼠胸部皮肤切开后，透过胸壁可以清楚地看到浅色的肺，直视下将针头穿透胸壁刺入肺，可将肿瘤细胞注入其中。

由于左肺是单一且最大的肺叶，因此选择注射左肺可以降低针头对穿肺或没有刺入肺的概率，而且右肺一方面可以作为自身对照，另一方面由于右肺没有原位肿瘤，可以延长小鼠肿瘤种植后的生存时间。

这个术式之所以成为目前最流行的肺原位癌手术造模方法，主要有三个优点：注射位置准确；肿瘤细胞进入肺的数量准确；技术要求低。该术式的缺点是操作较烦琐，对小鼠机体损伤较大。

二、解剖学基础

左肺在体表的投影，根据四条线可以确定其范围：脊柱、胸椎前后点和腋中线（图99.1）。在其中央切开皮肤，可以透过胸壁清晰地看到左肺。小鼠皮肤移行性很大，切开 1 cm 皮肤，牵拉

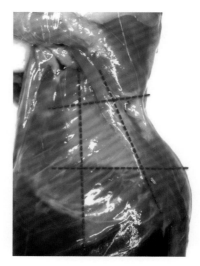

图 99.1　小鼠剥皮后，透过胸壁可以清晰地看到左肺。前、后与胸椎等同，左、右在脊柱与腋中线之间。在这个范围中间切开皮肤，可以在小切口找到左肺

---

① 共同作者：刘彭轩。

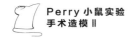
皮肤切口，可以依次找到左肺的轮廓，方便选择进针点。

三、器械材料

（1）器械材料：吸入麻醉系统，常规手术刀、剪、镊，29 G 针头胰岛素注射器，5-0 丝线，常规皮肤消毒液。

（2）生物材料：肿瘤细胞悬液 20 μL（细胞数取决于研究要求。30 min 内置于冰上待用）。

四、手术流程

操作参见《Perry 小鼠实验给药技术》"第 75 章 肺注射"。▶

（1）小鼠常规吸入麻醉。左胸剃毛。取右侧卧，左胸剃毛区常规消毒（图 99.2）。

（2）于肘关节与肩胛骨后缘延长线交点处剪开皮肤约 1 cm。

图 99.2 小鼠麻醉后，术区剃毛、消毒

（3）用镊子钝性分离皮肤切口部位，暴露胸壁，透过胸壁可见粉红色的左肺（图 99.3）。

（4）直视下将胰岛素注射器针头呈 30° 于肋间隙刺入左肺（图 99.4），针头穿过胸壁刺入肺部时有刺破绵软物的感觉。针孔完全没入肺内时停针。

图 99.3 找到左肺，确定注射点

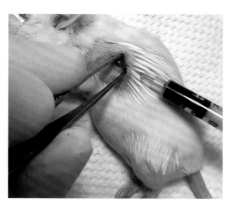

图 99.4 穿刺胸腔入肺注射肿瘤细胞

（5）匀速推注细胞悬液，推注完成针头保持不动10 s。

（6）用棉签压迫针孔拔出针头，棉签保持压迫针孔10 s。

（7）缝合皮肤切口，伤口常规消毒。待小鼠苏醒后返笼，常规饮食。

五、模型评估

评估方法参见"第98章　肺癌种植方法概论"。若用染料模拟药物造模，可见术后注射液分布状况（图99.5）。

图 99.5　皮肤切开后直视下行左肺注射染料的效果

六、讨论

（1）推注结束时小鼠可能出现短暂呼吸骤停，或呼吸急促现象，一般旋即恢复。

（2）采用吸入麻醉，肿瘤细胞注射结束后小鼠苏醒快，可及时观察其状态。

第 100 章

肺癌：经皮注射

夏洪鑫

一、模型应用

直视下经胸壁向肺内注射肿瘤细胞是目前肺原位癌手术造模常用的方法。随着术者对小鼠解剖的认识及操作技术的不断提高，专业操作水平随之提高。为了降低对小鼠的手术损伤，提高手术效率，技术熟练的术者无须切开小鼠皮肤行直视下注射，而是直接经皮穿胸壁向肺内注射肿瘤细胞。

经皮注射就操作而言，只是比直视注射多刺穿了一层皮肤。从小鼠解剖结构来看，没有操作困难，但因为非直视操作，技术难度提高了。该方法的成功取决于术者的专业技术水平。

该方法的主要优势在于：肿瘤细胞入肺的数量准确；对小鼠机体的损伤小；操作快捷，甚至无须麻醉小鼠。其缺点是技术要求高。

若术者的技术水平尚不足以应对清醒状态的小鼠，建议在吸入麻醉状态下操作，成功率会更高。本章介绍在麻醉下的操作方法。

二、解剖学基础

与肺相关的局部解剖参见"第 99 章　肺癌：经胸壁注射"以及《Perry 实验小鼠实用解剖》"第 9 章　呼吸系统"、《Perry 小鼠实验给药技术》"第 75 章　肺注射"。

经皮注射需要额外关注的解剖结构是胸部皮肤，胸部皮肤移行性高，其下为胸肌。皮肤全层厚度约为 1 mm（图 100.1）。

---

① 共同作者：刘彭轩。

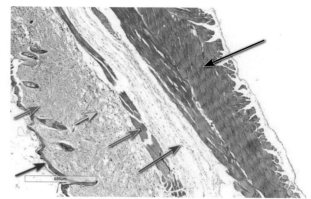

图 100.1　小鼠胸部皮肤病理切片，H-E 染色。胸部全皮（包括皮肌）厚约 1 mm。深蓝色箭头示表皮；红色箭头示真皮；黄色箭头示真皮下层；浅蓝色箭头示皮肌；紫色箭头示浅筋膜；黑色箭头示胸肌

三、器械材料

吸入麻醉系统，29 G 针头胰岛素注射器，肿瘤细胞悬液 20 μL（细胞数取决于研究要求，30 min 内置于冰上待用）。

四、手术流程

（1）▶小鼠常规吸入麻醉。左胸肋部备皮，取右侧卧，备皮区常规消毒。

（2）于肘关节与肩胛骨后缘延长线交点处进针，将针头呈 30° 刺入肺内（图 100.2），进针深度约 4 mm。

（3）注射时完全停止针尖的移动，匀速注射。

（4）推注完成后保持 10s 再拔出针头。

（5）待小鼠苏醒返笼，常规饮食。

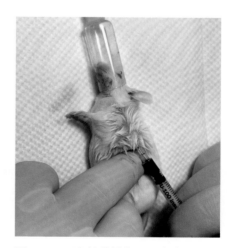

图 100.2　注射进针位置和角度

五、模型评估

评估方法参见本书"第 98 章　肺癌种植方法概论"。

（1）若用染料模拟药物造模，可见术后注射液分布状况（图 100.3，图 100.4）。

（2）大体解剖可见肺部肿瘤生长状态（图 100.5），采集标本后称重，进行各项生物学检验。

（3）定期做活体成像检测，观察肿瘤细胞位置、大小以及转移情况（图 100.6）。

图 100.3　注射蓝色染料后解剖确认效果。箭头示进针点胸壁没有染料泄露

图 100.4　注射蓝色染料行左肺解剖，胸腔内未见染液漏出

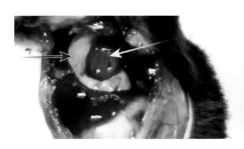

图 100.5　小鼠经皮注射构建原位肺癌手术 4 周后肺部解剖。蓝色箭头示肺；白色箭头示肿瘤

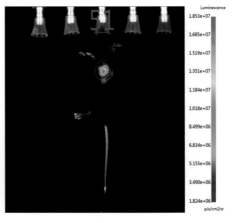

图 100.6　肺内注射荧光素酶标记的Lewis 细胞后的生物自发光影像

六、讨论

（1）注射前可在针头前部吸入几微升空气，以免穿皮过程中注射液在皮下或肋间肌漏出。

（2）注射时应保证一气呵成，避免针头多次进入，从而导致成瘤不均一和不必要的损伤。

（3）对于技术熟练的术者而言，注射点可以不备皮，单纯用酒精消毒即可。备皮目的是对表皮进行更清晰的定位。

（4）为了保证进针深度的精确，可以将针头在距针尖 4 mm 处弯曲，或在针头上加套管，露出前部 4 mm，进针至弯曲处或套管边缘时即停止。这些精确进针技术的前提是把握好进针角度和触及皮肤的压力。进针角度变化，会改变进针的垂直深度；针杆或套管应触及皮肤而不能下压皮肤。

（5）注射点备皮为非必需操作，但是常规消毒液局部消毒是必要的。

第 101 章

肺癌：经口直视灌注①

夏洪鑫

一、模型应用

经过上呼吸道种植肿瘤细胞构建小鼠肺原位癌模型，流行的方法是模仿临床行气管切开术，这无疑会对小鼠造成手术损伤。

手术构建小鼠肺原位癌模型的四种主要方法中，经口灌注对小鼠基本没有机械损伤，摆脱了对临床方法的简单模仿，进入了小鼠专业手术领域。

根据术者技术熟练程度，灌注分为直视灌注和徒手灌注两种。无论哪种方法，都要保证肿瘤细胞被种植入肺。直视灌注的操作技术要求较低，初学者可以从直视下把针头插入气管的方法开始。本章介绍经口直视灌注的方法。

二、解剖学基础

相关解剖参见《Perry 小鼠实验给药技术》"第 93 章　经气管灌注肺"、《Perry 小鼠实验手术操作》"第 37 章　气管经口插管"。小鼠喉部解剖如图 101.1 所示。

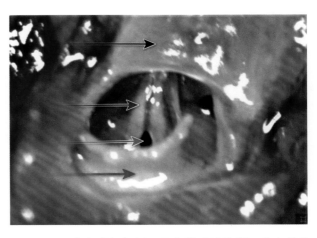

图 101.1　小鼠喉部解剖。黑色箭头示软腭；蓝色箭头示声带；红色箭头示声门裂；紫色箭头示甲状软骨

---

① 共同作者：刘彭轩。

三、器械材料

（1）器械：冷光源卤素灯，灌注固定板，1 mL 注射器，8 号灌胃针。

　1 mL 注射器连接 8 号灌胃针，先吸取几微升空气，再定量吸取细胞悬液，然后用无菌纱布将灌胃针表面残留的细胞悬液擦拭干净，置于冰上待用（30 min 内使用）。

（2）生物材料：肿瘤细胞悬液 20 μL（细胞数取决于研究要求）。

四、手术流程

（1）小鼠常规腹腔注射麻醉，上门齿挂于线上，使身体悬挂于灌注固定板上。

（2）▶将卤素灯贴近小鼠颈部（图 101.2）。

（3）左手持平镊将小鼠舌头拉出，在照亮的咽喉部可见一个一开一合的小圆孔（声门裂）（图 101.3）。

（4）右手持注射器在直视状态下插入气管，匀速注入细胞及注射器中的全部空气（图 101.4）。推注完成后迅速拔针。

图 101.2　小鼠悬挂，光源贴近颈部

图 101.3　拉出舌头,可见喉部(寿旗扬供图)　图 101.4　将肿瘤细胞注入气管

（5）保持小鼠竖直状态 1 min。然后将其安置于保温板上，头高位待苏醒。

（6）小鼠苏醒后返笼，正常饮食。

五、模型评估

（1）正式实验之前，有必要用染料做预实验（图 101.5），以检验操作技术。

（2）大体解剖：采集肿瘤标本，测量其体积和质量。

（3）肿瘤生长监测：采取生物影像学评估，如荧光成像、生物自发光成像、CT 或磁共振成像等，观察和分析肿瘤的位置、大小、转移和代谢活性等。

（4）组织学分析：在研究设定的时间，将小鼠肺组织取出，进行病理学分析。

（5）药物治疗评估：对肺癌模型进行药物治疗，通过肿瘤生长抑制、体重变化、生存期变化等指标来评估药物的疗效。

图 101.5　经口直视灌注后肺部解剖，可见双侧肺内均有染料

六、讨论

（1）经气管行肺内灌注时，事先吸入少许空气，其目的一是保证注射的细胞悬液体积的准确性，二是利用空气将气管内的细胞悬液推入肺内。

（2）推注结束后，应使小鼠在竖直状态下停留一段时间，在等待苏醒期间保持头高位，以避免液体反流，从肺内进入气管。

（3）经气管灌注时，推注速度不宜太快，避免液体溢出进入口腔。

第 102 章

肺癌：经口徒手灌注[①]

刘彭轩

一、模型应用

经口灌注是基本不会对小鼠造成机械损伤的建模方法。根据术者技术水平的高低，可分别采用直视灌注和徒手灌注两种操作。其中，徒手灌注无须麻醉动物，无须外科手术，操作过程类似灌胃。在灌注工具、材料备齐的情况下，熟练的术者单人每分钟灌注数只小鼠是一件很轻松的事情。该方法操作时间最短，对小鼠机械损伤最小，甚至没有损伤。

尽管该方法非常快捷，但术者需要具备熟练的小鼠专业操作水平。初学者务必先进行活体训练，成功后方可进行正式实验操作。

徒手灌注肿瘤细胞分为双侧种植和单侧种植。两种方式各有其优缺点，详见"第 98 章　肺癌种植方法概论"。

双侧种植只要把针头插入气管即可，无须特殊的针头和保定小鼠的手法。而单侧种植技术难度较大，应用范围较广，因此本章专门予以介绍。

二、解剖学基础

肺相关解剖参见《Perry 小鼠实验给药技术》"第 93 章　经气管灌注肺"、《Perry 小鼠实验手术操作》"第 37 章　气管经口插管"。

---

① 共同作者：夏洪鑫。

三、器械材料

1 mL 注射器、灌胃针头（选择方法见讨论部分）、肿瘤细胞悬液 20 μL（细胞数取决于研究要求。置于冰上，30 min 内使用完）。

四、手术流程

（1）如果一次实验灌注小鼠总数不多于 30 只，将所有注射器连接灌注针头，吸取 20 μL 空气后再吸取 20 μL 细胞悬液，用无菌纱布将灌胃针表面残留细胞液擦拭干净，然后用生理盐水洗一下针头表面，针头向下挂在插入冰中的 15 mL 离心管中待用。或分批保存在 4 ℃冰箱内随时取用。总保存时间不能超过 30 min。

（2）用左手先将小鼠以"V"手法保定，然后稍微移动中指，将其胸椎向右顶，令左支气管与气管在一条直线上。

（3）右手持灌胃针进入口腔，使小鼠头部后仰，令口腔和喉部呈一条直线。当针头到达喉部时，将其贴向腹面，插入气管（图 102.1）。此时，小鼠会因为呼吸困难而挣扎。

（4）再进针数毫米，抵达左支气管第二级分支处时，针管无法继续推进，马上匀速推注注射器内的全部液体和气体（图 102.2）。

（5）推注完成后迅速拔针，使小鼠保持竖直状态 30 s 后，再将其放回笼中。

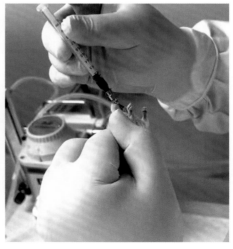

图 102.1　操作手法。左手持鼠，右手进针　　图 102.2　针头到达支气管，开始推注

五、模型评估

参见"第 98 章　肺癌种植方法概论"。

六、讨论

（1）因为每人的手指、手掌不尽相同，初次使用本方法建模者在正式实验前，需确定个人固定小鼠的手法。其要求为：左手固定小鼠时，需要使小鼠胸椎偏向右弯，令左支气管与气管呈一条直线。术者应解剖用于练习的小鼠的新鲜尸体，暴露气管和支气管，练习和确认自己保定小鼠的手法，观察保定小鼠时，小鼠的左支气管与气管是否处于一条直线上。图 102.3 和图 102.4 显示了不同保定手法下小鼠支气管和主气管位置的差别。

（2）正式实验之前，需要根据选定的小鼠来选择灌注针头（102.5）。针头标准是外径略小于一级左支气管内径，大于二级左支气管内径。先通过活体体会，当针头前端顶到一级左支气管末端时，有无法前行的手感，标记针头进入身体的实际长度，然后解剖确认此长度。

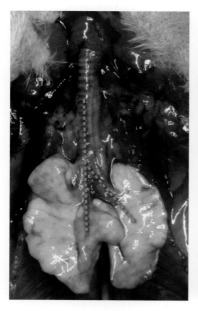

图 102.3　正常体位，左支气管与主气管呈约 40°

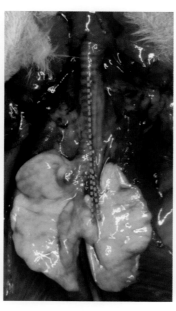

图 102.4　特殊保定手法，令胸椎右弯，左支气管与主气管几乎呈一条直线

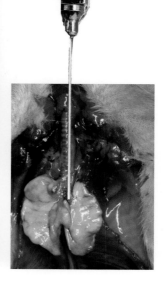

图 102.5　选择的灌注针头直径以使针头可以抵达左支气管远心端为合适

（3）正式实验之前需要使用染料灌注来检测灌注效果（图102.6，图102.7）。

（4）徒手灌注操作中常见大问题和措施参见"第98章　肺癌种植方法概论"。

图102.6　染料灌注模拟单侧种植，显示染料居于左肺

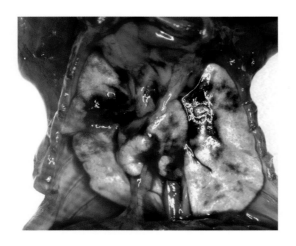

图102.7　染料灌注模拟双侧种植，显示双侧肺内部均有染料

肿瘤模型：其他肿瘤

第十八篇

第 103 章

皮下肿瘤细胞种植

刘彭轩

第一节　后臀部皮下肿瘤种植

一、模型应用

肿瘤是高危险、高发病率的临床疾病。抗肿瘤药物的研发始终是医药领域的一大工程。肿瘤动物模型是药物研发和肿瘤发生、发展机制研究不可或缺的。

目前肿瘤动物模型主要以小鼠为模型动物。由于皮下肿瘤接种技术要求低，观察方便，所以小鼠皮下肿瘤模型成为最常见的肿瘤模型，并被广泛应用于肿瘤生物学、药物研发和治疗等领域。其主要作用包括如下几个方面。

（1）研究肿瘤生长、转移、血管生成等生物学特性，探索肿瘤发生机制和治疗靶点，评价抗肿瘤药物的有效性和安全性。

（2）评估肿瘤治疗方法，包括放疗、化疗、免疫疗法等的疗效和副作用。

（3）开展基因工程研究，如肿瘤基因敲除、基因突变、基因转移等。

（4）评估防癌药物的预防效果和机制。

皮下肿瘤多种植在后臀部和肩部皮下位置。在做药效实验时，给药方式分为全身给药和局部给药。

（1）全身给药多为尾静脉注射、灌胃和腹腔注射。尾静脉注射的优点是药物经过血液循环进入肿瘤；多数肿瘤内富有小血管，药物可以均匀地进入肿瘤组织。缺点是

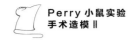
药物游走全身，药物副作用影响周身，而且当药物到达肿瘤组织时，浓度已经被严重稀释。

（2）局部给药中直接向肿瘤内注入药物的方式，因无法排除针头对肿瘤的物理损伤而被摒弃。现采用的方式为肿瘤周围局部注射。该方式的优点是药物浓度不会因血液循环而被明显稀释，对全身的副作用小。缺点是会因小鼠个体差异而出现药物在组织中分布不均匀的现象，进入肿瘤组织的药量还受到周围组织渗透性的影响。

二、解剖学基础

关于皮肤的局部相关解剖，参见《Perry 实验小鼠实用解剖》"第 13 章　皮肤及皮下组织"、《Perry 小鼠实验给药技术》"第 23 章　躯干部皮下注射"。

小鼠皮肤内面解剖如图 103.1 所示，圈示后臀区域皮肤的血管分布。

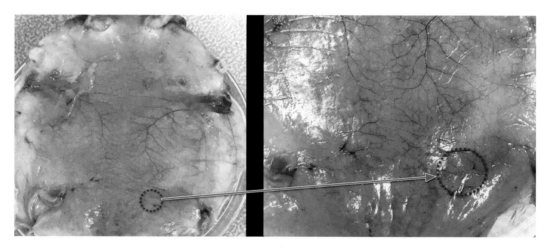

图 103.1　小鼠皮肤内面解剖。圈示常用于肿瘤移植的后臀区域，其血供来自后背皮肤血管末端

三、器械材料与实验动物

（1）器械：尖齿镊，25 G 针头连接 1 mL 注射器。

（2）生物材料：肿瘤细胞 2×10^6 个 /100 μL。从培养皿采集后置于冰上，30 min 内使用。

（3）实验动物：多用成年裸鼠，性别不限。

四、手术流程

（1）小鼠常规吸入麻醉，术区备皮（裸鼠除外）。取俯卧位，无须固定四肢。

（2）确定浅筋膜注射位置，如图 103.2 所示。

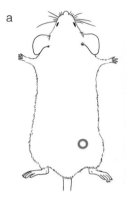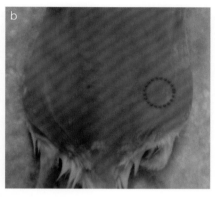

图 103.2　后臀部肿瘤种植位置示意。小鼠俯卧位，圈示后臀部浅筋膜注射位置。a. 示意图；b. 手术照

（3）左手用镊子将后臀部皮肤轻夹起 5 mm（图 103.3）。

（4）右手持注射器，针孔向上，贴着未被提起的皮肤水平刺入提起的皮肤下方 5 mm（图 103.4）。

（5）停止进针，控制针头不动，匀速注入所有细胞悬液（图 103.5）。

（6）左手拿棉签，紧压因注射而呈半球状隆起的皮肤后缘，同时压住针头，匀速抽出针头，保持棉签压迫 10 s（图 103.6 ～图 103.8）。

图 103.3　镊子提起皮肤　　图 103.4　针头水平刺入　　图 103.5　匀速注入细胞悬液

图 103.6　棉签压迫针孔位置　　图 103.7　棉签压迫中拔出针头　　图 103.8　肿瘤种植完毕

（7）解除麻醉，小鼠归笼。普通饮食。

（8）一般 1 周后开始定期观察、测量肿瘤生长情况。

五、模型评估

（1）用卡尺定期测量肿瘤直径。

（2）定期利用荧光或生物自发光进行活体影像观察。

（3）终末解剖，采集肿瘤标本称重。

（4）取病理切片做肿瘤病理分析。

（5）种植后第一天，由于液体吸收，种植的皮肤隆起基本消失。种植 1～2 周后开始有肉眼可见的肿瘤生长迹象。依据不同肿瘤特点评定肿瘤生长速度。

六、讨论

（1）在用注射器吸取肿瘤细胞前，无须排除注射器内的全部空气，针芯推到顶端即可抽吸肿瘤细胞，精准吸入一次使用量。注意勿将针头向上，以免残留空气进入细胞悬液。

（2）操作技术熟练者，接种肿瘤时可不麻醉小鼠，也可不用镊子牵拉皮肤，直接以接近水平角度进针浅筋膜层进行注射。

（3）肿瘤形态不规则时，终末标本称重是准确的方法，但无法做肿瘤生长曲线分析。若需要测算肿瘤生长曲线，可利用活体影像测量，尽量不使用大批动物分期采集终末标本称重的方法。

（4）注射速度不匀，肿瘤生长易形成不规则肿块；注射时针头移位，易形成多个肿块；拔针不压迫针道，易形成针道肿瘤（图 103.9）。

图 103.9　肩部种植肿瘤的不同形态。下排左 3 形态规范；上排左 1 为注射时针头移位，形成 2 次注射；下排左 4 疑似针道肿瘤（聂艳艳供图）

第二节　腹股沟皮下肿瘤种植

一、模型应用

　　鉴于小鼠皮下肿瘤模型的广泛应用和普遍存在的不足，为了提高对抗癌药物疗效的精确判定，减少药物对全身的毒害作用，延长药效窗口期，笔者研发了腹股沟皮下肿瘤种植模型，做到了局部血循环给药，减少了药量，克服了全身给药的明显副作用和局部周围组织注射药物分布不均匀的缺点，但是该方法技术要求较高。

二、解剖学基础

　　腹股沟是位于后腹面两侧、大腿和腹壁相交的区域。在休息体位时，小鼠大腿肌肉和腹壁相贴。大腿内侧肌肉外膜与腹壁外侧肌肉外膜之间没有皮肤相隔，只有少许筋膜。此筋膜为浅筋膜的延续，当大腿处于外展位时，大腿内侧肌肉表面的筋膜到达皮下。少量大腿根部表面的筋膜仍然保持夹在大腿内侧肌肉外膜与腹壁外侧肌肉外膜之间。图 103.10 中黄圈内为移行筋膜区。

　　腹股沟区皮肤 – 皮下供血（图 103.11）单一来自股动脉皮支（腹壁浅动脉），此血管

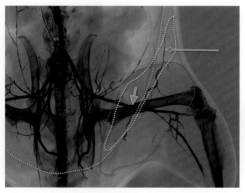

图 103.10　小鼠大腿外展动脉造影影像。蓝色虚线为腹壁侧边缘；红圈为大腿肌肉边缘；黄色虚线内为移行筋膜区域；红色箭头示股动脉皮支；蓝色箭头示股动脉；进针点在红色箭头指示区域

图 103.11　裸鼠行股静脉皮支插管灌注伊文思蓝染料，显示此血管供血区

从股动脉中部发出，穿过腹股沟脂肪垫进入后腹部外侧皮肤。沿途发出细小分支营养腹股沟脂肪垫，有同名静脉伴行。这对血管对机械刺激非常敏感，牵拉后会痉挛变细达数分钟之久（图 103.12），可以利用该特点实现静脉注射拔针后止血的目的。

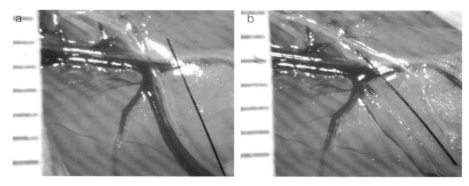

图 103.12　股动静脉皮支痉挛对比照。黑色线为人头发，用作比较；左侧标尺单位为毫米。a. 牵拉前股动静脉皮支状况；b. 牵拉后可见股动静脉皮支均极度痉挛收缩，基本无血流通过

三、器械材料与实验动物

（1）器械：平齿镊；皮肤镊；皮肤剪；尖齿镊；25 G 注射器针头，前端 5 mm 弯曲 75°（图 103.13），连接 1 mL 注射器。

（2）生物材料：肿瘤细胞悬液 2×10^6 个 / 100 μL。从培养皿采集后置于冰上，30 min 内使用。

图 103.13　注射器针头前段弯曲

（3）实验动物：多采用成年裸鼠，性别不限。

四、手术流程

1. 以右侧腹股沟为例介绍造模方法

（1）小鼠常规吸入麻醉。若非裸鼠，右侧腹股沟剃毛。

（2）取仰卧位，大腿外展，外侧平贴手术台面。股骨与脊柱呈 90°（图 103.14），腹股沟部位皮肤常规消毒。

（3）将肿瘤细胞悬液精确吸入注射器。弯曲的前部针头垂直刺入腹股沟移行筋膜区，刺入点位于腹壁与大腿之间；针尖顺着腹壁外缘刺入（图 103.15），深入 5 mm，匀速注入所有细胞悬液（图 103.16）。

图 103.14　腹股沟注射部位，如红圈所示

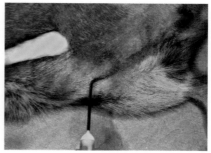

图 103.15　针头刺入点和刺入角度

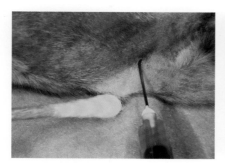

图 103.16　针头刺入 5 mm

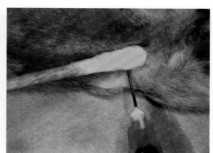

图 103.17　棉签压迫针孔拔针

（4）棉签压迫针孔拔针（图 103.17）。解除吸入麻醉，待小鼠苏醒后返笼。

2. 给药方法

给药方法详见《Perry 小鼠实验给药技术》第 51 章中的"股静脉皮支逆向注射法"，在此仅做简单介绍。

（1）小鼠常规麻醉。皮肤镊和剪子配合，沿腹中线将皮肤划开 1 cm。

（2）将棉签与尖齿镊配合暴露右侧股静脉皮支。

（3）左手持平齿镊夹持股静脉中段，从股静脉皮支起始部逆向刺入 1 mm，匀速注入药液。

（4）拔针后右手立即换平齿镊夹住股静脉皮支远心端。

（5）两支平齿镊配合，牵拉、放松股静脉皮支 3 次后放开。可见皮支极度收缩变细，静脉针孔不出血可维持数分钟之久，直至血管痉挛自行解除。

（6）缝合皮肤，常规消毒。小鼠保温苏醒后，返笼正常饮食。

五、模型评估

（1）用卡尺定期测量肿瘤直径。

（2）通过荧光、生物自发光等进行定期影像观察。股动脉皮支血管造影（图103.18）显示肿瘤形体基本为单一球形，不同于浅筋膜种植的扁球形。在造影中可见股动静脉皮支随着肿瘤生长而同步变粗大迂曲。

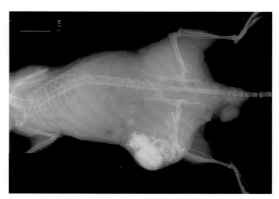

图103.18　血管造影显示腹股沟肿瘤

（3）终末解剖，采集标本称重。

（4）做病理切片行病理分析。

（5）肿瘤按照预期时间成长，不同的肿瘤细胞生长期不同。

六、讨论

（1）肿瘤细胞吸入注射器前，无须彻底排出注射器内的空气，针芯推到顶端即可。保留注射器接口内的空气。

（2）肿瘤位置较深，早期需要触摸检查，肿瘤长到直径 1 cm 以后方有可能用肉眼观察到。

（3）肿瘤位于四周柔软的环境中，较后臀部和肩膀的肿瘤更趋向于球形，一般可以用卡尺测量时，仅测一个直径就可以计算球形瘤块体积。

（4）注射肿瘤时针头不可移动，同时需匀速注入，方可长成规则球形肿瘤。这要求术者用中指和食指夹针筒不动，仅大拇指推动针芯。

（5）拔针时棉签仅压住针孔，不可将皮肤压陷下去，以免因挤压使肿瘤细胞团变形。

（6）股静脉皮支随着肿瘤的生长而变粗大迂曲，比正常血管容易注射。

（7）如果需要多次给药，可采用股静脉注射法。具体操作参见《Perry 小鼠实验给药技术》第 50 章中的"穿肌注射法"。在注射前，用血管夹夹闭股静脉近心端，临时结扎股静脉肌支。注射后无须止血（因为成功的穿肌注射拔针不出血）。先撤出股静脉血管夹，再解开肌支活扣。皮肤切口不必缝合，用金属皮肤夹，可以随时拆卸再安装。

肾癌①

荆卫强

一、模型应用

肾细胞癌（renal cell carcinoma）简称肾癌，是常见的泌尿系统恶性肿瘤之一，其发病率呈现逐年增长的态势。肾癌早期症状不明显，术后容易出现局部复发和远处转移，转移部位以肺部最为常见。肾癌对于常规的抗肿瘤治疗方法多不敏感，临床上治疗手段有限，因此，建立高成瘤率的动物模型有助于对其发病机制和治疗策略进行深入研究。

小鼠肾癌模型建立的方法主要有基因技术和手术造模两种。在基因技术建立的肾癌小鼠模型中，从肾细胞的基因突变到肿瘤形成，大概需要半年到 1 年的时间。无论对于小鼠的寿命，还是对实验需求来说，这都是相当长的时间。而手术造模时间短，成瘤率高，是肾癌研究领域的一项重要技术。

二、解剖学基础

肾是一对实质性器官（图 104.1），左、右各一，位于腹腔内，1 ～ 3 腰椎水平。呈蚕

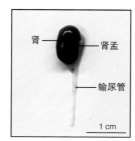

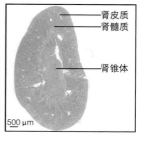

图 104.1　小鼠肾大体照片和病理切片

---

① 共同作者：刘彭轩；协助：王甘雨。

豆形，表面光滑，内侧凹陷为肾门，是血管、神经、淋巴管和输尿管通过之处。

三、器械材料与实验动物

（1）器械：30 G 针头胰岛素注射器，小动物剃毛器，常用手术器械。

（2）生物材料：小鼠肾癌 Renca 细胞荧光标记，在无菌条件下将处于对数生长期的 Renca 细胞消化制成单细胞悬液，使用 PBS 缓冲液洗涤细胞 1 次后重悬并调整细胞浓度（2×10^7 个 /mL），置于冰上待用（每只小鼠注射 50 μL，1×10^6 个细胞）。

（3）实验动物：BALB/c 小鼠，8 ～ 10 周，性别不限。

四、手术流程

（1）小鼠常规麻醉。背部剃毛，右侧俯卧位固定于恒温手术台上，腹部垫高。

（2）常规消毒备皮区皮肤。在距背部中线约 0.5 cm 处沿左侧肋缘后方分层剪开 1 cm 皮肤腹壁（图 104.2）。

图 104.2　小鼠手术体位和切口示意。箭头为切口位置

（3）安置拉钩，暴露左肾及肾包膜。

（4）使用胰岛素注射器吸取准备好的 Renca 细胞悬液。

（5）使用弯头镊从下方将肾托至切口处，在肾后极处垂直进针 1 ～ 2 mm（图 104.3），针孔位于肾皮质，针尖保持在肾内。

（6）将 50 μL 细胞悬液，30 s 匀速注入肾皮质内，注射完毕留针 5 ～ 10 s 后，用棉签压迫针孔拔针。

（7）无菌棉签压迫针孔保持 1 min，避免出血和细胞外溢。

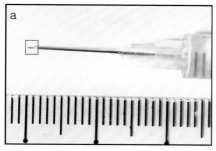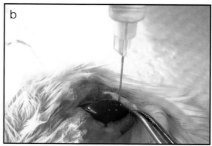

图 104.3　肾注射示意。a. 注射器针尖长度示意，方框内部位为肾注射的深度，
为 1～2 mm；b. 小鼠肾注射操作示意

（8）将肾还纳腹腔。依次缝合腹壁和皮肤切口，常规消毒伤口皮肤。

（9）监测小鼠生命体征。保温苏醒后返笼，单独饲养，普通饮食。

五、模型评估

（1）造模结束后，每周用小动物三维活体成像系统监测肾肿瘤生长情况（图
104.4 ）。

（2）实验终末安乐死小鼠，取肺及肾肿瘤组织，4% 多聚甲醛溶液固定，进行石蜡切片，
H-E 染色，观察肾肿瘤病理特征及肺部肿瘤转移情况（图 104.5 ）。

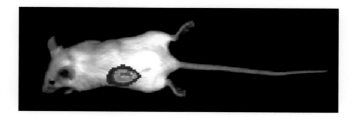

图 104.4　肾癌小鼠模型活体荧光
影像

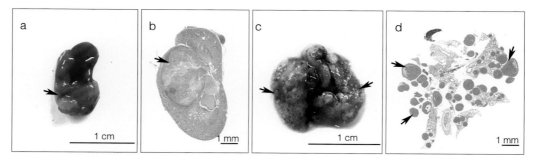

图 104.5　小鼠肾肿瘤及肺部转移瘤病理照片。 a. 肾肿瘤大体照片；b. 肾肿瘤病理切片，H-E
染色；c. 肺转移瘤大体照片；d. 肺转移瘤病理切片，H-E 染色。箭头示肿瘤

六、讨论

（1）为了保证肿瘤细胞的活性，在肿瘤细胞取出后 30 min 内就应完成小鼠体内注射。若操作时间较短，可将细胞悬液置于室温环境下；若时间较长，可将细胞悬液置于冰上以保持活力。

（2）小鼠肾血管丰富，易出血，在操作过程中应注意：注射肿瘤细胞悬液时，要保证细胞悬液体积不超过 50 μL；避免快速注射；注射完毕，用棉签压迫针孔拔针；保持棉签压迫针孔 1 min，以避免细胞从针孔溢出。

（3）穿刺深度要精准控制，过深会将肿瘤细胞注射至肾髓质或肾盏。解决措施是提前在针头上标记进针深度，从而实现精准注射。

（4）肺是肾癌最常发生转移的器官，目前肺转移机制尚未阐明，且肺转移瘤与原发病灶相比呈现出不同的药物治疗反应和预后，因此具有重要的研究价值。本方法选用的小鼠肾癌 Renca 细胞系是从患有肾皮质腺癌的雄鼠的肾中分离出来的，其生长模式与成人肾癌的生长模式极其相似，特别是有自发的肺转移，因此可在本方法建立的原位肾癌模型的基础上进一步观察小鼠模型肺转移情况。

（5）利用活体影像可随时观察肿瘤生长情况。生物自发光检测最敏感，是监测肿瘤生长的不错的选择，有条件的实验室首推这类检测设备。B 型超声对于小肿瘤检测不敏感，但其优点在于无须对肿瘤细胞做荧光标定，无须注射生物自发光酶，减少检验操作成本。

第 105 章

胆囊癌 ①

肖双双

一、模型应用

胆囊癌是胆道系统最常见的恶性肿瘤，具有早期临床表现不典型、进展快、预后差的特点，对胆囊癌的诊治任重而道远。近年来靶向治疗和免疫治疗为胆囊癌提供了新的治疗手段，故胆囊癌动物模型在各项研究中也越来越重要。动物模型主要应用在药物筛选、基因治疗、免疫治疗、肿瘤发生机制研究等方面。

目前已经有多种方法可以建立小鼠原位胆囊癌模型。常用的方法是直接注射胆囊癌细胞到小鼠胆囊内。小鼠原位注射胆囊癌细胞模型具有较高的稳定性和可重复性。研究者可以通过控制注射细胞的数量、种类和培养条件等因素，获得一致性较高的实验结果，从而减少实验的变异性。

笔者根据小鼠胆囊解剖特点，结合实践经验做出相应的改进：采用结扎胆囊管避免细胞悬液沿胆管流入肝及胰腺等其他脏器；利用基质胶体温下凝固的特点将细胞悬液固定于胆囊内；细胞悬液抽吸时吸取少量空气，让空气自动浮起堵住针孔以避免漏液。

二、解剖学基础

小鼠胆囊位于肝左中叶和中叶的夹缝中。其背侧有肝缘系膜与横膈膜相连，腹侧发出胆囊管与肝总管相连（图 105.1）。参见《Perry 实验小鼠实用解剖》"第 8 章 消化系统"中的胆囊和胆总管解剖。

---

① 协助：刘彭轩。

图 105.1　小鼠胆囊管解剖。蓝色箭头示胆总管；黄色箭头示胆囊

三、器械材料与实验动物

（1）设备：显微镜，保温垫，吸入麻醉系统。

（2）器械材料：手术剪，尖齿镊，平齿镊，显微镊，持针器，拉钩，5-0 带线缝合针，7-0 带线缝合针，29 G 针头胰岛素注射器，1 mL 注射器，基质胶，组织胶水。

（3）生物材料：肿瘤细胞 GBC-SD，培养至足够数量并消化细胞至细胞汇合度约为 80%，胰岛素注射器取 0.3×10^6 个 /15 μL 肿瘤细胞，与 15 μL 基质胶混匀后，暂存于 4 ℃，3 ～ 4 h 内移植细胞。肿瘤细胞用荧光标记或生物自发光标记。

（4）实验动物：BALB/c nude 雄鼠，4 ～ 5 周龄。

四、手术流程

（1）小鼠常规麻醉，腹部术区剃毛。仰卧固定四肢，术区常规消毒。

（2）沿腹中线于剑突后 1 ～ 2 cm 处依次划开皮肤、腹壁，参见《Perry 小鼠实验手术操作》"第 17 章　开腹"。

（3）安置拉钩暴露胆囊（图 105.2）。

（4）用 7-0 缝合线活扣结扎胆囊管（图 105.3）。

（5）左手用平齿镊提起并固定胆囊。右手用空的 29 G 针头胰岛素注射器刺入胆囊顶端并快速抽取全部胆汁（图 105.4），棉签压迫针头拔针，确保拔针过程中没有胆汁洒落在腹腔。

（6）更换含基质胶及细胞悬液的 29 G 针头胰岛素注射器，针头沿原针孔进入胆囊。

（7）向胆囊内缓慢注入细胞悬液（图 105.5），注射完毕后，停留 1 ～ 2 min，等待基质胶凝固再抽出针头。随即滴一小滴组织胶水封闭胆囊针孔。

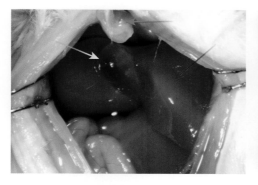

图 105.2　手术暴露胆囊。绿色箭头示剑突；
蓝色箭头示肝；白色箭头示胆囊

图 105.3　胆囊管结扎示意。黄色箭头示胆囊；黑
色箭头示肝；蓝色箭头示胆囊管

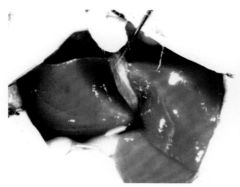

图 105.4　灌注细胞前，胆囊被抽空

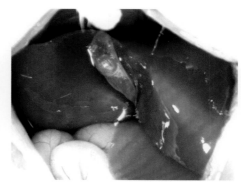

图 105.5　将含基质胶的细胞悬液注入胆
囊，在胆囊内可见一个小气泡

（8）撤除胆囊管结扎线。分层缝合手术切口，常规消毒切口。

（9）小鼠保温苏醒，返笼。饲养 4 ～ 5 周。定期用活体成像观察肿瘤生长情况。

五、模型评估

（1）定期活体成像观察（图 105.6）。

（2）成像确认后，取材进行肿瘤的大体观察（图 105.7）。

（3）病理切片分析。

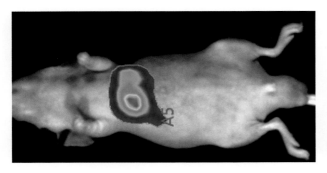

图 105.6　术后 5 周肿瘤荧光影像

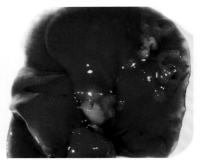

图 105.7　肿瘤移植 5 周后大体照
片，显示胆囊肿瘤生长状况

六、讨论

（1）操作过程尽量避免机械性损伤胰腺，减少变量。

（2）抽毕胆汁拔针过程中，一旦有胆汁洒落腹腔内，必须及时清理。

（3）向胆囊内注入细胞悬液的过程中，若掺杂有少量气体，无碍，气体会自动上浮，而且有助于封闭顶端注射孔。

（4）小鼠饲养及干预时间有限，后期小鼠可能出现死亡。

（5）成模率约为 70%，故需多准备一些小鼠。

（6）能够将肿瘤细胞较长时间维持在胆囊内，是本模型首要解决的问题。若注射到胆囊壁内，要求针头非常细小，但细小的针头不适于做肿瘤细胞注射，因此，该方法种植肿瘤比较困难。将肿瘤细胞悬液直接注射到胆囊内，大量肿瘤细胞会随着胆汁快速排出胆囊，进入胆总管。若将肿瘤细胞混合基质胶注射，可以使肿瘤细胞在胆囊内停留较长时间。这是本模型设计的亮点，也是重点操作步骤。

第 106 章

乳腺癌①

聂艳艳

一、模型应用

目前常用于乳腺癌研究的动物模型主要包括以下几类：基因编辑自发性乳腺癌动物模型、诱发性乳腺癌动物模型、移植性乳腺癌动物模型。三类模型具有不同的适用范围：

（1）基因编辑自发性乳腺癌发生早，生长快，适用于癌症发生病理学研究。

（2）诱发性乳腺癌发生位点不固定，癌变范围和数量也不规律，适用于癌症预防和早期治疗研究。

（3）移植性乳腺癌模型因其易构建，成本低，周期短，易成瘤，适用于抗癌药物的药效研究。

乳腺癌肿瘤细胞有很多种，其中 4T1 细胞在 BALB/c 小鼠中的生长与转移特性与人体乳腺癌的发展十分相近。原位移植可获得与人体内相同或相近的微环境，移植部位血供丰富，并且可提供多种促进肿瘤生长的相关因子，故移植的肿瘤组织容易发生浸润和转移，更能客观地模拟人体肿瘤的发展过程。

常见乳腺注射方法有两种：一种是直接经皮注射；另一种是将皮肤切开，暴露乳腺脂肪垫注射。前者的优点是对机体损伤小，缺点是对位置和深度的把握要求高；后者的优点是注射位置容易掌握，缺点是对小鼠机体损伤大，需要切开皮肤。

本章介绍经乳头进入乳腺脂肪垫的种植方法。这个方法综合以上两种方法的优点，避免其不足，采取经乳头进针，可以准确定位，又无须切开皮肤。

---

① 共同作者：刘彭轩；协助：刘大海。

二、解剖学基础

小鼠乳腺腺体位于皮肤和乳腺脂肪垫之间。乳腺脂肪垫分布于躯干腹面皮下，左、右对称，雌鼠有 5 对，其中第 4 对最大，位于乳头外侧（图 106.1～图 106.5）。乳腺对应的皮肤无皮肌，皮肤富有弹性，适于哺乳期乳房充盈隆起。

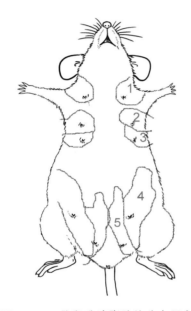

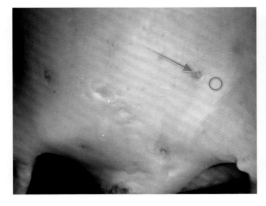

图 106.1　雌鼠乳腺脂肪垫分布示意　图 106.2　雌鼠乳头分布。箭头示第 4 对乳头

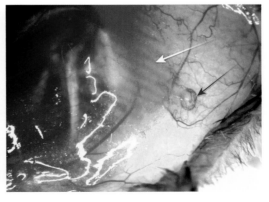

图 106.3　小鼠快速剥皮时，一般乳腺脂肪垫会随同皮肤一起从腹壁脱离。图示小鼠皮肤标本。橙色为乳腺脂肪垫。第 4 对乳头在其乳腺内侧，如箭头所示；圈示经皮乳腺注射的停针位置

图 106.4　皮肤翻转，暴露乳腺脂肪垫。蓝色箭头示第 4 乳头皮肤内面；白色箭头示乳腺脂肪垫

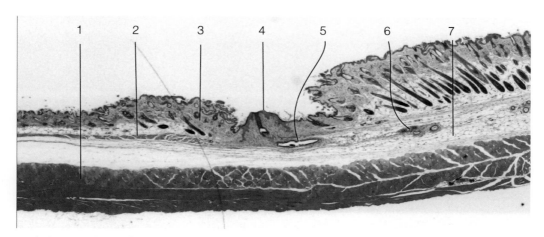

1. 腹壁三层肌肉；2. 皮肌；3. 真皮；4. 乳头；5. 乳腺管；6. 乳腺；7. 乳腺脂肪垫

图 106.5　小鼠第 4 乳腺病理切片，H–E 染色。以乳腺位置衡量，左为内侧，右为外侧。可见乳腺表层无腹肌覆盖

三、器械材料与实验动物

（1）设备：吸入麻醉系统，小动物活体成像仪。

（2）器械材料（图 106.6）：显微镊，30 G 针头胰岛素注射器，移液枪，离心管，棉球，棉签，胶带，酒精。

（3）生物材料：4T1 肿瘤细胞，浓度为 10^6 个 /100 μL。

（4）实验动物：BALB/c 雌鼠，5 周龄。

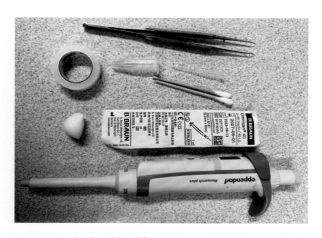

图 106.6　部分器械材料。从上至下依次为显微镊、离心管（肿瘤细胞悬液）、胶带、棉签、棉球、30 G 针头胰岛素注射器、移液枪

四、手术流程

（1）将肿瘤细胞悬液吸入注射器，放置在冰上待用。

（2）小鼠常规吸入麻醉。为做活体影像对比，行大面积腹部备皮。

（3）取仰卧位，固定四肢（图 106.7）。术前常规消毒。

（4）用显微镊夹住左第 4 乳头。针头针孔向左，垂直刺入乳头（图 106.8）。

（5）旋即将注射器向外侧方向水平刺入（图 106.9）。针孔完全没入乳腺，固定针头，缓慢注入肿瘤细胞悬液 100 μL。

（6）拔针后镊子保持夹持乳头（图 106.10）。

（7）用棉签在皮肤的乳房投影处，从乳头向外侧方轻捋数下，使注射液离开乳头针道（图 106.11）。

图 106.7　小鼠四肢固定

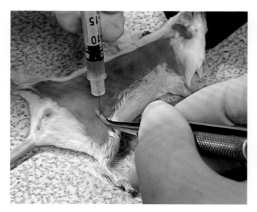

图 106.8　针头垂直刺入乳头

图 106.9　注射器向外，平行皮肤刺入乳腺

（8）缓慢放开镊子，确认无注射的细胞和液体溢出。

（9）停止吸入麻醉，小鼠苏醒返笼。

图 106.10　镊子夹住乳头

图 106.11　棉签轻捋数下，将针道中的肿瘤细胞推入乳腺

五、模型评估

（1）大体解剖观察：如图 106.12、图 106.13 所示。

（2）活体影像观察：用生物自发光标记或荧光标记，可以在术后随时检查肿瘤生长、转移情况（图 106.14）。

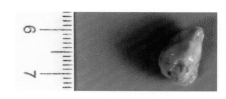

图 106.12　术后 21 天采集的乳腺肿瘤

（3）病理分析：如图 106.15、图 106.16 所示。

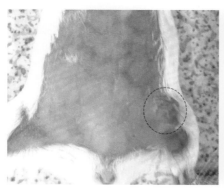

图 106.13　肿瘤移植部位外观。圈示术后第 10 天第 4 乳腺区皮肤表面成球形隆起

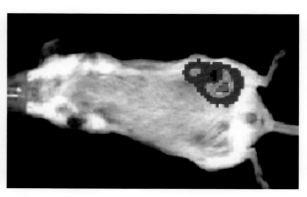

图 106.14　术后 21 天，生物自发光检测显示，左第 4 乳腺区域可见明显生物自发光影像

 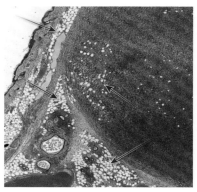

图 106.15　肿瘤细胞种植 3 周后的病理切片，H–E 染色。可见肿瘤生长于皮肤和腹肌之间

图 106.16　肿瘤位于乳腺内，其深层、浅层以及内部均可见大量脂肪细胞，如箭头所示

六、讨论

（1）肿瘤细胞于冰上待用的时间越短越好，不宜超过 30 min。

（2）一次只吸入 100 μL 细胞悬液并全部注入小鼠乳腺。不要一次将大量细胞吸入注射器，以免在注入小鼠乳腺内时，因细胞沉淀导致各小鼠乳腺内注入的细胞数量不均匀。

（3）用显微镊夹住左第 4 乳头，目的是固定乳头，方便进针。乳头非常小，不夹住乳头，进针深度不易掌控，针进入乳头后会陷入皮肤内，容易刺破腹壁。

（4）针头由垂直转为水平进针，目的是保持针头在乳腺内。针头向下斜，容易刺穿乳腺，将肿瘤细胞注入乳腺脂肪垫甚至脂肪垫外的浅筋膜内；针头向上斜，容易将肿瘤细胞注入乳腺和皮肤之间。

（5）注射后用棉签捋乳头的目的是将乳头针道内的肿瘤细胞推入乳腺内。

（6）小鼠乳头在乳腺偏内侧，所以针尖孔进入乳头外侧的乳腺内再注射，不可在乳头部位注射。

第 107 章
胰腺癌 [①]

聂艳艳

一、模型应用

胰腺癌是最致命的人类恶性肿瘤之一，发病率在全球范围内各不相同，但总体呈逐年上升的态势。胰腺癌小鼠模型在临床前抗肿瘤药物评价体系中发挥着重要作用。模型的建立为研究肿瘤发生与转移的机制、筛选和评价抗肿瘤药物的药效提供了有力的工具。目前使用的胰腺癌小鼠模型包括自发性肿瘤模型、诱发性肿瘤模型、基因工程小鼠肿瘤模型以及异种/同种移植肿瘤模型。其中，移植模型中的皮下移植瘤广泛用于临床前研究。

然而，皮下移植瘤并不能充分代表临床癌症，肿瘤原发器官微环境会影响肿瘤细胞的生物学特征[1]，皮下（异位）移植瘤脱离了原发组织的微环境，其发生、发展与临床相去甚远，同时该模型对药物反应性差、转移发生率较低、生存曲线数据与临床脱节[2]。因此，原位移植瘤模型与人类疾病具有更强生物学和药理学相关性。

本章介绍原位移植胰腺癌模型的技术和方法。

二、解剖学基础

小鼠胰腺位于腹腔内，整体为浆膜包裹，形态不规则，随周围联系的组织器官的移动而变形。胰腺分为胃叶、脾叶和十二指肠叶，各叶之间有明显的间隙（图107.1），表现为变薄，甚至出现"裂痕状"，这些薄的区域为胰叶边缘区。做胰腺注射时，需避免这些区域，以保证针头不洞穿胰腺。

---

① 共同作者：刘彭轩；协助：刘大海。

小鼠取仰卧位，可观察到胰腺前部被肝覆盖。所以手术横向开腹后，不必沿腹中线大开腹，只需将肝前推，即可暴露胰腺（图 107.2），减小手术损伤。

图 107.1　小鼠胰腺组织切片，H-E 染色。箭头示各叶之间的间隙

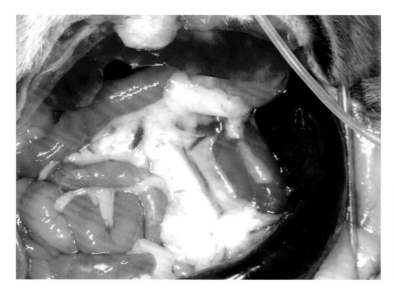

图 107.2　小鼠胰腺解剖。胰腺位于腹腔内，在十二指肠、胃和脾之间，呈瓷白色，有脏腹膜包裹。前部为肝覆盖。图示肝向前翻起，暴露胰腺

三、器械材料与实验动物

（1）设备：吸入麻醉系统，小动物活体成像仪。

（2）器械材料（图 107.3）：眼科剪，显微镊，持针器，29 G 针头 1 mL 注射器，200 μL 移液枪，5-0 缝合线，离心管，胶带，酒精棉球，1640 培养基。

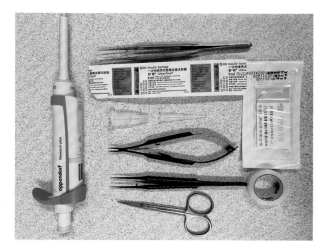

图 107.3　部分器械材料。左为移液枪；右为缝合线和胶带；中部从上至下依次为显微镊、注射器、离心管、移液枪头、持针器、显微镊、眼科剪

（3）生物材料：加入基质胶的人源胰腺癌细胞（AsPC-1-luc）10^6 个 / 40 μL。

（4）实验动物：雌性裸鼠，5 周龄。

四、手术流程

（1）小鼠常规吸入麻醉。腹部备皮。取仰卧位，固定四肢。术区常规消毒。

（2）于左肋后横向开腹 1 cm（图 107.4），分层切开皮肤和腹壁。

（3）将肝左外叶前推，暴露胰腺。

（4）用镊子固定胰腺十二指肠叶，然后将针头水平刺入（图 107.5）。

（5）匀速注入肿瘤细胞悬液。用棉签压迫针头刺入胰腺点，拔出针头。

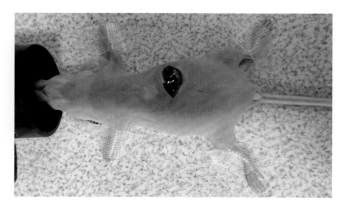

图 107.4　腹部横切口，暴露肝左外叶后缘

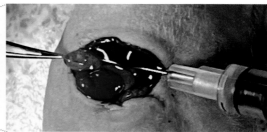

图 107.5　胰腺原位注射

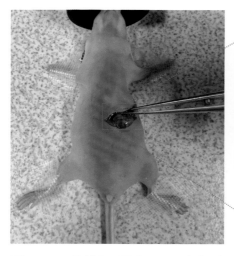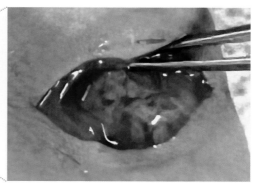

图 107.6　注射完无漏液，可见胰腺局部明显隆起

（6）保持棉签压迫 10 多秒后缓慢离开胰腺，确认无细胞悬液自针孔漏出（图 107.6）。

（7）将肝复位。分层缝合腹壁和皮肤切口。常规皮肤切口消毒。

（8）保温苏醒后单笼饲养。术后常规饮食。1 周后腹部皮肤伤口拆线。

五、模型评估

（1）大体解剖观察：如图 107.7、图 107.8 所示。

（2）活体影像观察：如 107.9 所示。

（3）病理分析：如图 107.10、图 107.11 所示。

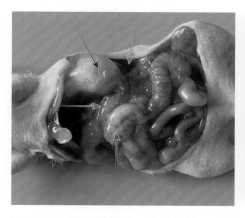 

图 107.7　肿瘤种植后 2 周时解剖，可见
胰腺有肿瘤生成。黑色箭头示胃；绿色箭
头示脾；红色箭头示十二指肠；蓝色箭头
示胰腺肿瘤

图 107.8　解剖肉眼可见胰腺肿瘤，如圈所示。箭
头示正常胰腺组织

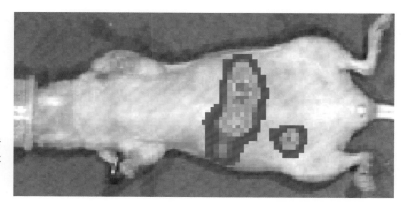

图 107.9　肿瘤种植后
4 周时生物自发光活体
成像下的胰腺肿瘤

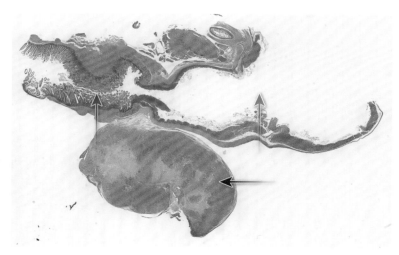

图 107.10　肿瘤细胞种
植后 4 周时，胰腺癌及
其周围组织病理切片，
H-E 染色。红色箭头示
胃；蓝色箭头示十二指
肠；黑色箭头示肿瘤

图 107.11　胰腺癌组织切片。图中可见肿瘤内细胞坏死，出血

六、讨论

（1）在腹部做横切口，即使没有拉钩的配合，将遮盖胰腺的肝叶轻推向前腹，也可迅速暴露胰腺并进行注射，降低了常规沿腹中线大开腹对小鼠的机体损伤。

（2）用镊子轻拉胰腺浆膜，固定胰腺，便于在移行性强的胰腺进针。

（3）胰腺薄而软，一旦肿瘤在其内生长到一定体积，就很容易突破胰腺进入腹膜腔，做局部组织切片时甚至会看不到正常的胰腺组织存在。如果需要看到肿瘤和胰腺的相对位置，做腹部横断面切片比局部切片更有效。

七、参考文献

1. WILMANNS C. Orthotopic and ectopic organ environments differentially influence the sensitivity of murine colon carcinoma cells to doxorubicin and 5-fluorouracil[J]. Int j cancer，1992，52（1）：98-104.

2. SHIBUYA K，KOMAKI R，SHINTANI T，et al. Targeted therapy against VEGFR and EGFR with ZD6474 enhances the therapeutic ef cacy of irradiation in an orthotopic model of human non-small-cell lung cancer[J]. Int j radiat oncol biol phys，2007，69（5）：1534-1543.

一、模型应用

膀胱癌是泌尿生殖系统中最常见的恶性肿瘤，90% 以上为移行细胞癌，其最大特点是高复发率和低死亡率，所以，建立原位膀胱癌动物模型，深入探索膀胱癌的发生、发展与转移机制，对于膀胱癌的生物学研究、开发新的膀胱腔内生物制剂和抗癌药物，寻找防治膀胱癌的策略，提高临床膀胱癌的治疗水平具有十分重要的现实意义。

膀胱癌手术移植肿瘤细胞有多种注射方法：膀胱内注射和膀胱黏膜下注射、肌层注射、浆膜下注射，其中前一种是膀胱腔内注射，后三种是膀胱壁内注射。

将肿瘤细胞经尿道灌注或直接注射入膀胱，方法简单，技术要求低。由于膀胱内的尿液很容易将肿瘤细胞排出体外，即使部分细胞可以残留在膀胱内，其数量无法控制，模型个体差异过大。随着显微手术技术的开展和显微镜使用的普及，这种方法选择日见减少。

将肿瘤细胞注射到膀胱壁内，可以精准地把握膀胱内植入的细胞数量。随着手术设备和技术的不断提高，此方法日益普及，并逐渐取代膀胱腔内注射。

小鼠膀胱非常薄，癌细胞浸润性强，故做膀胱黏膜下注射、肌层注射和浆膜下注射，均不能将肿瘤细胞限制在任何一个层面。短时间内肿瘤细胞很容易在三个解剖层面扩散。由于膀胱黏膜下有丰富的小血管，适宜肿瘤细胞的生长，膀胱腔内压力小于膀胱肌层的压力，所以肿瘤主体最终多位于膀胱黏膜下，并向膀胱内优势生长。

从技术操作难易程度比较，浆膜下注射技术要求相对较低，所以建模首推浆膜下注射。本章介绍膀胱浆膜下注射方法。至于其他方法，在讨论部分作比较介绍。

---

① 共同作者：刘彭轩；协助：刘大海。

二、解剖学基础

小鼠膀胱位于后腹腔内，贴腹侧，有纵向膀胱系膜（图 108.1）在腹中线与壁腹膜连接。膀胱壁有三层结构，从外到内分别为浆膜、平滑肌、黏膜（图 108.2）。

图 108.1　小鼠膀胱系膜解剖。蓝色箭头示腹壁切开边缘；绿色箭头示膀胱；红色箭头示膀胱系膜

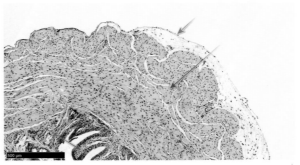

图 108.2　小鼠膀胱组织切片，H–E 染色。红色箭头示浆膜；蓝色箭头示平滑肌；绿色箭头示黏膜

三、器械材料与实验动物

（1）设备：吸入麻醉系统，小动物活体成像仪。

（2）器械材料：手术剪，显微镊，29 G 注射器针头，1 mL 注射器，5-0 缝合线，棉签。

（3）生物材料：肿瘤细胞 UM-UC-3-luc 10^6 个 /100 μL。

（4）实验动物：裸鼠，雌性，5 周龄。

四、手术流程

（1）小鼠常规吸入麻醉。取仰卧位，固定四肢。术前常规消毒。

（2）于后腹部沿腹中线划开皮肤 1 cm，稍偏向一侧划开腹壁（图 108.3）。

（3）用打结镊夹住膀胱系膜做对抗牵引。

（4）将针头针孔向上，在接近膀胱颈部无大血管区向膀胱顶方向刺入膀胱浆膜下（图 108.4），在浆膜下潜行至膀胱赤道部位（行针 3～4 mm），缓慢匀速注入 100 μL 肿瘤细胞悬液，针尖不达到膀胱顶，避免因改变进针角度使膀胱颈针孔出现溢液。

（5）棉签压迫隆起区内缘拔针（图 108.5）。

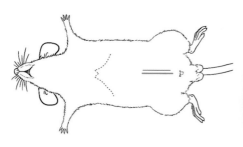
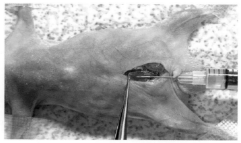

图 108.3　手术切口示意。红线示皮肤切　图 108.4　针尖水平刺入膀胱浆膜下
口；蓝线示腹壁切口

（6）保持棉签压迫数秒钟后缓慢离开膀胱（图 108.6），确认无细胞悬液自针孔漏出（图 108.7）。

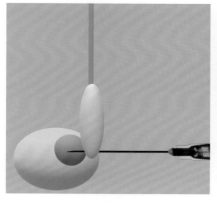
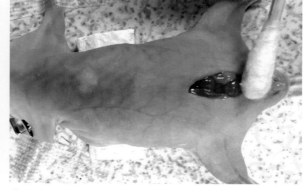

图 108.5　膀胱浆膜下注射肿瘤细胞后　图 108.6　拔针后棉签不要撤离
棉签压迫拔针示意。黄色部分为膀胱，
褐色部分为种植的肿瘤细胞

（7）分层缝合腹壁和皮肤。常规皮肤切口消毒。

（8）小鼠保温苏醒后分笼喂养。术后常规饮食。
1 周后腹部皮肤伤口拆线。

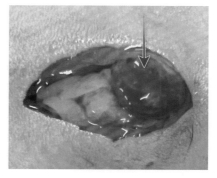

图 108.7　确认无肿瘤细胞从膀胱针
孔漏出

五、模型评估

（1）大体解剖观察：如图 108.8 所示。

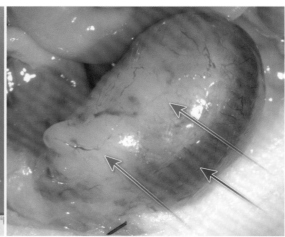

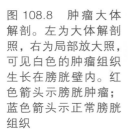
图 108.8　肿瘤大体解剖。左为大体解剖照，右为局部放大照，可见白色的肿瘤组织生长在膀胱壁内。红色箭头示膀胱肿瘤；蓝色箭头示正常膀胱组织

（2）活体影像观察：由于肿瘤细胞带有生物自发光表达基因，在术后可以随时观察肿瘤生长以及转移情况（图 108.9）。

（3）组织学分析（图 108.10～图 108.12）：通过取样并对肿瘤组织进行病理学分析，以确定其类型、分级和浸润深度；使用免疫组织化学技术检测肿瘤标志物，可了解肿瘤的分子特征和细胞组成。

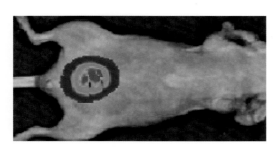

图 108.9　术后 30 天膀胱肿瘤的生物自发光影像

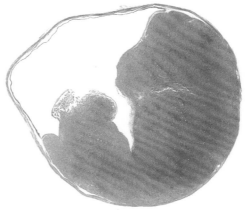

图 108.10　小鼠膀胱癌病理切片，H-E 染色。肿瘤细胞浆膜下移植 30 日后，可见肿瘤细胞主体位于黏膜下层，向膀胱腔内生长

（4）生物标志物分析：可以通过血液检测和尿液检测来分析生物标志物。

① 血液检测：通过抽取小鼠的血液，分析血浆中的肿瘤标志物，以监测肿瘤的进展和治疗效果。

② 尿液检测：通过分析小鼠尿液中的蛋白质、代谢产物或细胞排泄物，寻找与膀胱癌相关的生物标志物。

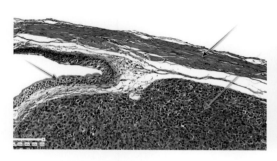 

图 108.11　组织切片局部放大照 I 。可见肿瘤位置于膀胱黏膜下。黑色箭头示膀胱平滑肌；蓝色箭头示膀胱黏膜层；红色箭头示肿瘤

图 108.12　组织切片局部放大照 II 。可见肿瘤细胞从浆膜下向平滑肌浸润，进入黏膜下层。图中展示针头穿刺膀胱浆膜处。红色箭头示向外生长处，浆膜破损；黑色箭头示完整的膀胱浆膜；蓝色箭头示损伤修复中的平滑肌

六、讨论

（1）开腹保护膀胱系带的要点是腹壁切口稍微避开腹中线。因为膀胱系带源自腹中线上的壁腹膜。肚脐之前的腹壁在腹中线上没有腹肌，划开不会出血；肚脐之后的腹壁在腹中线上有腹肌，划开时会出血。

（2）开腹时沿腹中线划开皮肤，基本不出血。

（3）膀胱壁内注射，随注射层次的不同，难易程度亦不同。膀胱浆膜下注射属于最简单易行的方法。

（4）膀胱黏膜下注射需要将针头刺穿浆膜和肌层至黏膜下。该操作极易刺穿膀胱壁，难度较大。详细操作参见《Perry 小鼠实验给药技术》"第 65 章　膀胱膜下注射"。

（5）膀胱内注射肿瘤细胞很容易被排出体外，需要用基质胶一类的材料辅助，真正留在膀胱内的细胞数量不准确，且肿瘤细胞成活难度大。该方法仅仅是操作容易，不推荐。

（6）膀胱肌层注射不但技术要求高，而且注射量受限，所以没有特殊理由，不推荐该方法。

（7）选择雌鼠可以避免注射视野被包皮腺影响，更方便注射。

（8）在操作中强调针尖不到膀胱顶，除前述原因之外，还有一个原因是避免针尖对穿膀胱浆膜。

（9）膀胱保持基本充盈，方便行浆膜下注射。如果膀胱太瘪，浆膜皱缩，很难进针；如果膀胱过度充盈，平滑肌会明显变薄，很容易被针头刺穿，且浆膜下存液体空间变小，拔针时容易致注射液体溢出。故膀胱充盈程度掌握在充分而不过度，触之饱满而不坚硬。

（10）图 108.13 ～图 108.15 展示了 3 个部位注射模式图和手术照。绿色示浆膜层，红色示肌层，黄色示黏膜层，蓝色示肿瘤细胞悬液。

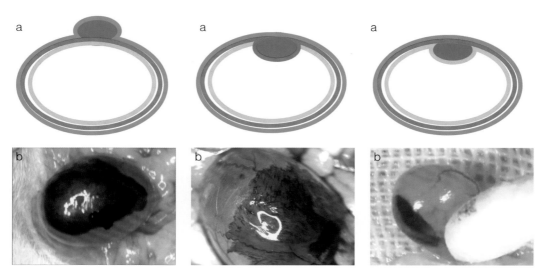

图 108.13　膀胱浆膜下注射。a. 模式图；b. 手术照。蓝色成分为染料

图 108.14　膀胱肌层注射。a. 模式图；b. 手术照。蓝色成分为染料，可见肌纤维影像

图 108.15　膀胱黏膜下注射。a. 模式图；b. 手术照。蓝色成分为染料

附 录

表 1　C57 小鼠（雄性，8 周龄）各器官的质量

编号	体重/g	心脏/g	肝脏/g	脾脏/g	肺脏/g	肾脏/g 左	肾脏/g 右	脑/g	凝固腺/g	睾丸/g 左	睾丸/g 右	包皮腺/g	眼球/g 左	眼球/g 右
1	21.5	0.106	0.894	0.060	0.112	0.123	0.120	0.433	0.014	0.078	0.083	0.077	0.018	0.019
2	21.6	0.112	0.937	0.068	0.127	0.129	0.145	0.393	0.010	0.067	0.071	0.088	0.018	0.018
3	21.6	0.100	0.922	0.059	0.100	0.123	0.134	0.433	0.014	0.071	0.068	0.052	0.019	0.018
4	20.9	0.112	0.928	0.073	0.118	0.121	0.126	0.431	0.013	0.063	0.067	0.070	0.017	0.016
5	21.5	0.112	1.069	0.068	0.112	0.129	0.140	0.420	0.013	0.068	0.070	0.072	0.018	0.020
6	20.2	0.091	0.964	0.064	0.109	0.112	0.126	0.416	0.013	0.057	0.064	0.080	0.016	0.016
7	20.9	0.107	0.928	0.054	0.116	0.112	0.120	0.404	0.014	0.057	0.071	0.056	0.018	0.019
8	20.3	0.135	0.907	0.069	0.120	0.123	0.126	0.423	0.010	0.068	0.070	0.056	0.018	0.019
9	19.5	0.101	0.902	0.061	0.107	0.127	0.139	0.413	0.014	0.080	0.076	0.079	0.018	0.018
10	21.2	0.113	0.985	0.066	0.117	0.139	0.139	0.425	0.013	0.084	0.084	0.057	0.019	0.020
均值	20.92	0.109	0.944	0.064	0.114	0.124	0.132	0.419	0.013	0.069	0.072	0.069	0.018	0.018
标准差	0.678	0.011	0.049	0.005	0.007	0.008	0.009	0.012	0.001	0.009	0.006	0.012	0.001	0.001

注：表 1～表 6 由上海实验动物研究所提供。

表 2　C57BL/6 小鼠（雌性，8 周龄）各器官的质量

编号	体重/g	心脏/g	肝脏/g	脾脏/g	肺脏/g	肾脏/g		脑/g	子宫/g	包皮腺/g	眼球/g	
						左	右				左	右
11	19.6	0.139	0.816	0.060	0.128	0.104	0.109	0.427	0.070	0.017	0.019	0.020
12	18.8	0.131	0.778	0.062	0.122	0.106	0.113	0.438	0.053	0.015	0.020	0.020
13	18.4	0.084	0.806	0.063	0.142	0.116	0.123	0.438	0.054	0.008	0.015	0.019
14	17.1	0.102	0.770	0.048	0.130	0.100	0.112	0.450	0.036	0.008	0.019	0.022
15	18.2	0.104	0.760	0.062	0.109	0.110	0.110	0.420	0.070	0.011	0.019	0.019
16	18.4	0.099	0.749	0.049	0.126	0.108	0.122	0.441	0.050	0.004	0.022	0.022
17	17.9	0.089	0.669	0.057	0.075	0.092	0.098	0.434	0.033	0.005	0.018	0.017
18	17.6	0.099	0.714	0.054	0.109	0.100	0.104	0.436	0.042	0.006	0.019	0.017
19	17.5	0.089	0.694	0.065	0.074	0.108	0.095	0.439	0.065	0.005	0.021	0.018
20	17.5	0.118	0.682	0.051	0.120	0.100	0.093	0.414	0.082	0.004	0.021	0.020
均值	18.10	0.105	0.744	0.057	0.114	0.104	0.108	0.434	0.056	0.008	0.019	0.019
标准差	0.703	0.017	0.049	0.006	0.022	0.006	0.010	0.010	0.015	0.004	0.002	0.002

表 3　C57BL/6 小鼠（雄性）血常规数据

编号	白细胞(WBC)/(个/μL)	红细胞(RBC)/(10^4个/μL)	血红蛋白(HGB)/(g/L)	红细胞压积(HCT)/(10^-1%)	平均红细胞体积(MCV)/(10^-1fL)	平均红细胞血红蛋白含量(MCH)/(10^-1pg)	平均红细胞血红蛋白浓度(MCHC)/(g/L)	血小板记数(PLT)/(10^3个/μL)	红细胞分布宽度标准差(RDW-SD)/(10^-1fL)	红细胞分布宽度变异系数(RDW-CV)/(10^-1%)	血小板分布宽度(PDW)/(10^-1%)	平均血小板体积(MPV)/(10^-1fL)	大血小板比例(P-LCR)/(10^-1%)	血小板压积(PCT)/(10^-2%)	中性粒细胞(NEUT#)/(个/μL)	淋巴细胞(LYMPH#)/(个/μL)
6	5140	988	159	508	514	161	313	1574	266	155	72	75	72	119	400	4370
7	2670	1080	165	517	479	153	319	1468	308	217	79	73	75	107	250	2340
8	3370	938	142	449	479	151	316	844	308	212	73	69	46	58	----	----
9	2410	1032	156	491	476	151	318	1545	295	209	78	72	65	111	260	2110
10	3410	1048	160	495	472	153	323	1931	340	236	91	74	78	143	370	2940
均值	3400.00	1017.20	156.40	492.00	484.00	153.80	317.80	1472.40	303.40	205.80	78.60	72.60	67.20	107.60	320.00	2940.00
标准差	953.058	49.471	7.761	23.409	15.218	3.709	3.311	352.367	23.880	27.081	6.771	2.059	11.444	27.768	65.955	879.460

（续表）

编号	单核细胞 (MONO#) /(个/μL)	嗜酸性粒细胞 (EO#) /(个/μL)	白细胞 (BASO#) /(个/μL)	中性粒细胞百分比 (NEUT%) /(10^{-1}%)	淋巴细胞百分比 (LYMPH%) /(10^{-1}%)	单核细胞百分比 (MONO%) /(10^{-1}%)	嗜酸性粒细胞百分比 (EO%) /(10^{-1}%)	白细胞百分比 (BASO%) /(10^{-1}%)	网织红细胞 (RET#) /(10^2/μL)	网织红细胞百分比 (RET%) /(10^{-2}·%)	低荧光强度网织红细胞比例 (LFR) /(10^{-1}%)	中荧光强度网织红细胞比例 (MFR) /(10^{-1}%)	高荧光强度网织红细胞比例 (HFR) /(10^{-1}%)	未成熟网织红细胞比例 (IRF) /(10^{-1}%)	网织通道血红蛋白 (RBCO) /(10^4/μL)	电阻抗法血小板 (PLT-I) /(10^3/μL)	光学法血小板 (PLT-O) /(10^3/μL)
6	310	60	0	78	850	60	12	0	6096	617	616	234	150	384	868	1574	1213
7	40	30	10	94	876	15	11	4	6642	615	831	159	10	169	948	1468	808
8	----	----	10	----	----	----	----	3	6585	702	737	228	35	263	856	844	798
9	30	10	0	108	876	12	4	0	6264	607	752	206	42	248	908	1545	807
10	50	50	0	108	862	15	15	0	5492	524	850	133	17	150	956	1931	1027
均值	107.5	37.5	4.0	97.00	866.00	25.50	10.50	1.40	6215.80	613.00	757.20	192.00	50.80	242.80	907.20	1472.40	930.60
标准差	117.127	19.203	4.899	12.369	10.863	19.956	4.031	1.744	414.371	56.388	82.983	39.563	50.941	82.983	40.509	352.367	165.489

表 4　C57BL/6 小鼠（雌性）血常规数据

编号	白细胞 (WBC)/(个/μL)	红细胞 (RBC)/(10⁴个/μL)	血红蛋白 (HGB)/(g/L)	红细胞压积 (HCT)/(10⁻¹%)	平均红细胞体积 (MCV)/(10⁻¹fL)	平均红细胞血红蛋白含量 (MCH)/(10⁻¹pg)	平均红细胞血红蛋白浓度 (MCHC)/(g/L)	血小板记数 (PLT)/(10³个/μL)	红细胞分布宽度标准差 (RDW-SD)/(10⁻¹fL)	红细胞分布宽度变异系数 (RDW-CV)/(10⁻¹%)	血小板分布宽度 (PDW)	平均血小板体积 (MPV)/(10⁻¹fL)	大血小板比例 (P-LCR)/(10⁻¹%)	血小板压积 (PCT)/(10⁻²%)	中性粒细胞 (NEUT#)/(个/μL)	淋巴细胞 (LYMPH#)/(个/μL)
16	2260	1073	160	504	470	149	317	2030	291	212	87	77	94	156	420	1780
17	1510	962	154	474	493	160	325	1281	228	131	72	78	82	99	390	980
18	1620	1025	167	500	488	163	334	1345	221	129	71	75	66	101	140	1270
19	3010	1071	162	492	459	151	329	1869	287	212	82	75	83	140	230	2720
20	2550	997	153	464	465	153	330	1499	290	206	82	74	79	111	210	2280
均值	2190.00	1025.60	159.20	486.80	475.00	155.20	327.00	1604.80	263.40	178.00	78.80	75.80	80.80	121.40	278.0	1806.0
标准差	564.659	42.828	5.192	15.367	13.221	5.381	5.762	294.663	31.866	39.258	6.242	1.470	8.976	22.668	108.333	637.232

（续表）

编号	单核细胞 (MONO#) /(个/μL)	嗜酸性粒细胞 (EO#) /(个/μL)	白细胞 (BASO#) /(个/μL)	中性粒细胞百分比 (NEUT%) /(10⁻¹%)	淋巴细胞百分比 (LYMPH%) /(10⁻¹%)	单核细胞百分比 (MONO%) /(10⁻¹%)	嗜酸性粒细胞百分比 (EO%) /(10⁻¹%)	白细胞百分比 (BASO%) /(10⁻²%)	网织红细胞 (RET#) /(10⁻³/μL)	网织红细胞百分比 (RET%) /(10⁻²%)	低荧光强度网织红细胞比例 (LFR) /(10⁻¹%)	中荧光强度网织红细胞比例 (MFR) /(10⁻¹%)	高荧光强度网织红细胞比例 (HFR) /(10⁻¹%)	未成熟网织红细胞比例 (IRF) /(10⁻¹%)	网织通道血红蛋白 (RBC-O) /(10⁴/μL)	电阻抗法血小板 (PLT-I) /(10³/μL)	光学法血小板 (PLT-O) /(10³/μL)
16	40	10	10	186	788	18	4	4	5086	474	861	122	17	139	937	2030	1024
17	90	50	0	258	649	60	33	0	4175	434	619	217	164	381	853	1281	1187
18	190	20	0	87	784	117	12	0	4069	397	664	188	148	336	900	1345	1035
19	50	10	0	76	904	17	3	0	4916	459	875	118	7	125	930	1869	866
20	50	10	0	82	894	20	4	0	5493	551	828	154	18	172	872	1499	748
均值	84.0	20.0	2.0	137.80	803.80	46.40	11.20	0.80	4747.80	463.00	769.40	159.80	70.80	230.60	898.40	1604.80	972.00
标准差	55.714	15.492	4.00	72.505	92.500	38.826	11.374	1.600	545.319	51.143	106.494	38.149	69.855	106.494	32.401	294.663	151.202

表 5　C57BL/6小鼠（雄性）血清生化数据

编号	谷丙转氨酶 (ALT)/(U/L)	谷草转氨酶 (AST)/(U/L)	总蛋白 (TP)/(g/L)	碱性磷酸酶 (ALP)/(U/L)	尿素 (Urea)/(mmol/L)	肌酐 (CRE)/(μmol/L)	尿酸 (UA)/(μmol/L)
1	38.2	123.0	57.79	226.8	11.14	14.2	98.2
2	34.2	130.1	54.46	276.8	9.46	15.5	58.0
3	30.0	136.3	54.59	206.5	11.50	13.0	66.2
4	29.1	69.4	54.83	313.3	9.25	13.6	50.1
5	30.2	104.5	55.80	356.4	7.70	14.5	70.8
均值	32.34	112.66	55.49	275.96	9.81	14.16	68.66
标准差	3.416	24.116	1.240	54.967	1.379	0.845	16.379

表 6　C57BL/6小鼠（雌性）血清生化数据

编号	谷丙转氨酶 (ALT)/(U/L)	谷草转氨酶 (AST)/(U/L)	总蛋白 (TP)/(g/L)	碱性磷酸酶 (ALP)/(U/L)	尿素 (Urea)/(mmol/L)	肌酐 (CRE)/(μmol/L)	尿酸 (UA)/(μmol/L)
11	19.5	105.8	56.89	171.2	10.15	12.8	49.0
12	25.7	138.0	60.88	141.4	11.78	14.0	51.8
13	21.1	134.8	55.43	203.9	9.62	11.1	38.2
14	24.1	153.5	56.69	216.0	13.90	12.5	47.7
15	26.2	200.0	52.31	206.1	13.17	11.7	53.4
均值	23.32	146.42	56.44	187.72	11.72	12.42	48.02
标准差	2.611	30.909	2.759	27.633	1.657	0.991	5.305